RANSHAO BUWENDINGXING MONI SHIYAN JISHU

燃烧不稳定性模拟实验技术

张蒙正　著

西北工业大学出版社

【内容简介】 本书讲述了液体火箭发动机燃烧不稳定性模拟实验的原理、方法及作用,以期读者能对燃烧不稳定性实验研究方法有一个比较系统的了解。

本书共 9 章,内容涉及喷注器的雾化、混合和声学特性研究,单喷注器燃烧室和全尺寸头部燃烧室低压燃烧模拟实验研究,缩比发动机和实际发动机热试车研究等。

本书可供从事液体火箭发动机研究和设计的科研和技术人员参考,也可供航空发动机相关专业工程和技术人员参考。

图书在版编目(CIP)数据

燃烧不稳定性模拟实验技术/张蒙正著 . —西安:西北工业大学出版社,2017.4
ISBN 978 - 7 - 5612 - 5312 - 0

Ⅰ.①燃… Ⅱ.①张… Ⅲ.①液体推进剂火箭发动机—不稳定燃烧—模拟实验
Ⅳ.①V434 - 33

中国版本图书馆 CIP 数据核字(2017)第 090134 号

策划编辑:华一瑾
责任编辑:付高明

出版发行:西北工业大学出版社
通信地址:西安市友谊西路 127 号 邮编:710072
电 话:(029)88493844 88491757
网 址:www.nwpup.com
印 刷 者:兴平市博闻印务有限公司
开 本:787 mm×960 mm 1/16
印 张:14.75
字 数:309 千字
版 次:2017 年 5 月第 1 版 2017 年 5 月第 1 次印刷
定 价:68.00 元

前　　言

燃烧不稳定性一直是液体火箭发动机研制中最具挑战性的问题,它与发动机循环方式、使用的推进剂、喷注器和燃烧室设计等密切相关,同时也受发动机工作环境和生产工艺等诸多因素的影响。20 世纪 40 年代以来,作为工程攻关项目、学术探索目标及理论研究课题,燃烧不稳定性一直受到有关研究人员和工程技术人员的极大关注,并得到广泛而深入的研究。

燃烧不稳定性的研究方法包括理论研究、数值仿真、模拟实验及发动机试车等。其中,模拟实验具有研究机理和指导工程设计两方面的作用,且廉价、安全,是很有前途的研究燃烧不稳定性的途径和方法。

本书以液体火箭发动机燃烧不稳定性的实验研究为主线,比较详细地介绍液体火箭发动机喷注器雾化和混合特性,喷注器和燃烧室声学特性,单喷注器燃烧室和全尺寸燃烧室低压燃烧模拟实验,缩比燃烧室和实际发动机试车等实验技术的原理、方法和在不稳定性燃烧研究中的作用,以期读者能对燃烧不稳定性的模拟实验研究方法有一个比较系统的了解。全书分为 9 章,第 1 章介绍燃烧不稳定性的研究方法和主要步骤;第 2～7 章介绍 1989 年以来笔者负责和参与建设的激光全息雾化实验系统,高速动态特性分析系统、收集法的混合比特性测量系统、激光荧光混合比特性实验系统、单喷注器声学特性实验系统、单喷注器燃烧室和全尺寸头部燃烧室低压燃烧模拟实验系统等不同实验系统的原理、方法及其作用;第 8 章介绍国外应用的缩尺模拟实验技术的原理和作用;第 9 章介绍俄罗斯燃烧不稳定性鉴定技术原理和作用。

衷心感谢航天推进技术研究院及西安航天动力研究所的领导和专家们,正是他们的高瞻远瞩,通过 10 余年的努力,西安航天动力研究所逐步建成了液体火箭发动机雾化、混合、声学和燃烧不稳定性实验系统;也正是在他们的指导下,此项工作才取得了一些成绩。

衷心感谢西安航天动力研究所原所长李斌研究员对本书给予的指导和支持。

衷心感谢西北工业大学航天学院汪亮教授。在本书的编著过程中,汪教授给予了全面的指导,并承担了审稿工作。衷心感谢北京航空航天大学杨立军教授和西安航天动力研究所同事们的支持和帮助。

感谢西安航天动力研究所旷武岳同志给予的帮助和支持。

需要说明的是,任何模拟实验都无法模拟全部的物理和化学过程,且模拟实验结果的验证也存在很大的困难。同时,不同研究单位和研究人员对模拟实验的原理、途径、实验方法及其实用性也存在不同的观点。本书介绍的模拟实验技术同样存在一些不足。笔者才疏学浅,加之研究经验有限,书中不足之处在所难免,敬请读者,尤其是同行批评指正。

著 者

2016 年 5 月

目　　录

第 1 章　燃烧不稳定性研究概述

20 世纪上半叶,液体火箭发动机、固体火箭发动机和涡轮喷气发动机在研制过程中相继出现燃烧不稳定性问题。此后,燃烧不稳定性问题作为工程攻关项目、学术探索目标及理论研究课题一直受到有关研究与工程技术人员的极大关注。通常,类似于声学谐振型振荡,液体火箭发动机燃烧不稳定性可依据频率分为低频、中频和高频燃烧不稳定性。低频燃烧不稳定性主要是燃烧室压力振荡与推进剂供应系统压力振荡相耦合引起的,其振荡频率一般在几百赫兹以下,波长比燃烧室或者供应系统特征尺寸大得多。发生中频燃烧不稳定性时,发动机供应系统压力会出现波动,燃烧室压力也可能波动,但这种压力波动与燃烧室声学振型不相耦合。有的研究文献将喷嘴射流与燃烧室壁面狭窄的反应区相互干涉,产生熵的波动诱发的不稳定性也归于中频燃烧不稳定性。高频燃烧不稳定性是由燃烧室推进剂燃烧反应与燃烧室的声学特性耦合引起的,也称为声学不稳定性。各种燃烧不稳定性的激励机理不同,后果也各异,其中破坏性最大的是高频燃烧不稳定性。一般,当燃烧室中的压力脉动幅值大于平均压力的 10%(也有研究者取 5%)时,就认为产生了燃烧不稳定。否则,视为粗糙燃烧。燃烧不稳定可产生如下负面效应:①流场和化学反应速率随时间变化,可能导致室壁局部热载荷提高,造成结构材料烧蚀或熔化;②脉动性工作可能产生高达 1 000 g 的过载载荷,带来机械破坏;③可能导致发动机性能降低;④给飞行器的精确控制,如推力矢量控制和导航等带来困难。

1.1　燃烧不稳定性的研究方法及其作用

燃烧不稳定性研究涉及推进剂的喷射、雾化、蒸发、混合和化学动力学过程;推进剂流动过程与燃烧过程的耦合;燃烧过程与燃烧室声学特性的耦合等诸多方面。研究方法包括理论研究、数值仿真、模拟和缩比实验研究以及发动机试车考核或稳定性评估等。显然,所有方法涉及多学科,贯穿于发动机研制的全过程。理论研究主要探索燃烧不稳定的产生机理,研究与燃烧不稳定性相关的影响因素;实验研究也涉及理论研究,但本质上是验证理论,侧重的是研究影响不稳定性的主要因素以及消除或抑制燃烧不稳定性的措施;发动机稳定性评估主要是检验具体发动机在偶然激励条件下是否会出现燃烧不稳定性问题,并确定其抗燃烧不稳定性的能力。

1.1.1　理论研究

液体火箭发动机高频燃烧不稳定性理论研究的主要内容之一是研究燃烧室内的能量转换

过程,进而探索高频燃烧不稳定性发生的机理。能量转换过程包括液体推进剂的喷射、雾化、蒸发、混合、燃烧以及气体在喷管中的膨胀与后续的反应等过程。雾化涉及射流撞击、液扇形成、液膜和液丝产生、液滴形成与聚合、液体与气相作用等不稳定过程;蒸发主要涵盖液滴与气相之间的传热、气化和扩散掺混过程;燃烧则包括湍流混合和化学反应等过程。喷注器是燃烧室的关键部件,是推进剂的供应者和燃烧的组织者,其喷射、雾化、混合和燃烧特性是燃烧室能量转换过程的重要环节。几十年来,各国学者和研究人员对液体火箭发动机喷雾燃烧的理论、模型和计算方法进行了大量的研究,提出了多种常压、高压和超临界条件下液滴蒸发与燃烧模型、液滴着火和熄火模型,液滴破碎、碰撞和聚合模型,液滴群的蒸发燃烧模型、喷雾两相湍流的燃烧模型等[1],也建立了一些燃烧不稳定性的分析模型[2-5]。研究结果表明,喷射、雾化、蒸发、混合和化学反应等过程都是液体火箭发动机燃烧室能量转换过程的环节之一,每一个过程都包含了激发高频燃烧不稳定性的可能因素,同时也均有可能在某种条件下成为激发高频燃烧不稳定性的主要因素。瑞利准则[6]认为如果与某一机理有关的燃烧速率以足够大的振幅进行振荡,而且这一振荡与燃烧室压力振荡的相位差足够小,则该机理可能激发不稳定性,但从瑞利准则中无法得知激励机理的具体物理机制,或者说无法知晓到底是哪一个过程在激发高频燃烧不稳定性。

在上述能量转换过程中,普遍认为蒸发过程进行得比较缓慢,而且其特征时间与声学振荡周期相当,因而是整个能量转换过程的控制过程。相应地,研究者通常用蒸发过程来解释燃烧不稳定性现象和存在的问题。广泛应用的 $n-\tau$ 唯相模型[7] 即以蒸发控制燃烧过程为基础,假设了一个特定的频率关系,并引入燃烧响应过程的特征时间 —— 时滞,表示形式为

$$Q' = \bar{Q}n(1 - e^{i\omega\tau})\, p'/\bar{p}$$

式中,Q' 和 $\bar{Q}$ 分别为燃烧室脉动放热速度和平均放热速度;p' 和 $\bar{p}$ 分别为燃烧室脉动压力和平均压力;n 为相互作用指数,是一个增益系数;τ 为燃烧时滞,主要反应相位关系;ω 为角频率。n 和 τ 在整个燃烧过程中都假设为常数(与频率无关)。

唯相模型在燃烧不稳定性分析中起到了一定的作用,但在描述实际燃烧响应过程中没能考虑特定条件下化学反应的控制作用。在能量转换的诸过程中,化学反应进行的时间最快,一般比蒸发时间小一个量级,通常被认为是燃烧不稳定性过程中的次要诱因。但当满足一定的喷雾、蒸发、传热、传质条件时,喷注器出口附近可能会形成一个预混区域,这个区域温度相对较低,化学反应速率也较慢。当与活化能有关的参数足够大时,化学反应速率对当地温度的扰动十分敏感,偶然的较小温升就会引起反应区更多的放热,进而又使当地温度和压力迅速升高。这种局部扰动以声波的形式向其他地方传播,最终就会产生燃烧不稳定性。从而,化学反应也有可能成为燃烧的控制过程[8]。

高频燃烧不稳定性的振型与燃烧室固有声学振型非常相似,而且几乎所有的高频燃烧不稳定性案例中所观测到的燃烧室压力振荡频率均与燃烧室基本形状的正则声学振型之一的频率相差在百分之几内。因此,高频燃烧不稳定性研究的另一个主要内容就是燃烧室及喷嘴的

声学特性。研究表明,在燃烧室中最基本的非线性过程是二阶气体动力学,这种机理引起不同振型之间的耦合,耦合使振型之间产生能量传递,从而产生极限循环振荡[9]。例如,气/液同轴式喷嘴就会影响发动机燃烧室声学特性,具体而言,内喷嘴的缩进比对气/液喷嘴工作时发生啸叫的参数范围、啸叫的频率和声压级有影响。而啸叫区间与喷嘴的结构尺寸有密切的关系,较大的喷嘴缩进比对啸叫有明显的抑制作用。啸叫的主要成分是高频噪声,这种喷嘴啸叫有可能成为诱发发动机高频不稳定燃烧的主要因素[10]。又如,隔板抑制高频燃烧不稳定性的主要机理在于改变了燃烧室的声学特性及声场分布[11]。目前,尚无关于燃烧过程和这些过程对线性及非线性振荡响应的切合实际的模型。线性稳定性研究有待完善,需要对隔板耗散、燃烧以及声学吸收器对隔板产生的基本波形的相互影响进行深入研究[12]。近年来,随着燃烧理论和控制理论的发展以及传感器、控制器、数据采集元件和系统的不断完善,研究人员对燃烧不稳定性的主动控制理论、途径和技术等问题进行了积极研究[13-18]。控制的目的在于让燃烧放热取得极大值的同时使燃烧室压力振荡为极小值,途径是优化两者之间的罚函数[16]。

　　高频燃烧不稳定性研究的另一个主要内容是燃烧室声学特性、影响因素以及与燃烧过程的相互关系。与前述的燃烧室能量释放过程及其影响研究相比,燃烧室声学特性和相应的抑制高频燃烧不稳定性措施的研究进展似乎更大一些,得到的结论也更明确,包括隔板、声腔在内的许多工程措施确实有效地抑制了很多液体火箭发动机的不稳定燃烧,但相关的理论问题并没有很好地解决。同时,也缺乏确定声腔和隔板位置、结构形式和尺寸等的设计准则。此外,高频燃烧不稳定性和选用的推进剂与喷注器、发动机循环方式和燃烧室设计等有密切的关系,也与发动机的工作环境、生产工艺等诸多因素相关。

　　高频燃烧不稳定性研究涉及上述诸多方面,相关的理论研究也取得了很大的进展。也正因为问题如此复杂,迄今尚没有一个能反映高频燃烧不稳定性现象与上述诸多因素相关性的系统性理论,甚至也没有一个良好的物理模型。研究得到的理论、模型甚至参数的影响趋势等成果还很难为具体的液体火箭发动机设计提供指导,甚至也难以用于参数选择或者分析影响趋势。燃烧不稳定性的理论研究依然任重而道远。

1.1.2　数值仿真

　　数值仿真技术主要是基于燃烧不稳定现象可能的机理,如喷射、雾化、蒸发、混合以及化学动力学等所建立的物理和数学模型,通过数值计算,一方面研究某项或某几项参数对燃烧不稳定性的影响,如压力脉动随着时间推进对燃烧室声学扰动的敏感性、压力脉动的频率与燃烧室内的声学频率耦合性问题;另一方面,研究某项或某几项措施,如声腔、隔板等对燃烧室内波动过程的影响。数值仿真计算在发现问题、研究参数的影响趋势,了解抑制不稳定燃烧措施的作用及改进方向方面有着经济、快速的优势,仿真结果可以为设计或分析提供一定的依据。数值仿真的准确度及精确性依赖于对物理现象深刻理解而建立的物理模型和求解方法。燃烧不稳定性问题是非常复杂的,对现象理解的不足,试验数据库的有限,雾化、液滴动力学和液滴燃烧实用模型的缺乏,这些问题是目前数值仿真还难以得到比较精确的结果,研究进展受限的主要原因。随着雾化、混合、声学、湍流扩散、射流动力学和燃烧学研究的深入以及计算方法和技术的不断完善,数值仿真在燃烧不稳定性研究中将发挥越来越重要的作用,并成为研究问题的有效途径之一。

1.1.3 雾化和混合实验

雾化实验可以提供下述多种信息,进而开展多项研究:①获得推进剂在燃烧室内雾化的破碎长度、液滴尺寸及分布等参数,有助于了解燃烧初始区域,结合隔板尺寸及其分布等,可以从一个侧面分析燃烧不稳定性的形成机理和隔板抑制高频燃烧不稳定性机理;②了解燃烧室内撞击波的产生及传播过程,研究撞击波与燃烧室其他过程的相互作用等;③研究撞击波是否能诱发和维持燃烧不稳定性,如何诱发,又怎样维持燃烧不稳定性;④了解蒸发、混合和化学动力学在不同推进剂、不同循环方式发动机燃烧不稳定性中所起的作用以及喷注器自激振荡引起的流量和混合比的变化与燃烧不稳定性的关系等。混合实验可以获得氧化剂和燃料在燃烧室中的分布,进而解读燃烧室中温度场的分布状况和燃烧室横向热流传递等问题。至于气/液喷注器的雾化和混合实验则可帮助确定液体核心区的长度和喷注器火焰可能的分布状况,进而预估燃烧时滞等关键参数。总之,喷注器的雾化特性研究已经持续了近百年,一方面,有关射流的喷射、破碎、雾化以及与燃烧不稳定性问题的关联虽不十分清晰,但在帮助我们了解燃烧不稳定性现象方面确实起到了重要作用;另一方面,绝大部分现有的实验是在大气环境或模拟个别参数环境下进行的,环境的差异导致获得的参数很难用于发动机的实际条件,这无疑从根本上制约了与燃烧不稳定性研究相关的雾化和混合等激励问题研究的进展和水平。

1.1.4 喷注器动力学实验

研究表明,喷注器不但起着推进剂供应、雾化和混合的作用,而且也是液体火箭发动机这一动态系统中的"敏感元件、放大器、振荡器和相移器"。事实上,喷注器输出参数的脉动和相位的变化可能对燃烧室的压力脉动产生响应,在一定条件下甚至也可产生振荡。于是,喷注器的动态特性对发动机稳定工作有着重要的影响。燃烧不稳定性问题的产生正是燃烧室燃烧过程与发动机系统或者某个组件动态过程固有特性耦合的结果。因此,预防或者消除燃烧不稳定性最直接有效的途径就是调节或者控制发动机的燃烧过程,破坏发动机燃烧过程与系统其他过程的耦合。目前,消除不稳定燃烧的基本措施主要有两种:一是根据耦合机理,设法削弱或消除燃烧过程与发动机系统其他过程的耦合关系,以减少或切断维持振荡所需的能量;二是增加阻尼以使振荡衰减。而防止中、低频燃烧不稳定常见的措施是提高喷注器压降,增加供应管路或喷嘴孔的长径比等。可见,控制燃烧过程的主要措施之一就是改变喷注器的动态特性。以撞击式喷注器为例,雾化过程本身就是强烈的脉动过程。当撞击夹角、射流速度或者喷射压降较小时,喷射的液流与环境气体存在比较规则的气液边界,射流和液滴的二次雾化过程主要是射流和液滴与环境气体的相互作用;但当射流速度及撞击夹角大时,射流或者撞击产生的液膜与环境气体存在剧烈的扰动。此时,高速动态分析系统流场的研究展示,喷雾锥角在强烈波动,与此相似,液膜或液丝的破碎长度也是波动的。喷注器动力学实验的目的就在于,研究给定结构的喷注器对何种液路振荡会产生放大或阻尼作用,相位又如何变化,进而研究通过优化喷注器结构消除或者阻尼系统液路振荡的方法。

1.1.5　声学特性实验

推进剂在燃烧室中的燃烧过程是一个膨胀过程,其时,燃气的密度和静压减小,流速增大,燃烧区的压力也随之降低。如果燃烧区之前的推进剂流动不稳定、流场不均匀,则混合气的形成、燃烧区的混合比以及燃烧完全性都会出现周期性的振荡。而变混合比的混合气燃烧会导致燃气生成量的变化和压力的变化。当推进剂在喷注过程中产生流量脉动时,经过燃烧区这一传递环节,燃烧产物也会产生压力脉动,如果燃烧区前推进剂流场的扰动传输时间和燃烧室固有振型的周期相耦合,就有可能产生自激振荡。通常,喷注器和燃烧室的声学模拟实验是在大气环境下,用模拟实验系统和方法,开展下述一系列研究:①喷注器在特定模拟燃烧室条件下声学谐振的频率、振型及振荡衰减率;②喷注器的结构尺寸对燃烧室声学特性的影响;③燃气通道长度、节流圈等对喷注器声学特性的影响;④燃烧室和发生器的声学振型及其分布;⑤安装声腔和隔板后燃烧室声学振型的分布和变化规律;⑥隔板等抑制燃烧不稳定性措施的效果。这些研究结果可为燃烧室与喷注器的声学特性分析、优化设计和单喷注器燃烧室低压燃烧模拟实验提供依据。

1.1.6　低压燃烧模拟实验

根据第三相似定理,保证两个对象(现象、过程、系统等)相似的充分必要条件是保证实物与模型的几何相似,并确保单值性条件相似参数的比例关系及实物和模型的决定性准则相等。对于燃烧不稳定性,单值性条件为燃烧室区域的几何特性,物理过程的相关参数,初始和边界条件。低压燃烧模拟实验就是从模拟现象与真实现象本质相同角度考虑,依据一定的模拟实验准则,采用实际或者模拟实验件,借助一定的初始边界条件,进行模拟实验以获得实际条件下物理过程的一些本质特性。例如,喷注单元热模拟实验是在大气环境下,依据出现一阶切向频率耦合点来确定发生高频燃烧不稳定性的工况,再依据相似准则将实验结果换算到实际工况,确定出被试喷注单元的工作边界及稳定性裕度。通常,低压燃烧模拟实验还可以用于开展下述一系列研究:①喷注器火焰长度、火焰的初始段特性、噪声、燃烧速率;②喷注器几何尺寸、工况参数及隔板高度等对高频燃烧稳定性的影响;③喷注器燃气通道内的自激声学振荡效应;④燃料射流在氧化剂环境中因周期性撞击所引起的声学不稳定性机理;⑤研究喷注器边缘火焰稳定条件不一致所致的声学不稳定性机理;⑥供给系统诱发的燃烧室压力谐振;⑦噪声趋于稳定性边界时衰减率和振幅的变化关系等。

全尺寸燃烧室高频燃烧不稳定性低压模拟实验原理与喷注单元高频燃烧不稳定性低压热模拟原理相同,实验方法也基本相似。不同之处在于前者的实验件是真实燃烧室,研究对象是头部的排列方式以及头部与燃烧室的匹配设计。由于实际燃烧室已经保持了几何相似,相似准则选取及工作参数的确定相对喷注器实验要容易一些。全尺寸燃烧室模拟实验的作用在于评估不同混合方案头部的相对稳定性;确定抗脉动装置(如隔板)的实用效果,并优化选择抗脉动装置的参数;确定燃烧室启动阶段的工作特性;为工作过程的数值计算模型提供数据。

1.1.7 缩比高压燃烧模拟实验

顾名思义,缩比高压燃烧模拟实验使用的是缩比燃烧室,其直径或横向尺寸比全尺寸设计的小,但为了尽可能显现激发高频燃烧不稳定性的机理和相关环境,其工作条件(混合比和燃烧室压力)通常接近于实际条件。基于同样的原因,喷注器单元的尺寸、喷注器与壁面的距离、燃烧室长度和收缩比通常也与全尺寸设计值相匹配。模拟喉部热流的要求决定了收敛段壁面半径要比全尺寸的小,这可能使燃烧室型面与全尺寸有很大差别。为了在"缩比"和"实际"之间加以权衡并适应缩比实验的需要,需要慎重选择稳定性和性能建模技术。通过建模可确定合适的工作条件和试件结构的参数范围(包括非额定的),并评定缩比试件的性能和稳定性特性。稳定性裕度和性能设计之间要进行折中。至于稳定性建模,不要求用严格的函数形式描述不稳定性机理,但应能在不同的几何和工作条件下,预估喷射和燃烧过程之间的主要耦合频率和增益。

缩比高压燃烧模拟实验可以获得与实际燃烧室燃烧不稳定性有关的大量信息,从而有助于研究和发展稳定性分析技术,减轻不稳定性燃烧带来的风险,降低发动机研制费用。在燃烧室缩比实验中,经常采用多喷注单元,而燃烧室则视具体情况而定。国内外先后研制了脉冲燃烧室、环形燃烧室、楔形燃烧室、横向激振燃烧室、方形燃烧室、二维燃烧室、变长度燃烧室和缩小尺寸的圆形燃烧室等多种燃烧稳定性实验用的缩比装置。

缩比实验的结果可为全尺寸结构设计提供参考和建立接近实际的稳定性和性能模型。事实上,在与全尺寸构件类似的工况下进行的缩比试验能够显示类似的燃烧物理学特征。例如,雾化速率、液滴尺寸分布、蒸发和混合在缩比和全尺寸燃烧室条件下存在一定的相似性。若全尺寸燃烧室或隔板腔的声学频率与缩比试件相匹配,全尺寸设计中燃烧和振荡之间的相互作用(包括各个过程的相对特征时间)就能用缩比试验来合适地模拟。经过大量的试验,可以获得从缩比燃烧室实验得到的燃烧稳定性数据进行全尺寸结构燃烧稳定性分析和评估的方法,进而为实际燃烧室高频燃烧不稳定性设计提供依据。

总之,模拟实验具有研究机理和指导工程设计两方面的作用,且廉价、安全,但模拟实验研究还很不成熟。由于高频燃烧不稳定性问题涉及的学科领域多,物理现象十分复杂,因此要进行燃烧不稳定性的模拟,首先要明确是哪种机理在起决定作用。否则,激励机理尚不明确,很难进行模拟。同时,模拟实验也无法模拟全部的物理过程,模拟实验的结果验证也存在很大的困难。此外,不同研究单位和研究人员对模拟实验的原理、途径、实验方法及其实用性也存在不同的观点,甚至有很大争议。但不可否认的是,模拟实验毕竟是很有前途的研究高频燃烧不稳定性的有效途径,必将得到研究者的重视和发展。

1.1.8　实际发动机燃烧不稳定性实验

实际发动机燃烧不稳定性实验是通过实际发动机的热试车实验,研究燃烧室的高频燃烧不稳定性;确定燃烧室燃烧稳定性裕度;考核燃烧不稳定抑制措施的实际效果。为确保安全,进行不稳定性实验时,并不直接测量燃烧室或者燃气发生器内的压力脉动,一般是测量喷注器供应管路或集液腔内推进剂的脉动压力、燃烧室或者发生器壳体的机械振动,用测量的频谱结果研究高频燃烧不稳定性的方法有多种。为研究燃烧室的稳定性裕度,通常是在燃烧室中利用激波管、脉冲枪等扰动装置产生人为扰动,测量燃烧室中扰动的衰减频谱,根据扰动衰减情况,研究实际燃烧室对偶然或自身产生的高频燃烧不稳定性的响应特性,使设计者对燃烧室抗高频燃烧不稳定性的能力有直观的认识,进而评估燃烧室的稳定性裕度。稳定性指标可以表示成多种形式(衰减率与流量关系、衰减率与混合比关系等),常用的评估指标是功率谱密度衰减率、燃烧室噪声振幅及脉冲的衰减率,这些指标的确定需要依据大量的实验结果。稳定性评估通常是发动机不同设计方案间的相对比较,不同参数发动机之间的相对评估,同一发动机不同生产批次间的对比等。

1.2　燃烧不稳定性的研究流程

燃烧不稳定性的影响因素众多,其中喷注器特性始终是研究的重点之一。研究内容涉及喷注器的射流流动特性、雾化特性、混合及分布特性,喷雾燃烧过程和喷注器的动力学特性等。在此基础上,改变喷注器的几何构型和工作参数,改进喷注器在燃烧室头部的排列方式是发动机抑制或消除高频燃烧不稳定性的主要措施之一。F—1 发动机[19]、RD—0110 发动机[20]、YF—20 发动机[21]等发动机燃烧不稳定性研究中,喷注器特性的研究均占了大量的份额,而液氧/液氢发动机的燃烧不稳定性研究主要也是喷注器结构形式、工作参数及相关的抑制措施研究。

鉴于此,开展整个稳定性研究工作的基础是喷注器及其有关的稳定性装置(隔板和声腔),而模拟实验又是研究工作的重要手段和主要环节。模拟实验应最大限度地保持实际燃烧室中与燃烧过程相似的主要特性。但实际上,模拟实验往往是稳定性、性能和热流特性之间折中的结果,并取决于所选定的模拟实验,这些折中可能导致模拟实验的喷注器形式、燃烧室圆柱段长度、喷管入口几何形状和壁面液膜冷却量有所变化。还有,模拟实验应尽可能采用模块化的燃烧室组件,以拓宽喷注器和燃烧室的参数范围,但这样可能导致隔板和声腔在几何上与全尺寸结构不相似。例如,模块化缩比燃烧室可能采用带径向声腔的可拆卸圆筒,而全尺寸燃烧室采用的可能是与喷注器本体结合在一起的轴向声腔。如果可能的话,要求模拟燃烧室尺寸所对应的频率与全尺寸隔板腔和/或燃烧室的频率相匹配。若在缩比试验中出现了燃烧不稳定,则在转入全尺寸喷注器研制前须做进一步的稳定性改进工作,因采用这种不稳定模拟燃烧室喷注器形式的全尺寸燃烧室很可能出现不稳定。此外,全尺寸燃烧室高频横向振型可能与模拟试件的频率范围匹配。

显然,在发动机研制的不同阶段,不稳定性研究的目的与要求也不同。研制初期,对以前抑制不稳定性措施的认知和运用可以提高燃烧室及燃气发生器的稳定性裕度。研制过程中,通过数值仿真及模拟实验可以比较结构的相对优劣,预选稳定性好的结构,研究喷注器、发生器或发动机的稳定工作边界。研制后期,通过施加人为扰动,在燃烧室激励出不稳定燃烧,通过振荡衰减幅度、喷前脉动压力和振动参数的综合评估,可以确定研制发动机的性能和工作范围。也正是发动机在不同研制阶段的不同需求,导致了在燃烧室设置阻燃肋条[20],系统中增加节流圈[21]等抑制不稳定性措施的产生。

伴随着发动机的研制过程,高频燃烧不稳定性研究大致分为 4 个阶段:①燃烧室和燃气发生器设计阶段,首先要深入分析以前抑制高频燃烧不稳定性的措施,如液相分区、声腔和隔板等使用的环境和实际效果,结合实际的燃烧室和发生器工作条件,充分借鉴和合理利用这些措施,设计出有较好稳定性的燃烧室或者燃气发生器方案;②尽可能应用前述的各种模拟方法,选择较优参数,提高燃烧室、发生器、喷注器等方案的稳定性裕量;③进行发动机热试车,考核燃烧室稳定性状况;④采用施加人为扰动的方法,在燃烧室中激励起高频不稳定燃烧,用振荡衰减幅度(振荡衰减率)评估发动机的稳定性,或者用喷前脉动压力、振动参数打分的方法进行综合评估,进一步了解研制发动机的性能,确定发动机的稳定工作范围。

在研制新发动机时,与发动机工程研制相结合,燃烧不稳定性研究一般应采取如下的研究步骤:

(1)喷注器雾化和混合实验。确定雾化的喷雾角、液滴尺寸速度、氧化剂与燃料的混合比及沿喷雾场横截面的分布。

(2)喷注器的动力学特性实验。通过实验,确定喷注器对特定激励频率的响应特性,研究喷注器对此频率的抑制或者放大范围以及相位特性。

(3)燃烧室和喷注器的声学实验。研究特定燃烧室的声学特征参数,预估实际燃烧室的声学特性;研究喷注器尺寸与燃烧室声学特征参数的相关性,在给定燃烧室结构的条件下,确定较优的喷注器结构和尺寸。

(4)喷注器低压燃烧模拟实验。研究喷注器结构尺寸对给定燃烧室高频燃烧不稳定性的影响,确定其较优的结构和尺寸。

(5)全尺寸头部燃烧室低压燃烧模拟实验。在低压燃烧实验验证的基础上,研究燃烧室头部喷注器排列方式对燃烧室高频燃烧不稳定性的影响。

(6)燃烧室和燃气发生器各自的热试车。确定发动机的高频燃烧不稳定性特性,验证高频燃烧不稳定性抑制措施的实际效果。

(7)燃烧室不稳定性鉴定性实验。用人为扰动激励燃烧室的不稳定性,检验发动机抗击高频燃烧不稳定性的实际能力,评估燃烧室稳定性裕度。

如果不是新研制的发动机,则上述的某个或者一些步骤可以省略。

总之,燃烧不稳定性研究与发动机的研制是相互依存、相互促进的。发动机研制为燃烧不稳定性的研究提供了客观需求,也是燃烧不稳定性研究不懈的驱动力,而燃烧不稳定性研究的成果又极大地提高了发动机的研制水平。

第 2 章　喷注器雾化特性实验

2.1　概　　述

　　燃烧不稳定性是燃烧室燃烧过程与发动机系统某个或者某些其他工作过程耦合的结果。其中,高频燃烧不稳定主要是燃烧过程与燃烧室声学特性相耦合。这里,燃烧过程包括推进剂的喷射、雾化、蒸发、混合和化学反应等子过程。不同类型的液体火箭发动机燃烧室中,每一子过程在燃烧过程中所起的作用,或者对燃烧过程的影响也不同。例如,在燃气发生器循环的液体火箭发动机和挤压式小推力液体火箭发动机中,推进剂的雾化过程是非常重要的。射流撞击动力学特性、液膜和液丝的破碎均有可能成为燃烧不稳定性的激励因素;而雾化产生的液滴特性,包括液滴的蒸发速率、尺寸分布和二次雾化等在燃烧不稳定的产生过程中起着重要的作用。在振荡流场中,液滴的蒸发能激发某一频率范围的燃烧不稳定。不稳定燃烧场中的压力脉动能促使燃料射流中的大液滴产生二次破碎。一旦破碎后,液滴的燃烧速率可能提高 1 倍,从而提高了燃烧场中的局部能量释放速率,进而成为潜在的燃烧不稳定驱动源之一。而在高压补燃循环液体火箭发动机中,燃烧室的压力远高于推进剂的临界压力,同时,氧化剂(或者燃料)通常是来自发生器的富氧(或者富燃)燃气。燃料(或者氧化剂)通常是先流经推力室的冷却通道,在到达燃烧室入口时,已经有较高的温度。于是,这种发动机的燃料(或者氧化剂)雾化过程非常短或者不存在,燃料与氧化剂的混合过程是燃烧过程中的主要子过程。对于全流量循环液体火箭发动机,在燃烧室中起主要作用的则是富氧燃气与富燃燃气的混合过程。喷注器是燃烧室燃烧过程的组织者,无论是何种发动机,喷注器的几何和工作参数对燃烧室的雾化和混合过程,尤其是初始燃烧区的形成均有重要影响。

　　对于燃气发生器循环的液体火箭发动机和挤压式小推力液体火箭发动机,需要进行推进剂雾化过程研究,其目的主要在于[22-25]:①深刻理解液体射流撞击形成液膜,液膜破碎产生液丝,液丝破碎形成微小液滴,液滴蒸发,氧化剂与燃料混合并燃烧等一系列关键过程,了解燃烧准备过程及可能激发燃烧不稳定性的机理;②研究射流撞击、脉动雾化、液膜液丝形成及破碎等这些影响燃烧过程的重要因素,进而分析影响可能激发及影响燃烧不稳定性的诸因素及其影响程度;③预测喷注器在给定条件下的雾化性能,为燃烧和燃烧不稳定性的数值模拟提供液滴的尺寸及分布、运动的速度及角度、扰动因素等计算所必需的原始数据;④研究管路及喷注器动态特性对雾化特性的研究,研究脉动的喷雾特性对燃烧稳定性的影响及作用;⑤研究改进喷注器设计的方向和方法,使之达到要求的雾化液滴分布、质量分布、速度分布以及动力学特性,以改善燃烧的稳定性。

雾化研究有理论法、数值模拟法和实验法:①理论法主要是通过雾化现象和步骤的物理过程分析,探索喷注器的雾化性能与喷注器几何、喷射的动力学参数以及雾化环境参数之间的关系,建立上述参数的物理模型;②数值模拟法主要是通过物理模型的数学求解,展现雾化的物理过程,揭示雾化性能与喷注器几何、喷射动力学参数以及环境的数值关系和细节;③实验法则是用不同的测量设备和仪器记录、展示雾化过程和图像,进而研究雾化与相关参数之间的关系。实验法包括实验系统和实验技术研究两部分:实验系统包括气/液供应和控制、环境模拟、雾化参数测量装置以及仪器仪表技术开发等,气/液供应和控制用于提供满足喷注器实验需要的一定压力、流量、脉动频率和振幅的气流和液流,环境模拟装置在于模拟雾化需要的环境气体压力和温度等。实验技术涉及气/液供应、调节及控制技术、雾化的环境模拟技术及雾化性能测量技术等。雾化性能的测量技术有很多种,以前用于研究喷雾的方法有捕获法、液蜡冻结法、氧化镁涂层(或碳黑)印痕法等。20世纪80年代以后,研究者开发了许多新的光学测试手段和方法。这些光学方法不干扰流场,并具有高的时间和空间分辨率,使得对喷雾及喷雾燃烧的研究越来越直接和精确,为喷雾燃烧过程的理论分析、计算机数值模拟以及喷注器的生产质量检测提供了有力的手段[26-28]。

2.2 雾化特性的表征

2.2.1 稳态雾化

雾化是指射流或液膜破碎成液滴的物理现象,用于表征雾化性能的参数有喷雾角、喷雾的破碎长度、喷雾的细度、雾化的均匀性、喷雾在空间的质量(尺寸)分布、液滴运动的速度及其分布。

(1)喷雾角。喷雾角是液流离开喷注器后的扩散度。适当的喷雾锥角有利于液滴的混合及加热,也有利于液滴蒸发热量的传递。

(2)破碎长度。它是指液流或液膜离开喷注面到完全破碎成液滴所经历的长度。在燃烧室设计时,需要考虑喷注器喷雾的破碎长度及喷雾的粒度与燃烧室长度间的匹配。破碎长度除以喷射的速度代表了燃烧时滞的一个重要部分,而由时滞可以预测供应系统或低频不稳定性的裕度。

(3)喷雾细度。喷雾细度是表征雾化质量的重要指标。喷注器雾化后液滴的大小是极不均匀的,通常假设雾化后液滴具有单一的直径,而假设的喷雾与实际喷雾有某种参数相同。这个假设的液雾直径即所谓的特征平均直径,常用的平均直径如下:

1)索特尔(Sauter)平均直径(D_{32})。假设液雾和真实液雾的液滴有相同的总体积和总表面积,在此条件下求出的特征直径称为索特尔平均直径(SMD),其计算式为

$$D_{32} = \frac{\sum\limits_{i} n_i d_i^3}{\sum\limits_{i} n_i d_i^2} \tag{2.1}$$

式中，i 为第 i 等级液滴；d_i 为第 i 等级的液滴直径；n 为直径为 d_i 的液滴数。

2）体积平均直径（D_{30}）。假设液雾和真实液雾的液滴有相同的总质量和液滴总数，在此条件下求出的特征直径称为体积平均直径，其计算式为

$$D_{30} = \sqrt[3]{\frac{\sum\limits_{i} n_i d_i^3}{\sum\limits_{i} n_i}} \tag{2.2}$$

式中，i，d_i 和 n 的定义与式（2.1）相同。

一些研究者采用体积平均直径确定"敏感时滞"或特征高频燃烧稳定性增益。

3）质量中间直径（D_{mm}）。在此直径以下的所有液滴的总质量等于在此直径以上的液滴总质量，其表达式为

$$\sum M_{d<D_{mm}} = \sum M_{d>D_{mm}} \tag{2.3}$$

上述的特征直径都是一个虚拟直径，也是一种统计值。由此，就与统计方法有关。例如，索特尔平均直径取决于统计的子样数，而子样数既与统计区间和时间有关，又与使用的测量仪器有关。相位多普勒粒度分析仪（PDPA）提供的索特尔平均直径是空间一个小区域（通常是 3～5 mm^2）在一定时间内的平均值，也即一定数目液滴的平均值[27]。从索特尔平均直径的计算式可以看出，索特尔平均直径受大液滴的影响较大，统计区域偶尔出现的个别大液滴会造成索特尔平均直径非常大的变化。对于完全雾化、颗粒均匀性好的稳态喷雾场，不同光学测量系统的测量值不会有较大的差异。对非完全雾化区域（如液丝破裂区域、二次雾化区域），上述系统会造成较大的差别，甚至测量参数无效。体积平均直径有同样的性质。表征液滴尺寸分布的方法包括直方图和质量累积分布图。两种分布图同样受统计液滴状况的影响。

（4）雾化均匀性。雾化均匀性是指雾化后液滴尺寸大小的接近程度。尺寸差别越小，雾化均匀性越好。雾化均匀性用液滴尺寸分布表示。目前用于表征液滴尺寸分布特征的经验函数有 X-二次方分布、Nukiyama-Tanasawa 分布、Rosin-Rammler（罗辛-拉姆勒，简称 R-R）分布等。不同的经验函数有不同的数值，但均取决于参加统计的液滴直径数目及大小。同样，计算雾化均匀性指数要注意取样区域。其中 R-R 分布较为常用，其表达式为

$$N = 1 - \exp\left[-\left(\frac{d}{D}\right)^k\right] \tag{2.4}$$

式中，N 是液滴质量累积分布值，是直径小于 d 的液滴占所有液滴质量的百分数；D 是液滴的平均直径。

以 N-d 作曲线，给出的是直径小于某个 d 值的所有液滴质量占液滴总质量的百分数。将式（2.4）对 d 进行微分，可以得到液滴质量与液滴直径的频谱分布，它给出直径为 d 的液滴质

量占液滴总质量的百分数。k 是液滴尺寸分布均匀性指数，k 值越大，喷雾的均匀性越好。离心式喷注器喷雾的 k 值为 $2 \sim 4$；撞击式喷注器产生的喷雾的 k 值为 $1.6 \sim 3.0$。

　　研究喷雾的扩散程度、喷雾在空间的破碎长度和雾化后的液滴直径及其分布，不仅可以为燃烧室优化设计，高频或低频不稳定性分析，燃烧室壁面和喷注器面的回流热分析等提供依据，还可以预测燃烧的性能。喷雾的初始参数，如液滴的尺寸分布、运动的速度及角度是燃烧室内流动模拟计算程序所必需的。

　　雾化表征的另一重要目的是开发喷雾燃烧仿真程序，以研究整个燃烧室的特性。喷注器近区的喷雾特性是计算域入口的边界条件，输入液滴的尺寸分布和速度分布比输入单一的统计直径和速度更接近实际，但在处理具体问题时，应该考虑输入哪一个截面的参数。

　　还要指出，在比较雾化测量参数时，需要特别注意研究者测量的雾场区域及使用的研究手段。因雾化参数的表征需要考虑取样区域，包括区域在雾场中的位置、区域的大小，并要考虑随时间的积累因素。

2.2.2　动态雾化

　　雾化对液体火箭发动机燃烧过程的影响是非常重要的，雾化的动态过程对燃烧不稳定性的影响也应受到关注。喷注器的动态特性[29]主要包括以下几方面：

　　(1) 喷注器通道的动态特性：

$$W_{ipc} = \frac{p'_i/\bar{p}_i}{p'_c/\bar{p}_c}, \quad W_{ii} = \frac{q'_{mi}/\bar{q}_{mi}}{p'_i/\bar{p}_i}, \quad W_{imi} = \frac{q'_{mi}/\bar{q}_{mi}}{p'_c/\bar{p}_c} \tag{2.5}$$

　　(2) 喷雾锥的动态特性：

$$W_{sl} = \frac{q'_{ms}/\bar{q}_{ms}}{p'_i/\bar{p}_i}, \quad W_{sg} = \frac{q'_{ms}/\bar{q}_{ms}}{p'_g/\bar{p}_g} \tag{2.6}$$

式中，W 都是无量纲参数，表示喷注器通道或者喷雾锥的动态特性。其他参数：p'_i 为喷前脉动压力；$\bar{p}_i$ 为喷前平均压力；p'_c 为燃烧室中的脉动压力；$\bar{p}_c$ 为燃烧室中的平均压力；q'_{mi} 为喷前脉动流量；$\bar{q}_{mi}$ 为喷前平均流量。q'_{ms} 为喷雾锥脉动流量；$\bar{q}_{ms}$ 为喷雾锥平均流量；$\bar{p}_1$ 为喷前液体平均压力；p'_1 为喷前液体脉动压力；p'_g 为喷前气体脉动压力；$\bar{p}_g$ 为喷前气体平均压力；

　　(3) 破碎长度随时间的变化关系。

　　(4) 液滴尺寸随时间的变化关系。

2.3　雾化特性实验系统

　　喷注器雾化特性实验系统的设计思想在于提供实验所需要的工作条件、测量需要的仪器设备并能模拟实际发动机工作条件下的喷注器工作环境，具体要求如下：

　　(1) 供应系统能够满足喷注器工作时的压降和流量需要。

（2）供应系统可以产生频率可调的振荡性液流,其频率和流量振荡幅度满足实际喷注器工作需要并留有足够的裕量。

（3）雾化特性研究设备能够测量需要的雾化特性参数。

（4）实验系统能够测量喷注器动态压力、动态流量及喷雾场的动态参数。

2.3.1 组成与原理

如图 2.1 所示是一典型的液体火箭发动机喷注器雾化和动力学特性实验系统原理图。实验系统包括气／液储箱(图中未示出)、气体减压器(图中未示出)、气／液路调节阀、过滤器、压力传感器、流量计及配套的管路、高频流量振荡器、高频压力传感器、模拟环境仓、喷注器、流强收集器、激光器、高速摄影系统和计算机数据采集及处理系统等。如果在大气环境下进行喷注器雾化特性实验,则系统不包括模拟环境仓。为了消除供应系统管路振动的影响,将喷注器前腔与其他的扰动源隔离开,一般应采用恒压压缩空气挤压模拟介质(一般用水、煤油),也即高压气源经减压器减压后,进入储箱挤压水。喷注器动态特性实验系统实物照片如图 2.2 所示。

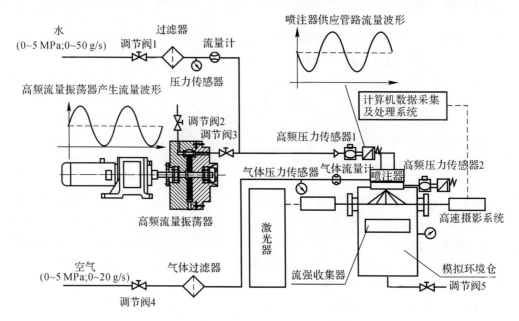

图 2.1　喷注器动态特性实验系统原理图

实验前,首先需在液体储箱中加入实验用的模拟推进剂,如果进行气喷注器实验,则不用加入模拟液。在气体储箱中充入高压气体(空气或者氮气),用系统中的减压器将高压气体减压到预定值,并进入液体储箱中。实验时,用系统中的气／液调节阀调节气路或者液路的压降,使喷注器达到额定的流量或者压降值,用流量计测量管路或者喷注器的流量,用压力传感器测量管路或者喷注器的压降,用流强分布测量装置测量喷注器出口预定位置的流强分布,用雾化实验系统测量喷注器的雾化特性。如果进行喷注器动态特性实验,则需要用系统中的高频流量振荡器在管路中激起设定频率和振幅的流量振荡。

图 2.2　喷注器动态特性实验系统实物照片

如图 2.2 所示实验系统的技术指标和要求如下:

(1) 系统稳态范围为 $0 \sim 6.0$ MPa,流量范围为 $0 \sim 1\ 000$ g/s;

(2) 液路脉动振荡频率介于 $10 \sim 1\ 000$ Hz 之间,压力振幅量级为 $10^3 \sim 10^6$ Pa,液体无量纲体积流量 q'_v/q_v 在 $0.05 \sim 0.5$ 的范围内可调;

(3) 流量振荡器采用轮盘式结构,电动机驱动,通过传动装置周期性截断液流的通道,脉动流频率范围在 $10 \sim 1\ 000$ Hz 之间;

(4) 流量脉动量传感器可以测量喷注器的脉动流量;

(5) 离心式喷注器切向孔脉动流量测量装置可以测量切向孔的脉动流量;

(6) 测试装置能测量喷注器前腔、内部的动态压力与动态流量;

(7) 喷雾场动态参数处理软件可以处理出索特尔直径、体积平均直径、质量中径和统计区域内液滴质量随时间的变化,并以分布曲线形式表示出来。

2.3.2　气/液脉动的激励

流量振荡器是整个喷注器动力学实验系统的关键。在管路中激起流量振荡的方法是多种多样的,典型的如柴油机油路供应系统中的周期性往复运动的机械装置,涡轮驱动的液压装置以及气压传动的装置等。超声和磁致的伸缩系统也在脉动雾化中有着广泛应用。

在喷注器出口或者内部激起脉动雾化的方法也有多种,最典型的是农田灌溉系统中使用挡板与喷注器射流周期性撞击,产生低频脉动的方法。在喷注器内部激起脉动的方法包括在离心式喷注器切向孔出口设置弹片[29]、采用声学频率和分叉喷口激励的直流撞击式喷注器等。机械式的扰动装置可在系统中激起频率较低的扰动,一般为几十到几千赫兹,而超声和磁致系统可以激起高达几十兆赫的脉动。

如图 2.2 所示系统激励装置采用圆盘机械式的流量振荡器,其结构图如图 2.3[30,31] 所示。该系统的圆盘用电动机驱动,电机的频率范围为 0～1 000 Hz。该系统旋转圆盘的直径上设置有一排孔,液体通过管路充填到圆盘前,随着圆盘的旋转,孔与壳体上的孔形成周期性的连通和堵塞状态,进而组成液流通道的周期性打开 → 关闭 → 打开,使液流在出口产生压力扰动。流量振荡器安装在液体管路上,与驱动电机、电机控制装置和液路调节阀共同组成液流脉动发生系统。当关闭调节阀时,可以供应稳态的液流;打开调节阀,通过调节阀的开度,可以提供不同流量脉动振幅的液流。若调节电机转速,则可形成不同振荡频率的脉动液流。圆盘上孔的直径

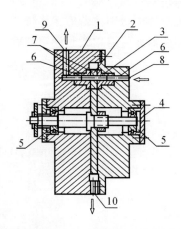

图 2.3　机械式流量振荡器的结构示意图

1-壳体；2-圆盘；3-孔；4-轴；5-轴承；
6-弹簧；7-套筒；8-入口孔；9-出口孔；10-排放孔

决定了可通过的流量,孔的数量及圆盘的转速决定了流量振荡器可激起的扰动的频率。如图 2.4(a) 所示为这种流量振荡器的液流脉动发生系统的实物图,图 2.4(b) 为某频率下使用该系统的输出压力的波形[31]。

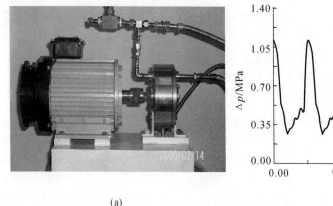

(a)

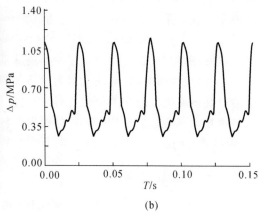

(b)

图 2.4　脉动流发生器及输出压力波形

(a) 实物图；　(b) 某频率下使用该系统的输出压力的波形

2.3.3　参数的测量

脉动参数的测量包括管路和喷注器内部参数的测量,测量参数通常是管路或者喷注器振

荡压力的振幅和频率以及流量的频率和振幅。有时,为了分析需要,也测量管路或者喷注器的机械振动频率和振幅。

1. 管路稳态流量测量

液体火箭发动机管路实验常用的流量测量仪器有涡轮流量计、容积式流量计、电磁流量计和超声波流量计等,这些流量计的测量原理不同,特点和适应的范围也有所差异。

(1) 涡轮流量计。涡轮流量计是在管道中心安放一个涡轮,两端用轴承支撑,当流体通过管道时,冲击涡轮叶片,对涡轮产生驱动力矩,使涡轮克服摩擦力矩和流体阻力矩而产生旋转的。在一定的流量范围内,对一定的流体介质黏度,涡轮的旋转角速度与流体流速成正比。由此,通过涡轮的旋转角速度可以得到流体流速,从而可以计算得到通过管道的流体流量。涡轮的转速通过装在机壳外的传感线圈来检测。当涡轮叶片切割由壳体内永久磁铁产生的磁力线时,就会引起传感线圈中的磁通变化。传感线圈将检测到的磁通周期变化信号送入前置放大器,对信号进行放大、整形,产生与流速成正比的脉冲信号,送入单位换算与流量积分换算电路,得到并显示累积流量值;同时亦将脉冲信号送入频率电流转换电路,将脉冲信号转换成模拟电流量,进而指示瞬时流量值。

涡轮流量计的仪表系数可分为两段,即线性段和非线性段。线性段约为工作段的 2/3,其特性与传感器结构尺寸及流体黏性有关。在非线性段,其特性受轴承摩擦力、流体黏性阻力影响较大。当流量低于传感器流量下限时,仪表系数随着流量的变化而迅速变化,压力损失与流量近似为二次方关系;当流量超过流量上限时,应注意防止空穴现象。传感器的仪表系数由流量校验装置校验得出。此校验可以不涉及传感器内部流体的流动机理,仅把传感器作为一个黑匣子,根据输入(流量)和输出(频率脉冲信号)确定其转换系数,便于实际应用。须注意的是,得出的仪表系数是有条件的,其校验条件是参考条件,如果使用时偏离此条件,系数将发生变化,变化的情况视传感器类型、管道安装条件和流体物性参数的情况而定。

涡轮流量计仅适用于稳态流量的测量。

(2) 容积式流量计。容积式流量计又称排量流量计(Positive Displacement Flowrator,简称 PDF 流量计或 PDF)。流体通过流量计,会在流量计进出口之间产生一定的压力差。流量计的转动部件(简称转子)在压力差的作用下旋转,并将流体由入口排向出口。在这个过程中,流体一次次地充满流量计的"计量空间",然后又不断地被送往出口。在给定流量计条件下,该计量空间的体积是确定的,只要测得转子的转动次数,就可以得到通过流量计的流体体积的累积值。而根据每单位时间内测得的转子的转动次数,可以得到瞬时流量。

容积式流量计按其测量元件分类,可分为椭圆齿轮流量计、刮板流量计、双转子流量计、旋转活塞流量计、往复活塞流量计、圆盘流量计、液封转筒式流量计、湿式气量计及膜式气量计等。

容积式流量计的优点:① 计量精度高;② 安装管道条件对计量精度没有影响;③ 可用于高黏度液体的测量;④ 范围大;⑤ 无需外部能源的直读式仪表,可直接获得累计,且操作简便。

容积式流量计的缺点：① 结果复杂,体积庞大;② 被测介质种类、口径、介质工作状态局限性较大;③ 不适用于高、低温场合;④ 大部分仪表只适用于洁净单相流体;⑤ 产生噪声及振动。

(3) 电磁流量计。电磁流量计的工作原理为法拉第电磁感应定律,即导电液体在磁场中流动切割磁力线,产生感应电势。其表达式为 $E=KBLv$。其中,B 为磁感应强度;L 为测量电极之间的距离;v 为被测流体在磁场中运动的平均速度;K 为比例常数。

电磁流量计主要由变送器(又称一次装置、检出器或传感器)和转换器(又称二次装置或变换器)及流量显示仪表三部分组成。其中,变送器的作用是把流过的被测液体的流量转换为相应的感应电势;转换器的作用是把电磁流量变送器输出的与流量成比例的毫伏级电压信号放大并转换成为可被工业仪表所接收的标准直流电流、电压或脉冲信号输出,以便与仪表及调节器配合,实现流量的指示、记录和运算。

1) 电磁流量计有多种分类方法:① 按激磁电流方式分类,可分为直流激磁、交流(工频或其他频率)激磁、低频矩形波激磁和双频矩形波激磁;② 按输出信号连线和激磁(或电源)连线的制式分类,可分为四线制和二线制;③ 按转换器与传感器组装方式分类,有分离型和一体型;④ 按管道连接方法分类,有法兰连接、法兰夹装连接、卫生型连接和螺纹连接;⑤ 按电极是否与被测液体接触分类,可分为接触型和非接触型;⑥ 按流量传感器结构分类,可分为短管型和插入型;⑦ 按用途分类,可分为通用型、防爆型、卫生型、防侵水型和潜水型等。

2) 电磁流量计的主要优点:① 它是 一 种体积流量测量仪表,在测量过程中不受被测介质的温度、黏度、密度及电导率(在一定范围内)的影响。流量计用水标定后,就可以用来测量其他导电性液体的流量,不需要附加其他修正。② 变送器结构简单,没有可动部件和阻碍液体流动的节流部件,所以当液体通过时不会引起任何附加的压力损失,同时它不会引起诸如磨损、堵塞等问题,能用于测量带有固体颗粒的矿浆、污水等液固两相液体,以及各种黏性较大的浆液等。同样,由于它结构上无运动部件,故通过附上耐腐蚀绝缘衬里和用耐腐材料制成电极,可用于各种腐蚀性介质的测量。③ 量程范围极宽,同一台电磁流量计的量程比可达1：100。此外,电磁流量计只与被测介质的平均流速成正比,而与轴对称分布下的流动状态(层流或紊流)无关。④ 无机械惯性,反应灵敏,可以测量瞬时脉动流量,而且线性好。测置信号可直接用转换器线性地转换成标准信号输出,既可就地指示,也可远距离传送。

3) 电磁流量计主要不足之处在于:① 不能用于测量气体、蒸汽及含有大量气体的液体。② 不能用于测量电导率很低的液体介质,被测液体介质的电导率不能低于 10^{-5} S/cm,(相当于蒸馏水的电导率)。③ 由于测量管绝缘衬里材料受温度的限制,不能测量高温高压液体。④ 受流速分布影响,在轴对称分布的条件下,流量信号与平均流速成正比。所以,电磁流量计的前、后也必须有一定长度的直管段。⑤ 电磁流量计易受外界电磁干扰的影响。

4) 电磁流量计选用较高激励频率时,能快速响应脉动流,进行脉动流量测量。这时,电磁流量计须做下述三个方面的特殊设计:① 激励频率数值大小的要求虽然不是很严格,但必须可调,以与脉动频率相适应,太高和太低都是不合适的。② 设计的关键是其励磁方式,对于油、空气等非导电性液体和频率高达 1 000 Hz 脉动流量的测量来说,小尺寸电磁流量计技术目前还很不成熟。③ 流量计的模拟信号处理器应防止脉动峰值到来时进入饱和状态。应选定合适的时间常数,例如可按经验公式 $t(s) = 1\,000/N$ 计算,N 代表每分钟脉动的次数;为了读出流量平均值,应对显示部分做平滑处理。

(4) 超声波流量计。超声波流量计常用的测量方法有传播速度差法和多普勒法。传播速度差法又包括时差法、相差法和频差法,其基本原理都是通过测量超声波脉冲顺水流和逆水流时的速度之差来反映液体的流速,从而测出流量;多普勒法的基本原理则是应用声波中的多普勒效应测得顺水流和逆水流的频差来反映液体的流速,从而得出流量。

超声波流量计的分类:

1) 根据超声波声道结构类型,可分为单声道和多声道超声波流量计:① 单声道超声波流量计是在被测管路上安装一对换能器构成一个超声波通道,应用比较多的换能器是外夹式和插入式。单声道超声波流量计结构简单、使用方便,但这种流量计对流态分布变化适应性差,测量精度不易控制,一般用于中小口径管道和对测量精度要求不高的管路。② 多声道超声波是在被测管道上安装多对超声波换能器构成多个超声波通道,综合各声道测量结果求出流量。③ 与单声道超声波流量计相比,多声道流量计对流态分布变化适应能力强,测量精度高,可用于大口径管道。

2) 根据超声波流量计适用的流道不同可分为管道流量计、管渠流量计和河流流量计。其中,管道流量计一般是指用于有压管道的流量计,此流量计一般是通过一个或多个声道测量液体中的流速,然后求得流量。用于管渠的超声波流量计除了要具有测流速的换能器以外,还需要有测水位的换能器,根据测得的流速和水位求得流量。用于管渠的流量计一般含有多个测速换能器(由声道数决定)和一个测水位换能器。

超声波流量计的基本原理:

1) 时差法测量原理[32]。时差法测量液体流量的原理如图 2.5 所示。它利用声波在液体中传播时因液体流动方向不同而传播速度不同的特点,测量它的顺流传播时间 t_1 和逆流传播时间 t_2 的差值,从而计算液体流动的速度和流量。

设静止液体中声速为 c,液体流动速度为 v,把一组换能器 p_1,p_2 与管路轴线安装成 θ 角,换能器的距离为 L。从 p_1 到 p_2 顺流发射时,声波的传播时间 t_1 为

$$t_1 = \frac{L}{c + v\cos\theta} \tag{2.7}$$

从 p_2 到 p_1 逆流发射时,声波的传播时间 t_2 为

$$t_2 = \frac{L}{c - v\cos\theta} \tag{2.8}$$

一般 $c \gg v$,则时差为

$$\Delta t = t_2 - t_1 = \frac{2Lv\cos\theta}{c^2} \qquad (2.9)$$

由式(2.7)和式(2.8)可得

$$v = \frac{L^2}{2d}\frac{t_2 - t_1}{t_1 t_2} \qquad (2.10)$$

式中，d 为换能器 p_1，p_2 沿管路轴线的距离（见图 2.5）。获得液流在管路中的流速 v 即可求出流量 q_m。

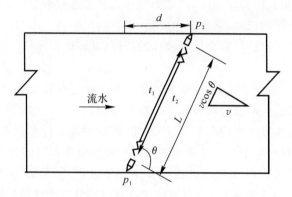

图 2.5　超声波流量计测流原理图

2）多普勒法测量原理[33]。多普勒法测量是依据声波中的多普勒效应，检测其多普勒频率差。超声波发生器为一固定声源，随液体以同速度运动的固体颗粒与声源有相对运动，该固体颗粒可把入射的超声波反射回接收器。入射声波与反射声波之间的频率差就是由于液体中固体颗粒运动而产生的声波多普勒频移。此频率差正比于液体流速，通过测量频率差就可以求得流速，进而可以得到液体流量，如图 2.6[33] 所示。

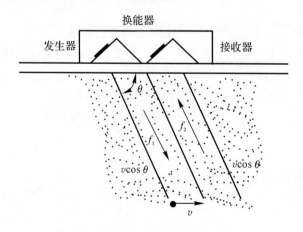

图 2.6　多普勒超声波流量计测流原理图

当随液体以速度 v 运动的颗粒流向声波发生器时,颗粒接收到的声波频率 f_1 为

$$f_1 = f_0 - \frac{v\cos\theta}{c} = f_0\frac{c - v\cos\theta}{c} \tag{2.11}$$

当该颗粒将 f_1 频率的声波反射回去,则接收器接收到的是 f_2 频率的声波:

$$f_2 - f_1 - \frac{v\cos\theta}{c}f_1 = f_0(\frac{c - v\cos\theta}{c})^2 \tag{2.12}$$

因此,声波接收器和发生器间的多普勒频移 Δf 为

$$\Delta f = f_0 - f_2 = f_0(\frac{2v\cos\theta}{c} - \frac{v^2\cos^2\theta}{c^2}) \tag{2.13}$$

以上各式中,θ 为声波方向与液体流速 v 之间的夹角,f_0 为声源的初始声波频率,c 为声源在介质中的传播速度。若 $c \gg v\cos\theta$,则

$$\Delta f = 2f_0\frac{v\cos\theta}{c} \tag{2.14}$$

$$v = \frac{c}{2f_0\cos\theta}\Delta f \tag{2.15}$$

$$q_V = \frac{Ac}{2f_0\cos\theta}\Delta f \tag{2.16}$$

式(2.15)和式(2.16)是按单个颗粒考虑时,测得的液体流速和体积流量。但对于实际含有大量粒群的水流,则应对所有频移信号进行统计处理。超声波多普勒流量计的换能器通常采用收发一体结构,如图 2.7 所示。换能器接收到的反射信号只能是发生器和接收器的两个指向性波束重叠区域内颗粒的反射波,这个重叠区域称为多普勒信号的信息窗。换能器所收到的信号就是由信息窗中所有流动悬浮颗粒的反射波的叠加,即信息窗内多普勒频移为反射波叠加的平均值。

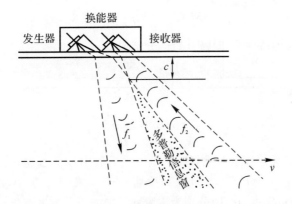

图 2.7　多普勒信息窗示意图

平均多普勒频移 Δf 可以表示为

$$\Delta \bar{f} = \frac{\sum N_i \Delta f_i}{\sum N_i} \quad (i=1,2,3,\cdots) \tag{2.17}$$

式中, Δf 为信息窗内所有反射粒子的多普勒频移的平均值; $\sum N_i$ 为产生多普勒频移 Δf_i 的粒子数; Δf_i 为任一个悬浮粒子产生的多普勒频移。

由上可知,该流量计测得的多普勒频移信号仅反映了信息窗区域内的液体速度,因此要求信息窗应位于管渠内接近平均流速的部位,才能使其测量值反映管渠内液体的平均流速。

上述流量计中,电磁流量计是唯一能够测量导电液体脉动流量的传感器,但是只适用于测量较低频率(几十赫兹以下)脉动流量,无法满足中、高频脉动流量的测量要求,并且电磁流量计结构尺寸较大。

2. 管路脉动流量测量

液体火箭发动机直流式喷注器和离心式喷注器切向通道内液流的流动状况是类似的,均可视为一段很短的直管路。此时,可以应用管路动态特性分析来研究管路的高频脉动信号。在管路上相距 L 远的位置选取两点用高频动态压力传感器测量其动态压力,设测得压力为 p'_1, p'_2, 管路任意两断面上的压力 p'_1, p'_2 和流量 q_{m1}, q_{m2} 间的传递关系可用下述传递矩阵表示[34]:

$$\begin{bmatrix} q_{m1} \\ q_{m2} \end{bmatrix} = \begin{bmatrix} M_1(S^*) & -M_2(S^*) \\ M_2(S^*) & -M_1(S^*) \end{bmatrix} \begin{bmatrix} p'_1 \\ p'_2 \end{bmatrix} \tag{2.18}$$

式中,传递矩阵元素 M_1, M_2 分别为

$$M_1(s^*) = \frac{\cosh\Gamma}{Z_c \sinh\Gamma} \tag{2.19}$$

$$M_2(s^*) = \frac{1}{Z_c \sinh\Gamma} \tag{2.20}$$

式中, Γ, Z_c 分别为管路传播算子和特性阻抗,分别为

$$\Gamma = D_n s^* \sqrt{N(s^*)} \tag{2.21}$$

$$Z_c = Z_0 \sqrt{N(s^*)} \tag{2.22}$$

$$N(s^*) = \left\{ 1 - \frac{2J_1(j\sqrt{s^*})}{j\sqrt{s^*} J_0(j\sqrt{s^*})} \right\}^{-1} \tag{2.23}$$

式(2.21)中, D_n 为管路无因次衰减数, $D_n = \nu L/(ar_0^2)$, 其中, a 为音速; ν 为液体运动黏度; r_0 为管路半径, L 为管长; $s^* = s(r_0^2/\nu)$, s 为拉普拉斯算子。式(2.22)中, Z_0 为阻抗常数, $Z_0 = \rho a/(\pi r_0^2)$, 其中, ρ 为液体密度; J_0, J_1 分别为零阶和一阶的第一类贝塞尔函数。

根据式(2.18)传递矩阵的输入、输出关系,可从压力信号间接求得流量信号。此方法也可称为两点压力式流量测量方法,可以选择管路任意两断面为流量检查面,但要实现流量的间

接测量，必须进行压力-流量信号间的转换。由于传递矩阵元素 M_1，M_2 中含有双曲函数和贝赛尔函数，上述信号间的转换非常困难，因此必须对 M_1，M_2 进行近似处理。

由于动态流量测量十分困难，即使开发出一种动态流量测试方法，要检验它的测量结果是否正确也十分困难。同时，在流量测量过程中，很难避免因测试环境与条件变化对测量结果的影响。如图 2.8 所示展示了一种简单可靠的脉动流量自检验方法[35]。在该测量系统中，截面 1，2 为测量面，压力 p_1，p_2 为一次信号，选取中间断面的压力信号 p_m 为比较信号（检验信号）。p_1，p_2，p_m 同时用压力传感器测定，由测得的一次信号 p_1，p_2 可间接推算得到检验信号 $p_{m,out}$，再将推算出的检验信号 $p_{m,out}$ 与测得的压力值 p_m 比较，根据两个信号的一致性来判断同一时刻从 p_1，p_2 得到的流量信号 q_{m1}，q_{m2} 的正确与否。把这种在动态流量的测量过程中，监视测试管路中各液体变量间的传递关系是否正确的方法称为"自检验"。即如果由 p_1，p_2 的实测值推算出的 $p_{m,out}$ 与实测的 p_m 相一致，则说明液体各变量间的关系是正确的，并可由上面的传递矩阵模型表示。因此，可以确认相同时刻从 p_1，p_2 这两个实测值得到的动态流量值 q_{m1}，q_{m2} 也是正确的。

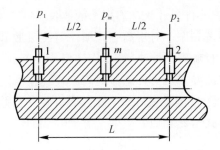

图 2.8　管路脉动流量间接测试方法的示意图

这种测量方法没有机械可动部件，使用可靠，不会破坏切向通道内的流动状况，并具有良好的动态测试特性；同时对液体物性和传感器安装距离也均无限制。作为动态流量测量检验装置，它具有自检验功能，因此即使没有其他流量标定装置，也可以现场判断所得出的动态流量结果是否正确。由实验研究结果得知，该装置测试的动态流量信号准确度较高。

3. 离心式喷注器脉动特性测量

离心式喷注器是液体火箭发动机常用的喷注单元之一，其动态特性也最为复杂。液体在离心式喷注器内部的流动所具有的特点会影响流量瞬时值的测量，这些特点是：① 喷注器通道的长度和直径都很小；② 压力高，压降大，流动梯度大；③ 流量速度变化范围大；④ 离心式喷注器旋流腔和喷口通道内存在中心气涡区。

进行离心式喷注器动态特性实验研究的主要目的是为设计及应用提供参考依据。离心式喷注器动力学理论研究中尚存在的诸多假设，理论研究结果的应用范围、可信度及理论计算公式也都需要实验进行验证,并加以修正或完善。为提高实验结果的可信度,实验用离心式喷注器的主要尺寸应与实物接近,方法是对实验喷注器进行动态工况下的液流实验,实验时保持所有可控参数(喷注器压降、振荡频率及结构尺寸)不变。一般情况下,离心式喷注器切向孔通道的直径和长径比均很小,研究切向通道的动态特性,应采用不同切向通道直径的多个模型喷注器进行实验;为发现可能的非线性效应,所有切向通道动态特性的实验都应在不同的喷注器压降下进行。涡流室和出口存在气涡,液膜的厚度是高度脉动的,须注意安装在喷口通道始、末端的测量装置的信号,并应与喷注器前腔测量装置的信号进行比较,以确定动态参数的相位差。实验用的模型喷注器应该选用长度和直径都不同的喷口段。鉴于上述原因,通常只能采用小尺寸动态压力传感器或者间接的电参数方法测量喷注器内部的脉动压力和流量,常用的方法有三种:① 用快响应的流量计;② 先用适当的方法将脉动衰减到足够小的幅值,再用普通流量计进行测量;③ 电信号换算方法。

(1)直接测量。离心式喷注器动态特性实验时,喷注器内部不同位置部分的动态压力和动态流量应用不同的测量方法。对于喷注器前腔的压力振荡,采用任何类型的动态压力传感器均可测量,只要传感器敏感元件尺寸比动态压力的波长小一个数量级即可,但要求传感器固有频率要高于实验测试的振荡频率。对于离心式喷注器旋流腔和喷口通道内的动态压力,考虑到旋涡流的流动梯度很高且旋涡尺寸小,需要用微型传感器,或者采用波导管式动态压力传感器。如图 2.9 所示是装有波导式压力传感器的离心式模型喷注器纵剖面[29]。图中,直径为 0.8 mm 的压力传感器波导管 1(铜电缆芯线)伸入旋流腔并与其内表面齐平,喷口通道内该种类型的压力传感器安装形式与此相似。

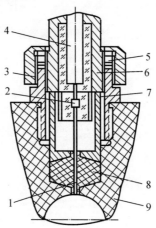

图 2.9　装在离心式模型喷注器旋流腔及喷口通道内的波导式压力传感器

1-波导管;2-压电元件;3-套螺母;4-电缆;5-锁紧螺母;

6-传感器壳体;7-压紧套筒;8-冲垫;9-嘴壳体

为测量离心式喷注器切向通道内的高频脉动流量,可采用电磁流量计,其在离心式模型喷注器内的安装结构形式如图 2.10[29] 所示。类似地,在喷口通道内也可使用电磁流量计,但因喷口内存在气涡区,且气涡区的横截面积会随流量振荡发生相应的变化,测量参数需要考虑气涡的影响。

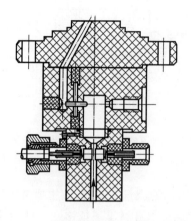

图 2.10　测量切向进口及喷口通道内
动态流量的电磁流量计示意图

电磁流量计的优点是不影响液流的惯性部件,且液流在通道内的局部阻力和回流对测量值读数的影响甚微。不足之处在于:① 所能测量的脉动频率范围较窄,只适用于较低频率(几十赫兹以下),无法满足中、高频喷嘴动力学研究的要求;② 通常,电磁流量计尺寸较大,无法在实际的离心喷嘴内安装,仅能用于实验用的放大模型喷注器;③ 成本高,结构较复杂。

(2)环形电极方法。利用离心式喷注器喷口通道内流速振荡与液体旋涡的表面振荡同相位,且相对振幅相等这一特性,可以根据喷口通道内液体旋涡有效流通截面积的振荡来评估喷口通道内的流量脉动,而液体旋涡有效截面积的变化可根据安装在喷口通道内两个环形电极间旋涡区液体电阻的变化来评估。两环形电极间的距离须远小于喷口通道内脉动流量的波长,但大于喷口通道内的液膜厚度。例如,当几何特性 $A = 2, \Delta p = 0.6$ MPa,振荡频率 $f = 1\,000$ Hz,且液体为水时,在喷口通道内的脉动流量波长为 40.5 mm,而一般喷注器的液膜厚度为 $0.2 \sim 0.7$ mm,上述要求是满足的。通常,在喷口通道内安装 $2 \sim 5$ 个彼此绝缘的环形电极。为防止电极极化,采用交流电桥将电极接入电路,桥式电路的其中一条对角线将记录下有效信号,尽管记录的信号中包含电极与水的接触电阻,但该方法仍可方便地用于评估离心式喷注器喷口通道内的流量振荡强度,且电极的结构简单,安装方便,能对喷口内流量振荡与喷注器压降振荡的相位差进行较为准确的测量。其缺点是脉动流量振幅测量的准确度较低(由于接触电阻的存在)。测量装置示意图如图 2.11[31] 所示。

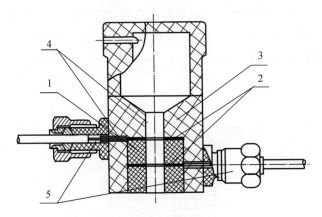

图 2.11　喷口通道内液体流通截面积振荡量测量示意图
1-环形电极；2-绝缘垫圈；3-喷注器壳体；4-电缆；5-高频馈电接头

采用上述环形电极测量喷口内的流量脉动时,应主要考虑以下几方面的因素:

1) 实验用电极材料应选湿润性多孔钛金属或多孔不锈钢的环形薄片,以增加电极和液体的接触面积,减小接触电阻。实际测得的脉动电阻值则是电极与液体间的接触电阻和液膜电阻之和。

2) 为防止电磁干扰,须有良好的绝缘措施。

3) 电极之间的距离必须小于 10 倍的脉动流量波长,即比波长低一个数量级,但要高于 4 倍的液膜厚度。

4) 这种方法只能确定流量脉动和有效流通面积变化间的线性依从关系,其灵敏度较低。

5) 测试信号中有大量的噪声,须增大电极和液体之间的接触面积,并采用滤波器去除噪声。

(3) 电导式脉动流量测量。液体电导的测量在中药成分鉴定、木材含水量分析、水质检验、相含率检测等领域广泛应用,液体电导高速测量也在工业自动检测领域得到应用。研究离心式喷注器脉动流量测量技术的关键在于流量信号的转换,要求转换后的信号能传导速度快、响应快、不易受干扰,且对喷注器内流场无干扰。电信号的传播和响应速度快,可以实现在线测量,且已经十分成熟,其测量精度高,数据处理也方便。因此,根据离心式喷注器内液流的特殊性,如果用电测量的方式,将液流振荡过程中的膜厚度变化与液流脉动流量相联系起来,将对脉动流量测量转化为对脉动液膜厚度的测量,即可实现通过电导方法测量离心式喷注器脉动流量。离心式喷注器的旋流室及喷口通道内的液体是以环形液膜的形式流出的,旋流室和喷口通道内均存在空气涡。在行波中,液体厚度的诸振荡同相位,喷口内的流量振荡会通过液流的速度振荡及横截面积振荡而均匀地传播,这就为电导式脉动流量测量提供了理论基础。

参考文献[31]和[36]中介绍了通过电导测量脉动流量的方法。

如图 2.12[31]所示。从功能上讲,所有形式的离心式喷注器均可分为三个部分:促使液体产生旋转的切向通道,使液体形成涡流的旋流室,使液流加速并形成锥形液膜的喷口(对开口离心式喷注器而言,旋流室与喷口直径相等)。液体由切向通道进入离心式喷注器旋流室后,在液流的来流压力和旋流室固体壁面的约束下,液体在旋流室内产生旋转流动,同时在旋流室及喷口的中心位置出现空气涡。实际上,液体在离心式喷注器内部的流动状态是一旋转的环形液膜。当来流压力出现脉动时,在旋流液膜的表面也会出现液膜脉动(称为表面波),此液膜脉动与喷口处流量脉动间存在一定的关系。电导式脉动流量测量原理就是通过测量液体喷口处电阻的变化,得到液膜脉动的情况,进而获知流量的脉动情况。

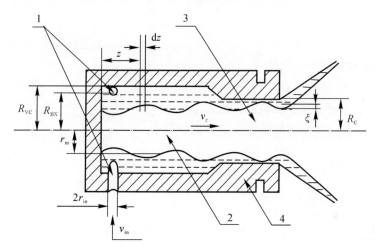

图 2.12　液体沿离心式喷注器流动示意图

1-切向通道;2-旋流室;3-喷口处;4-喷嘴壳体

1)脉动流量与液膜厚度的关系。离心式喷注器内部,液体流动的特点是自由内表面的旋流,液体旋涡表面波的传播情况可用波动方程式(2.24)来描述。

$$\frac{\partial^2 \xi}{\partial^2 t} = \frac{1}{r_m^4} v_{in}^2 R_{BX}^2 \left(\frac{R^2 - r_m^2}{2}\right) \frac{\partial^2 \xi}{\partial z^2} \tag{2.24}$$

式中,ξ 为液膜厚度脉动量的瞬时值;r_m 为空气涡的半径;v_{in} 为切向孔入口处液流速度;R_{BX} 为离心式喷注器旋流半径;z 为沿喷注器轴向的坐标。

表面波的传播速度(v_w)为

$$v_w = \sqrt{\left(\frac{v_{in}^2 R_{BX}^2}{r_m^3}\right)\left(\frac{R^2 - r_m^2}{2r_m}\right)} = \frac{v_{in}R_{BX}}{r_m^2}\sqrt{\frac{R^2 - r_m^2}{2}} \tag{2.25}$$

式(2.25)中,$v_{in}^2 R_{BX}^2 / r_m^3$ 为液体表面上的离心加速度,而$(R^2 - r_m^2)/2r_m$ 表征了液体旋涡的

半径。

与浅水波传播方程类比，对于刚性壁面限制的半无穷空间，方程式（2.24）的解为

$$\xi = A e^{i\omega(t-z/v_w)} \tag{2.26}$$

式中，A 为液体表面波的振幅。

与振荡气体内瞬时压力和速度的关系一样，液流轴向速度振荡量（v_z'）和液体表面的振荡量（ξ）之间的关系可用下面的关系式表示：

$$\frac{\partial v_z'}{\partial t} = \frac{v_{in}^2 R_{BX}^2}{r_m^3} \frac{\partial \xi}{\partial z} \tag{2.27}$$

对式（2.27）两边进行积分，得

$$v_z' = \frac{v_{in}^2 R_{BX}^2}{v_w r_m^3} \xi = \frac{v_{in}^2 R_{BX}^2}{v_w r_m^3} A e^{i\omega(t-z/v_w)} \tag{2.28}$$

从式（2.28）可以看出，喷嘴内液体轴向流速振荡与液体旋涡的表面振荡同相位，且相对振幅相等，其轴向速度的振幅为

$$|v_z'| = A v_{in}^2 R_{BX}^2 / (v_w r_m^3) \tag{2.29}$$

离心式喷注器内液体体积流量的表达式为

$$q_V = 2\pi \int_{r_m-\zeta}^{R} (v_z + v_z') r dr = 2\pi \int_{r_m-\xi}^{R} v_z r dr + 2\pi \int_{r_m-\xi}^{R} v_z' r dr \tag{2.30}$$

将式（2.30）分解成以下两个式子：

$$2\pi \int_{r_m-\xi}^{R} v_z r dr = \bar{q}_m + 2\pi \int_{r_m-\xi}^{r_m} v_z r dr = \bar{q}_m + 2\pi v_z r_m \xi \tag{2.31}$$

$$2\pi \int_{r_m-\xi}^{R} v_z' r dr = 2\pi \int_{r_m-\xi}^{r_m} v_z' r dr + 2\pi \int_{r_m}^{R} v_z' r dr = 2\pi v_z' r_m \xi + \pi v_z' (R^2 - r_m^2) \tag{2.32}$$

将式（2.31）和式（2.32）代入（2.30），并忽略高阶小量可得

$$q_V = \bar{q}_V + q_V' = \bar{q}_V + 2\pi v_z r_m \xi + \pi v_z' (R^2 - r_m^2)$$

或

$$q_V' = 2\pi v_z r_m \xi + \pi v_z' (R^2 - r_m^2) \tag{2.33}$$

由式（2.33）可以看出，液体体积流量的振荡量由充有液体的有效截面面积振荡量（式中右边第一项）和液流流速轴向分量的振荡量（式中右边第二项）决定。先将式（2.25）代入式（2.28），再代入式（2.33）后，再将式（2.26）代入，整理后可得

$$q_V = \bar{q}_V + q_V' = \pi v_z (R^2 - r_m^2) + \left(\pi \frac{v_{in} R_{BX}}{r_m} \sqrt{2(R^2 - r_m^2)} + 2\pi v_z r_m \right) \xi \tag{2.34}$$

由式（2.34）可以看出，当来流状况给定时，脉动流量的瞬时值 q_V' 是液膜厚度瞬时值 ξ 的单值函数。因此，如果得知液膜厚度瞬时值进而得到喷嘴的脉动流量。

现在讨论表面振荡从旋流室传到喷口，假设 $r_{m,c}$ 有一个小增量 $\Delta r_{m,c}$，会引起有效截面系数 φ 产生相应的变化，其关系式为

$$r_{m.c} + \Delta r_{m.c} = \sqrt{1 - (\varphi + \Delta\varphi)R_c} \tag{2.35}$$

由于旋流室内的流动为亚临界流动，$v_{z.vc} < v_{w.vc}$，因此 $\Delta\varphi$ 会导致 $r_{m.vc}$ 产生相应的变化。

$$r_{m.vc} + \Delta r_{m.vc} = \sqrt{2\left[1 - (\varphi + \Delta\varphi)\right]^2 R_c / \left[2 - (\varphi + \Delta\varphi)\right]}$$

$$\frac{r_{m.c} + \Delta r_{m.c}}{r_{m.vc} + \Delta r_{m.vc}} = \sqrt{\frac{2 - (\varphi + \Delta\varphi)}{2\left[1 - (\varphi + \Delta\varphi)\right]}}$$

令 $b = (r_{m.vc}/r_{m.c})^2$，对上式变换后可得

$$\Delta r_{m.c} = r_{m.c}\left\{\sqrt{b}\sqrt{\frac{2 - (\varphi + \Delta\varphi)}{2 \times \left[1 - (\varphi + \Delta\varphi)\right]}} - 1\right\} + \Delta r_{m.vc}\sqrt{\frac{2 - (\varphi + \Delta\varphi)}{2 \times \left[1 - (\varphi + \Delta\varphi)\right]}} \tag{2.36}$$

当 $\Delta\varphi \to 0$ 时，$\lim \dfrac{\Delta r_{m.c}}{\Delta r_{m.vc}} = \dfrac{1}{b} = \dfrac{A_{c.\infty}}{A_{vc.\infty}}$。由此可见，在小扰动的情况下，喷口通道内液体振荡的振幅为旋流室内振幅的 $1/\sqrt{b}$ 倍。

2) 液体电导与液膜厚度的关系。将式(2.25)中的 R 用 R_{vc} 表示，并进行整理后，则可以得到在旋流室内的液体旋涡表面波的传播速度的无量纲表达式：

$$\bar{v}_{w.vc} = \frac{v_{w.vc}}{v_{\sum}} = \sqrt{\frac{1}{2}\left(\frac{\bar{R}_{vc}^2}{a} - 1\right)} \tag{2.37}$$

这里，$v_{\sum}$ 为旋流室底部的液体流速，$v_{\sum} = V_{in}R_{bx}/r_m$。参数 $\bar{R}_{vc}$ 与 a 分别定义为

$$a = (r_m/R_c)^2 = A^2\mu^2, \quad \bar{R}_{vc} = R_{vc}/R_c \tag{2.38}$$

式中，A 为离心式喷注器的综合参数，定义为

$$A = \frac{F_c}{F_{in}}\frac{R_{BX}}{R_c} = \frac{R_{BX}R_c}{nr_{in}^2} \tag{2.39}$$

μ, F_c, n, F_{in} 和 r_{in} 分别为离心式喷注器的流量系数、出口面积、切向孔数、切向孔面积和半径。又可知在旋流室底部液流的轴向相对速度为

$$\bar{v}_{z.vc} = \frac{v_{z.vc}}{v_{\sum}} = \frac{\mu}{\bar{R}_{vc}^2 - a} \tag{2.40}$$

表面波沿旋流室底部传播的绝对速度，应为式(2.37)与式(2.40)之和，即

$$\bar{v} = \bar{v}_{w.vc} + \bar{v}_{z.vc} = \frac{\mu}{\bar{R}_{vc}^2 - a} + \sqrt{\frac{1}{2}\left(\frac{\bar{R}_{vc}^2}{a} - 1\right)} \tag{2.41}$$

若将式(2.25)中的 R 用 R_c 表示，r_m 用 $r_c = \sqrt{1 - \varphi}R_c$ 表示并进行整理后，则可以得到在喷口处液体旋涡表面波传播速度的无量纲表达式，其与喷口处液体的轴向速度相等，有

$$\bar{v}_{w.c} = \bar{v}_{z.c} = \frac{\sqrt{\varphi}}{\sqrt{2}(1 - \varphi)} \tag{2.42}$$

这里 $\varphi = F_1/F_c$ 为有效截面系数，是液体流动截面面积与喷口截面面积之比，表面波沿喷口处传播的绝对速度为

$$\bar{v}_{\text{f.c}} = \bar{v}_{\text{w.c}} + \bar{v}_{\text{z.c}} = \frac{\sqrt{2\varphi}}{1-\varphi} \tag{2.43}$$

由公式(2.41)和式(2.43)可知表面波传播的绝对速度,再根据 $\lambda = \bar{v}_{\text{f}}/f$ 可得表面波的波长。

喷注器内液膜表面波的波长通常是比较长的。如果在喷注器内取两个相距为 L 的截面 1—1 和 2—2,如图 2.13[31] 所示。间距 L 足够小则可认为在此范围内液膜厚度 h 是一致的,因此,液柱环状截面面积为

$$F = \pi \left[R^2 - (R-h)^2 \right] \tag{2.44}$$

当来流流量发生脉动时,1—1 和 2—2 截面之间环形液柱内表面的形状会发生变化,从而引起液柱截面积的变化。当采用导电液体时,在 1—1 截面和 2—2 截面之间,环柱形的导电液的电阻会产生变化。根据电阻计算公式,环形液柱电阻的计算公式为

$$R_{\text{e}} = \rho_{\text{e}} \frac{L}{F} \tag{2.45}$$

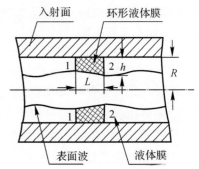

图 2.13　离心式喷注器内液膜示意图

式中,ρ_{e} 和 F 分别为介质的电阻率和面积。

将式(2.44)代入式(2.45),可得环形液膜厚度与液柱电阻的理论关系:

$$h = R - \sqrt{R^2 - \frac{\rho_{\text{e}} L}{\pi R_{\text{e}}}} \tag{2.46}$$

因为 $h = \bar{h} + \xi$,就可以得到液体旋涡厚度的振荡量 ξ 和 R_{e} 关系为

$$\xi = R - \sqrt{R^2 - \frac{\rho_{\text{e}} L}{\pi R_{\text{e}}}} - \bar{h} \tag{2.47}$$

因此,通过测量 R_{e} 的变化就可以得知液体旋涡厚度的瞬时振荡量 ξ。将式(2.47)代入式(2.30)中,可得到电阻变化和液体流量脉动之间的关系式

$$q_V = \pi v_z (R^2 - r_m^2) + \left(\pi \frac{V_{\text{in}} R_{\text{BX}}}{r_m} \sqrt{2(R^2 - r_m^2)} + 2\pi v_z r_m \right) \left(R - \sqrt{R^2 - \frac{\rho_{\text{e}} L}{\pi R_{\text{e}}}} - \bar{h} \right) \tag{2.48}$$

这里,在喷注器旋流室处,应取 $R = R_{\text{vc}}$;在喷注器出口处,应取 $R = R_{\text{c}}$。实际测量时,通过测量喷嘴内液膜厚度的变化,再将液膜厚度通过式(2.48)转化为脉动流量。

应当指出的是,至今准确测量离心式喷注器内液膜厚度仍是一项研究课题。用探头可以进行管内环状液膜测试,测试前,必须在专门的校准设备上,用校准液对探头进行标定。标定时要求实验液体的导电性质与校准液保持一致,即保持液体的浓度、温度及杂质含量与校准液完全一致,这在大流量的实验条件下是很难实现的。在实际工程问题中,由于电极表面情况复杂,接触电阻也是很难确定的。电容、电导及光学测量液膜厚度方法都进行了不少的研究,例

如研究指出利用激光可以测量 0.2 mm 以上的液膜厚度,用电导法可以得到电导-液膜厚度的曲线[37],但对这些方法的准确校验还存在问题。在不同的流动范围内,离心式喷注器内流量脉动时的液膜厚度及波的形态各异,要对高频脉动的液膜厚度做定量分析就更为困难,也只做过有限的实验研究[31],还需要进行相当长时间且细致的研究。

2.4　雾化特性测量技术

液体火箭发动机液 / 液喷注器产生的喷雾场特性、气 / 液喷注器产生的气 / 液流场特性对发动机性能有重要影响,是发动机研制中需要掌握的重要环节。雾化研究对测量技术的要求是多方面的,涉及测量视场、速度和时间等,具体表现在:① 测量技术可以获得较大的喷雾场视场,能够同时获得喷雾锥角、破碎长度等喷注器近区的信息;② 有高的分辨率,能够分辨较小尺寸的液滴;③ 能够获得液滴的尺寸及尺寸分布等参数,获得喷雾场内液滴索特尔平均直径、质量中径、算术平均直径等统计参数;④ 液滴统计参数能够按空间、时间方式进行统计;⑤ 能够获得随时间高速变化的喷雾场信息;⑥ 具备在模拟环境下的测量能力。

20 世纪 80 年代以来,光学技术以其不干扰流场、时间和空间分辨率高的独特优点,在喷雾燃烧研究中得到广泛应用,成为实验研究的主流技术[27]。用于喷雾燃烧特性研究的光学测试技术主要有激光散射技术、激光衰减技术、激光荧光法、激光 CT 技术、激光多普勒技术、激光全息技术、以激光作光源的采用图像摄影的粒子图像速度场仪(Particle Image Velocity,以下简称 PIV)和高速摄影等。这里主要介绍稳态雾化常用的激光全息技术、激光相位多普勒技术和 PIV 技术。

2.4.1　激光全息实验技术

全息技术最早由 Thomspon 用于大气雾场研究。20 世纪 80 年代以后,计算机图像处理技术的发展和完善极大地促进了激光全息术的应用。激光全息术与图像处理系统相结合既可以展示喷雾燃烧场的微观结构,又可获得定量数据,尤其对于喷雾场喷注器近区的雾化状况研究,它有着其他方法无以可比拟的优势,从而使该技术迅速被用于各种喷雾场的测量,以致形成了一个独立的全息技术的分支 —— 喷雾场全息术。

1. 激光全息技术原理

激光全息是利用物体透射或者反射光的振幅、相位变化来记录物体图像的技术。按记录方式不同,激光全息摄影分为反射和透射全息摄影。按光路布局形式不同,激光全息摄影又可分为同轴全息摄影和离轴全息摄影。同轴全息中同一束激光既作物光,又作参考光。由物体所衍射的光波与照明光中未受扰动的部分作为参考相干涉,从而记录物体信息,它对光源的相干性及记录介质的分辨率要求低,但再现时实像和共轭虚像同轴,两者同被傅氏变换,使变换面上光强分布复杂,图像处理较难。离轴全息是为了消除同轴全息出现的孪生像问题,引入了辅助的参考光,并使其与物光成一夹角在干板上干涉。再现时,实现了实像与共轭虚像的空间分离。实际使用的激光全息摄影大多采用离轴激光全息摄影。

(1) 全息记录。如上所述,全息记录是利用两束光的干涉现象把振幅和相位差的信息转换成光强的变化记录在光学介质(全息干板)上。把物光和参考光传播方向上的单位矢量分别记为 S_1,S_2,其中

$$S_1 = (\cos\alpha_1, \cos\beta_1, \cos\gamma_1) \tag{2.49}$$

$$S_2 = (\cos\alpha_2, \cos\beta_2, \cos\gamma_2) \tag{2.50}$$

式中,α_1,β_1,γ_1 和 α_2,β_2,γ_2 分别为两束光与 X,Y,Z 轴的夹角。

设光为均匀的相干平面波,不考虑传播能量损失,则空间任意一点 $a(x,y,z)$ 处两束光的复振幅分布可分别记为

$$O(x,y,z) = A_1 e^{ik\boldsymbol{a}_1 \cdot S_1} = A_1 e^{ik(x\cos\alpha_1 + y\cos\beta_1 + z\cos\gamma_1)} \tag{2.51}$$

$$R(x,y,z) = A_2 e^{ik\boldsymbol{a}_2 \cdot S_2} = A_2 e^{ik(x\cos\alpha_2 + y\cos\beta_2 + z\cos\gamma_2)} \tag{2.52}$$

设两束光的传播矢量 S_1,S_2 均和 X,Z 坐标轴平行,干板为 XOY 平面,如图 2.14 所示。

此时,干板平面上的光场复振幅分布为 $O(x,y)$、$R(x,y)$,则有

$$O(x,y) = A_1 e^{ikx\cos\alpha_1} = A_1 e^{ikx\sin\gamma_1} \tag{2.53}$$

$$R(x,y) = A_2 e^{ikx\cos\alpha_2} = A_2 e^{ikx\sin\gamma_2} \tag{2.54}$$

两束光在 XOY 平面叠加后,合光场的复振幅分布为

$$U(x,y) = O(x,y) + R(x,y) \tag{2.55}$$

合光场的强度分布为

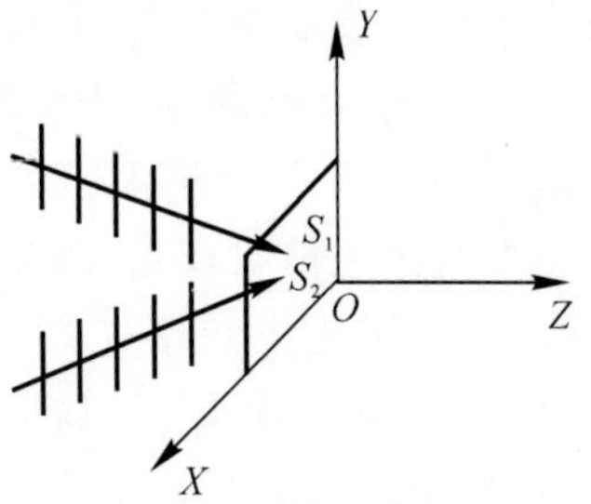

图 2.14　曝光时两束光的相对位置

$$I(x,y) = U(x,y)U^*(x,y) = |O(x,y)|^2 + |R(x,y)|^2 + O(x,y)R^*(x,y) + O^*(x,y)R(x,y) \tag{2.56}$$

假设全息干板有足够的分辨率,它能鉴别出物光波与参考光波之合光强的全部细节。这样,干板就储存了物光波振幅与相位的全部信息。

如果采用两次曝光,并设两次曝光用同一束参考光 $R(x,y)$。两次曝光的物光依次为 $O_1(x,y)$ 和 $O_2(x,y)$。其中,XOY 平面为干板平面,则两次曝光干板平面上的光强分布分别如下:

$$I_1(x,y) = |R + O_1(x,y)|^2 = |R|^2 + |O_1(x,y)|^2 + R^*O_1(x,y) + RO_1^*(x,y) \tag{2.57}$$

$$I_2(x,y) = |R + O_2(x,y)|^2 = |R|^2 + |O_2(x,y)|^2 + R^*O_2(x,y) + RO_2^*(x,y) \tag{2.58}$$

假设干板工作在线性区域,则两次曝光后,干板平面上的振幅透射率分布为

$$t(x,y) = [2|R|^2 + |O_1(x,y)|^2 + |O_2(x,y)|^2] + R^*(O_1(x,y) + O_2(x,y)) + R(O_1^*(x,y) + O_2^*(x,y)) \tag{2.59}$$

（2）全息再现。设再现光波为平面相干波，传播方向记为 S_3，并平行于 XOZ 平面，全息干板放置在 XOY 平面，则它在干板平面上产生的光场复振幅分布可表示为

$$u(x,y)=A_3 e^{ikx}=A_3 e^{ikx\sin\gamma_3} \tag{2.60}$$

式中，γ_3 为照明光束与 Z 轴夹角。

干板记录时，显影后的振幅透射率为

$$t(x,y)=|O(x,y)|^2+|R(x,y)|^2+O(x,y)R^*(x,y)+O^*(x,y)R(x,y)=$$
$$|A_1|^2+|A_2|^2+A_1A_2 e^{ikx(\sin\gamma_1-\sin\gamma_2)}+A_1A_2 e^{-ikx(\sin\gamma_1-\sin\gamma_2)} \tag{2.61}$$

当光束从全息图透射出来后，干板平面的光场复振幅分布为

$$t(x,y)u(x,y)=(A_1^2+A_2^2)u(x,y)+$$
$$A_1A_2A_3 e^{ikx(\sin\gamma_1-\sin\gamma_2+\sin\gamma_3)}+A_1A_2A_3 e^{-ikx(\sin\gamma_1-\sin\gamma_2-\sin\gamma_3)} \tag{2.62}$$

这就是用再现光波照明后，从全息干板透射出的光波分布。

对于双脉冲激光全息，再现时，用参考光照射，参考光与记录光有相同或者接近的频率，设 $g(x,y)=R(x,y)$，则有

$$t(x,y)g(x,y)=Rt(x,y)=$$
$$[2|R|^2+|O_1(x,y)|^2+|O_2(x,y)|^2]R+R^*(O_1(x,y)+O_2(x,y))+$$
$$R^2(O_1^*(x,y)+O_2^*(x,y)) \tag{2.63}$$

式（2.63）中，右边第二项是两次曝光时对两种物光波相干叠加的合成波，第三项是上述合成波的共轭像。这样，在全息干板分辨率足够时，经过化学处理后，就把液滴两次曝光之间的物体位置的变化记录在全息图中。

对于一定的摄影系统，但喷雾场确定后，通过参考光与物光的能量匹配仅取决于喷雾场的浓度分布，参光和物光能量比（强度比）是无法调节的。当雾场密度较大时，成像质量不高。再现时，实像和共轭像同轴，两像将被傅氏透镜同时变换，变换面上的光强分布很复杂，再现像质量不高。因此，同轴全息只能用于稀薄喷雾研究。

1）同轴再现（见图 2.15）。设再现光 $u(x,y)$ 是参考光 $R(x,y)$ 的准确再现，而且两者均沿 Z 轴方向传播，则有

$$u(x,y)=R(x,y) \tag{2.64}$$

且，$\gamma_2=\gamma_3=0$。这就是常说的同轴全息，同轴全息再现时，式（2.63）变为

$$t(x,y)u_3(x,y)=(A_1^2+A_2^2)u_3(x,y)+A_2^2A_1 e^{ikx\sin\gamma_1}+A_2^2A_1 e^{-ikx\sin\gamma_1} \tag{2.65}$$

于是，第二项是物光波的准确再现，且位于原物体的位置。第三项则是它的共轭像，两者具有相同的几何形状，但位于干板的另一侧。

正因同轴全息可再现出原雾场的两个像，且两个像分布在干板两侧，并与再现光波同轴。当摄像机提取再现像时，两者同被傅氏变换，致使再现像的清晰度严重下降。

2）离轴再现（见图 2.16）。设再现光 $u(x,y)$ 是参考光 $R(x,y)$ 的准确再现，而且均与干板夹以相同夹角，即有

$$u(x,y) = R(x,y) \tag{2.66}$$

且 $\gamma_2 = \gamma_3 \neq 0$,则公式(2.62)变换为

$$t(x,y)u(x,y) = (A_1^2 + A_2^2)u(x,y) + A_2^2 A_1 e^{ikx\sin\gamma_1} + A_2^2 A_1 e^{ikx(2\sin\gamma_2 - \sin\gamma_1)} \tag{2.67}$$

式(2.67)右边第二项即为原雾场的准确再现;第三项也是原雾场的像,但它与 Z 轴夹角发生变化。即原像和共轭像在空间彼此分开,这有利于雾场像的准确提取(见图2.16)。

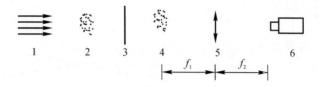

图 2.15　同轴再现示意图

1-再现光(He-Ne激光);2-共轭像;3-全息干板;4-实像;5-再现透镜;6-摄像机

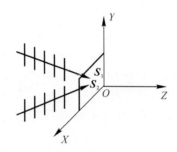

图 2.16　离轴再现示意图

1-再现光(He-Ne激光);2-共轭像;3-全息干板;

4-实像;5-再现透镜;6-摄像机

2. 激光全息记录系统

通常,激光全息记录系统包括He-Ne激光器、红宝石激光器、光路系统和全息记录介质。典型的红宝石激光全息记录系统原理图如图2.17所示,如图2.18所示为激光全息实验系统照片。

He-Ne激光器用于系统调试。红宝石激光器采用两级模式,振荡级用于产生红宝石激光,放大级用于将振荡级产生的红宝石激光放大。红宝石激光器的振荡级腔体包括全反镜(3)、Q开关(掺杂硫酸钾(K_2SO_4)的磷酸二氢钾晶体,简称 KDP 晶体)(4)、振荡级红宝石棒和氙灯(5)、布氏窗(6)、选模小孔(7)、标准具(8),放大级红宝石腔体仅含棒和氙灯(9)。此外,记录系统还包括控制电路及水冷系统。双脉冲红宝石激光全息系统的关键在于红宝石激光器,特别是要有较好的 Q 开关。它包括两个方面:一是可靠的时序控制系统;二是能够稳定地输出大功率的单模式光束。

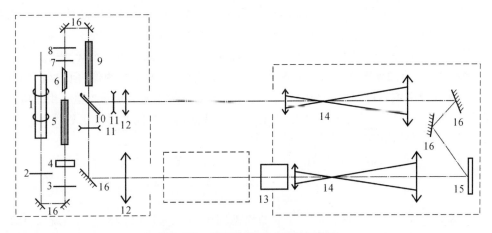

图 2.17　激光全息记录系统原理图

1－He－Ne 激光器；2－滤波小孔；3－全反射镜；4－KDP 晶体；5－振荡级红宝石棒；6－布氏窗；

7－选模小孔；8－标准具；9－放大级红宝石棒；10－分光镜；11－放大镜；12－准直镜；

13－4F 系统；14－扩束准直镜；15－全息干板；16－全反射镜

图 2.18　激光全息实验系统照片

　　激光器实际上是一个光波振荡器,其基本过程是光的受激辐射。红宝石激光器中,含有质量(分数)约 0.05% C_r^{3+} 离子的 Al_2O_3 晶体棒(故称红宝石棒)用作发光元件。在棒的两端直接淀积多层光膜,从而构成一个光谐振器的反射面。再在红宝石棒的两侧放置平面反射镜,构成光谐振器。激光器利用氙灯作泵浦光源,将充好高压电的电容器瞬间接通到灯管上,使氙灯发光,从而激励红宝石发光。双脉冲红宝石激光器采用 Q 调制法获得双脉冲光,方法是:把 KDP 晶体的一端电极接零,另一端通过闸流管接 1/4 波电压。当可变延时输出第一个脉冲时,点燃第一个高压脉冲发生器的闸流管,闸流管瞬间导通,释放晶体电极端电压,KDP 晶体两端电极的电压瞬间为零,Q 开关部分打开输出第一个脉冲。然后,闸流管关闭,晶体电极又恢复到 1/4 波电压,Q 开关关闭。相隔一个预定的时刻(规定的脉冲间隔)后,可变延时输出第二个脉冲,点燃第二个高压脉冲发生器的闸流管,KDP 晶体再次打开,输出第二个脉冲光。

4F 系统中,液滴的衍射光通过前后两组光学透镜(焦距分别为 f_1 和 f_2)的两次傅立叶变换,在变换透镜的后焦面得到原光场的分布,但其在横截面却放大了 f_2/f_1 倍。由于雾场所有的液滴都在平行光路中经过变换和放大,所有的雾化液滴都有相同的放大倍数;同时,4F 相同又将原雾场转换到另外一个空间,这有利于雾场的拍摄。

(1) 系统的分辨率。准直照明圆形微粒要求的记录介质的最低分辨率为

$$\varphi_{min} = \varphi \left[\frac{J^{(1)}_{m+1} \to u^{(1)}_{m+1}}{\pi} \frac{1}{|M_{xy}|\,d} + \frac{\sin\theta}{\lambda_1} \right] \tag{2.68}$$

式中,φ 为考虑到采样定理和截止频率而取的松弛因子,对于如图 2.18 所示系统,$\varphi = 2$;$J^{(1)}_{m+1} \to u^{(1)}_{m+1}$ 为一阶贝塞尔函数的第 $m+1$ 个零点值,$\frac{J^{(1)}_{m+1} \to u^{(1)}_{m+1}}{\pi} \approx m+1$,$m$ 为第 m 个侧瓣边缘,取 $m = 3 \sim 4$;M_{xy} 为 4F 系统横向放大率;d 为液滴直径;θ 为参考光夹角,一般 $\theta = 30°$;λ_1 为记录光波的波长,对于红宝石光,$\lambda_1 = 6\,943\ nm$。

如果 4F 系统的放大率为 2 倍,则计算的记录介质最小分辨率应在 2 457 线时 /mm 以上;反之,如果 4F 系统为缩小系统,缩小率为 1/2,则记录介质的最小分辨率应在 5 764 线时 /mm 以上。用于喷雾研究时,激光全息干板采用美国产的 Aafa—10E75 或者德国产 BBH 干板。

(2) 记录的景深。设雾场需要记录的液滴直径范围为 $d_{min} \sim d_{max}$,要使各种直径的液滴都能良好记录,则要求记录距离要小于最小液滴的最远可记录距离。要使所有液滴都能实现共轭像与实像分离,则要求记录的距离又要大于最大液滴的远场距,即

$$\frac{d^2_{max}}{\lambda_1} \leqslant z \leqslant \frac{N_{imax} d^2_{min}}{\lambda_1} \tag{2.69}$$

式中,N_{imax} 为远场数。

在离轴系统中,共轭像和实像是分离的,只要最小距离大于零即可。因此,在此系统中,可记录的场深如下。

像空间:

$$H' = \frac{N_{imax}(M_{xy}d_{min})^2}{\lambda_1} \tag{2.70}$$

物空间:

$$H = \frac{N_{imax}d^2_{min}}{\lambda_1} \tag{2.71}$$

对于这里所提及的激光全息系统,放大率 M_{xy} 有三种倍率。设雾场需要记录的最小液滴直径为 5 μm,最大液滴直径为 300 μm,按照普通标准,Aafa—10E75 全息干板的最大远场数为 $N_{imax} = 100$,对几种液滴直径计算的可记录景深见表 2.1。

表 2.1 液滴直径与记录景深的关系　　　（单位：mm）

4F 系统放大倍率（M_{xy}）	直径	0.005	0.015	0.040	0.3
2∶1	像场	1.44	12.96	92.16	5 185.08
	雾场	0.36	3.24	23.04	12 962.27
1∶1	像场	0.36	3.24	23.04	1 296.27
	雾场	0.36	3.24	23.04	1 296.27
1∶2	像场	0.09	0.81	5.76	324.07
	雾场	0.36	3.24	23.04	1 296.27

（3）液滴运动速度。图像处理时，根据液滴两次曝光位置，计算出液滴的中心坐标，由此计算出液滴的位移量 Δs。两次曝光的时间间隔 Δt 是由系统确定的，则液滴的运动速度为

$$v = \frac{\Delta s}{\Delta t} \tag{2.72}$$

实际操作时，因为液滴的运动速度是喷注器几何结构、工作参数和外界环境的函数。同一喷雾场中，相同尺寸、不同区域处的液滴运动速度有所差异；同一区域、不同尺寸的液滴运动速度也有所差异。但一般来说，液滴速度是有一定范围的。依据喷注器结构、工作参数和外界环境可估算出液膜出口速度。在雾场中，液滴运动速度不会超出液膜运动速度。

在拍摄时，脉冲间隔的选取非常重要。间隔过大，会导致主要研究范围的液滴位移过大，给液滴对的判别带来问题，以致在稠密雾场中，可能无法判断液滴对。间隔太小，有可能导致液滴成像重合在一起，液滴质心位移测量误差大。一般来讲，如果喷注器出口液膜运动速度为 v_m，主要研究的液滴直径为 d_0，则脉冲间隔选取可按以下方法估算：

$$\frac{d_0}{4 v_m} \leqslant \Delta t \leqslant \frac{d_0}{v_m} \tag{2.73}$$

此时，直径在 d_0 附近的液滴在 Δt 间隔内两像距离刚好拉开，但没有完全分离。对于直径小于 d_0 的液滴，可以依据下列原则进行判断：① 两液滴形状相同；② 两者的距离不大于液体出口速度与脉冲间隔的乘积。

3. 全息再现及图像处理系统

全息图仅仅是将喷雾场信息记录下来，要提取喷雾场的各种参数，还必须对全息图进行再现，并对再现像进行图像和数据处理，才能获得喷雾场破碎长度、喷雾锥角、液滴尺寸、液滴速度及其分布等参数。再现光源分为发散球面波系统、会聚照明系统和准直照明系统。在发散的球面照明和会聚照明下，再现像的各种放大率是物体纵向位置的函数，不同截面位置的液滴会有不同的放大率，这将使全息图的数据处理复杂化。准直照明条件下，不同位置的液滴放大倍率是一致的。因此，喷雾场的全息再现系统常用准直照明光系统。

全息再现与图像处理系统通常包括再现光源（He-Ne 激光器）、扩束镜、滤波小孔、准直镜、三维托板、傅氏透镜、摄像机、监视器、图像处理计算机、图像处理软件以及打印设备等，系统如图 2.19 所示。

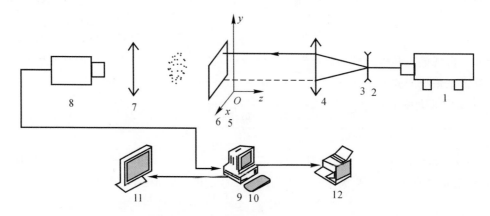

图 2.19　再现及图像处理系统原理图

1-He-Ne 激光器；2,3-扩束镜／滤波小孔；4-准直镜；5-全息干板；6-三维托板；

7-傅氏透镜；8-摄像机；9,10-图像处理计算机／软件；11-监视器；12-打印机

红宝石激光是典型的平面相干波，其波长为 6 943 nm。He-Ne 激光是连续激光，它也是平面相干波，且具有较高的空间和时间相干性，其波长为 6 328 nm，与记录的红宝石光波长接近，是比较理想的再现光源。再现光源的能量选取要依据再现光路的情况而定，一般选择功率为 40～50 mW，光束直径为 1.5 mm。

（1）滤波小孔选择。扩束镜用于将激光器发出的光进行扩束。由于空气中的尘埃和光学透镜本身存在的固有缺陷，在相干光的照射下，全息图会产生一些空间频率较高的光噪声，这造成观察的像面出现液滴闪烁现象，这种现象称为散斑效应。滤波小孔的作用就在于滤除光束中的这种高频分量，提高再现光束质量，从而提高再现像的信噪比。滤波小孔的参数主要是小孔的半径。半径的大小主要影响再现像强度分布的均匀性。小孔半径越小，光束波被滤除的高频分量越多，相应地，光强就越弱。滤波小孔半径的大小可按下式估算：

$$d = \frac{\lambda f}{D} \tag{2.74}$$

式中，λ 为再现光波波长；f 为准直镜焦距；D 为透镜处再现光束直径。

在一般情况下，滤波小孔应放置在扩束镜的后焦点处，其孔径为 20～40 μm。准直镜用于将扩束镜扩束的锥形发散光会聚成 ϕ100 mm 的平行光，并照射全息干板。三维托板用于移动全息干板，其三维行程应略大于全息干板尺寸。对于标准的 100 mm×120 mm 规格的 Aafa—10E75 和 BBH 干板，托板的三维行程均应在 120 mm 以上。傅氏透镜用于将再现像变

换到摄像机的焦面上,其放大倍率可取 $2 \sim 4$ 倍。摄像机用于摄取再现出的全息图,应选用微光、高分辨率的摄像机。在如图 2.18 所示系统中,摄像机型号为 TM—560。监视器用于展示再现的全息图,应选高分辨率的图像显示器。图像处理系统包括软件和计算机以及打印设备等。

（2）系统放大率。离轴全息再现过程中,雾场液滴先后要经过再现像本身(即记录系统的放大率)、再现镜头和摄像机到监视器的电信号放大等三次放大过程。在准直照明系统下,离轴全息记录系统的放大率如下：

1）横向放大率

$$M_{yx} = M_{xy} = -\frac{f_2}{f_1} \tag{2.75}$$

式中,M_{xy} 即记录时光路的几何放大率。

2）纵向放大率

$$M_{zx} = \frac{\lambda_2}{\lambda_1}(M_{xy})^2 \tag{2.76}$$

式中,λ_2,λ_1 分别为再现和记录光波的波长。

再现镜头的放大率和摄像机到监视器的电信号放大率取决于给定的镜头、摄像机和监视器的固有放大率及使用时的成像位置。

（3）图像处理软件。图像处理软件是激光全息实验系统中非常重要的一部分。再现到计算机屏幕上的仅是喷雾场的液滴图像。这些图像需要经过图像处理软件处理,才能得到研究者所需要的喷雾破碎长度、喷雾锥角、液滴尺寸大小以及分布等参数。

激光具有高度的相干性,再现液滴图像中总是存在散斑噪声,致使图像的局部灰度起伏很大。因此,在对液滴图像进行分离时,必须先对图像进行平滑、滤波等预处理。其实,液滴边缘的灰度梯度十分重要,它是判断液滴是否聚焦的重要依据,也直接影响到液滴大小的测量。因此,液滴图像的平滑、滤波必须选择保边性较好的滤波算法,中值滤波、局部统计滤波、σ 滤波和几何滤波各有特点。考虑到滤波算法的机械性问题,图像处理软件还需要具备删除、修改、空洞填充等功能,对于质量不太好的图像还须进行照明场的均匀性增强等处理。

喷雾场的全息再现像是非常复杂的。各种尺寸、不同形状、不同焦面的液丝、液滴共同呈现在平面上,造成再现像的状况非常复杂,很难给予一个较好的、通用的数学描述。较好的方法是采用人机交换或者人机对话的模式,对不同的图像设置不同的灰度阈值,灰度等级在 $1 \sim 256$ 范围可调,通过设置不同的灰度梯度来判断液滴与背景的界面。

离轴全息再现引入了辅助的参考光,且参考光与物光以一定的夹角入射到全息干板上。于是,可以依据雾场状况,通过再现系统中的分束镜对物光与参考光的能量进行调节。同时,物像与其共轭像在空间是分离的,这有利于物像的采集,从而使得离轴全息的应用范围更宽。

(4)系统的调试步骤。与其他实验系统不同的是,由于光学元器件的缘故,激光全息实验系统需要经常进行调试,其重要步骤(见图2.17):

1)调整 He-Ne 激光器(1),使之输出的 He-Ne 激光为单模状态,并通过系统配置的滤波小孔(2);调整反射镜(16),使 He-Ne 光线位于红宝石激光器主要部件支杆(钢钢)的中心,作为整套系统的基准。

2)调整全反射镜(3)的水平和垂直位置,使其对 He-Ne 光的反射光准确通过滤波小孔(2)。

3)调整 KDP 晶体,使之处于与 He-Ne 光垂直的状态。可在滤波小孔处观察,其对 He-Ne光的反射光也应准确通过滤波小孔(2)。

4)调整振荡级红宝石棒(5),使之轴线与 He-Ne 的轴线重合。可在滤波小孔处观察,使其对 He-Ne 光的反射光准确通过滤波小孔(2)。

5)调整布氏窗(6),使之轴线与 He-Ne 的轴线重合。可在滤波小孔处观察,使其对 He-Ne光的反射光准确通过滤波小孔。

6)调整选模小孔(7),使 He-Ne 光准确通过该孔。He-Ne 光的直径要大于小孔直径,使小孔位于光线中心。

7)调整标准具,使之处于与 He-Ne 光垂直的状态。在上述调试中,须不断地在滤波小孔处观察,使其对 He-Ne 光的反射光准确通过滤波小孔。

8)调试红宝石激光器的振荡级。调试振荡级时,需在标准具后放置靶纸,靶纸是将普通的像纸进行曝光处理得到的。红宝石激光将在靶纸上打出直径 5～8 mm 的光斑(烧蚀斑)。一般振荡级电压在 1 100～1 300 V 之间,通过观察示波器上呈现的波形和在靶纸上打出的光斑形状,可判断红宝石的出光状态。比较理想的红宝石光是单模、均匀的光源。红宝石光的质量主要取决于红宝石棒、系统电控元器件的性能和系统的调试水平。系统调试主要是保证红宝石棒、布氏窗、KDP 晶体和前后全反射镜处于理想位置。

9)调试红宝石激光器的放大级棒(9),其步骤与振荡级调试相同,也是通过示波器上呈现的波形和光斑检验出光质量。

至此,红宝石激光器调试完毕。

10)调试全息记录系统的分光镜(10),将 He-Ne 激光分成两束光,并分别使之准确通过参考光路和物光路的 4F 系统中心。如果物光路出现偏差,可通过调试全反射镜(16)使之通过物光路的 4F 系统中心,并直接通过全息干板中心;反之,调试参考光路的两块反射镜(16),使激光通过全息干板中心。

11)调试参考光路和物光路的放大镜(11)和准直镜(12),使扩束后的激光准确通过 4F 系统,并在干板处重合。

12)调试红宝石激光,在全息干板处观察红宝石光的出光情况和两束光的重合情况。如果两束光不重合,则需要检查上述步骤,微调系统中出现偏差的部件位置,确保红宝石光在全息干板处均匀并重合。

13)进行全息摄影。

4. 技术指标与特点

如图 2.18 所示的激光全息实验系统可以拍摄喷雾场单脉冲和双脉冲图像,采用图像处理技术对再现像进行数据处理,可以获得喷雾场的性能参数,这些参数包括喷雾锥角、喷雾破碎长度、喷雾场液滴尺寸及分布、Rosin-Rammler 分布式液滴尺寸分布均匀性指数以及 D_{30}, D_{32}, D_{mm} 等。整个实验系统的主要技术指标如下:

(1)双脉冲间隔在 $1 \sim 100$ μs 范围内可调,其中在 $1 \sim 10$ μs 间的精度为 ± 0.1 μs;

(2)双脉冲能量为 2×180 mJ;

(3)脉冲宽度<50 ns;

(4)同步精度为 ± 2.0 μs;

(5)相干长度>1.5 m;

(6)透射光场直径 $\phi 120$ mm;

(7)记录干板受光直径 $\phi 120$ mm;

(8)测量液滴速度范围 $10 \sim 100$ m/s;

(9)可记录最小液滴直径为 10 μm。

激光全息术用于喷雾研究,特点如下:

一次成像即可记录整个喷雾场的全部信息。它既可展示喷雾场的喷雾锥角、破碎长度等宏观结构和液滴分布等微观结构,又可经图像处理后获得定量数据,尤其对于喷注器喷雾场近区的雾化状况,它具有其他方法无可比拟的优势。

(1)全息干板记录的信息量大,只需一次拍摄,就可以将整个瞬态喷雾场的全部信息记录下来。

(2)在一张全息干板上允许进行两次重复曝光从而测得物体的运动速度,并统计出微粒场的速度分布。

(3)应用范围广。如今,激光全息照相系统在各类喷枪喷注器的雾化液滴研究、固体推进剂燃烧微粒场研究、液体火箭发动机喷雾燃烧研究、柴油机喷注器雾化性能研究以及粉尘或计量研究等领域已得到广泛应用。

激光全息照相、再现及图像处理技术也有不足之处:

(1)因记录的是雾场某一时刻的信息,无法连续记录物场的动态发展过程。对于研究喷雾场来说,不能记录跟踪喷雾场的高速变化过程。

（2）图像处理技术比较复杂,处理速度慢,也比较费时。不过,随着计算机技术的飞速发展和图像处理功能的不断完善,这个问题将会有所缓和。

5. 系统的应用

激光全息技术不干扰流场,有高的时间和空间分辨率,可以获得某一时刻有关喷雾场的全部信息,使研究人员可以观察喷雾场内部过程。如前所述,对再现像经过图像处理后可以获得喷雾场雾化锥角、液滴尺寸、各尺寸段液滴数及占总数百分比、各种统计直径。采用双脉冲全息技术还可以获得液滴的运动速度。

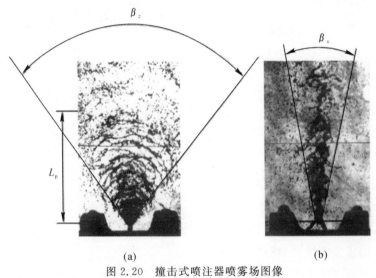

图 2.20　撞击式喷注器喷雾场图像
(a)平行于两孔连线；　(b)垂直于两孔连线

如图 2.20 所示显示了激光全息实验系统获得的撞击式喷注器喷雾场图像[22]。其中,如图 2.20(a)所示是与撞击式喷注器两孔连线平行方向拍摄的图像;图 2.20(b)是与两孔连线垂直方向得到的图像,借此可从喷雾场两个侧面详细展示撞击式喷注器形成的喷雾锥形状及喷雾的横向结构。由图像还可分析喷注器的雾化机理。撞击式喷注器利用射流的动能实现射流的雾化。两股高速射流撞击后,在射流轴相交处滞止,射流的法向动能转变为势能,形成一个压力区。同时,在撞击区域附近出现撞击波,高的压力迫使撞击扇横向展开,形成液膜。撞击波是两股射流混合的主要动力源,它支配着喷雾扇产生正弦状的脉动,液膜在表面张力及扰动力的作用下破裂为液带和液丝。此后,液带和液丝进一步破碎形成液滴。液滴受到表面张力、密度、黏性及环境气流的影响,继续破碎。当液滴与周围气体流场达到动力平衡时,生成最终的液滴。雾化过程主要取决于射流的雷诺数及韦伯数。从图示雾场轴向发展过程分析,撞击式喷注器雾场可以分为撞击波与液扇形成区,液膜、液丝雾化区、液滴二次雾化及完全雾化区三个区域。研究表明,对使用撞击式喷注器的燃烧室而言,撞击波对燃烧稳定性的影响是非常重要的。用如图 2.20 所示定义的 X, Z 两方向喷雾扩散角(β)描述雾场的纵向分布。喷雾扩散后和环境形成一气/液交界面,在较小的撞击夹角和射流速度下,可以看到比较规则的气/液边界,当射流速度及撞击夹角大时,气/液交界面是很难确定的。喷雾破碎长度(L_p)定义为从撞击点到液丝完全破碎成液滴处的长度。破碎长度除以射流速度代表了燃烧时滞的一个重要部分。

喷雾场双脉冲图像(见图 2.21)研究结果表明:喷雾场液膜和液丝的运动速度和射流的速度基本相同,液滴速度略小于射流速度。在喷雾场的不同区域,液滴的运动速度不同;在同一区域,不同直径的液滴速度不同。撞击式喷注器产生的喷雾场液滴速度是空间、时间及液滴尺寸的函数。

如图 2.22 所示展示了激光全息实验系统获得的层板喷注器的喷雾场结构。层板喷注器也是依靠两股射流的撞击产生雾化及混合。但其特点在于:液流流经喷注器弯曲的流道时,被剪切、破碎、强迫变形,在出口已扩展成扇形的液膜,产生了预雾化。液膜撞击增大了撞击接触面,减小了纵向的液流厚度,有利于两股液流的雾化及混合。同时,与射流撞击不同的是,撞击波不再明显,甚至不再存在。分析图 2.20 与图 2.22 可知,层板喷注器的射流撞击对燃烧不稳定性的影响将远小于撞击式喷注器射流对燃烧不稳定性的影响。

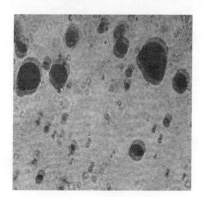 

图 2.21 双脉冲图像　　　　图 2.22 层板喷注器的喷雾场结构

2.4.2 相位多普勒粒子分析仪

1. 系统原理

当激光照射运动的粒子(或液滴)时,激光会被液滴散射。其时,散射光和入射光之间会发生频率偏移,偏移量和粒子的运动速度成正比,这就是多普勒现象。相位多普勒粒子分析仪(PDPA)正是应用了多普勒效应来测量粒子的运动速度[38]。为此,将激光分成两束,并聚集到按高斯光强分布的一个有效测量区。由于激光的相干性,这两束光在聚焦区发生干涉,形成彼此距离很小的干涉条纹(见图 2.23),条纹间距 δ 可写成下式:

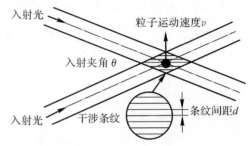

$$\delta = \lambda / (2\sin(\theta/2)) \qquad (2.77)$$

式中,λ 为光的波长;θ 为两入射激光束的夹角。

图 2.23　激光多普勒测速原理图

两等强度的激光束汇聚相交,形成控制体并产生明、暗交替的干涉条纹。但运动的粒子(或液滴)通过这些条纹时,散射光强度的周期性变化产生的多普勒波系。所测得的多普勒是光束交叉角度、光的波长及粒子运动速度(v)的函数,也即

$$f_D = v/\delta = 2v \sin (\theta/2)/\lambda \qquad (2.78)$$

于是,粒子速度运动速度为

$$v = f_D \lambda / (2\sin (\theta/2)) \qquad (2.79)$$

从式(2.79)可知,测出 f_D 即可确定粒子(或液滴)的运动速度。

同时,在 PDPA 测量系统中采用布喇格盒,人为地在双光束的一束光路中加频移 f_B,使速度分量出现负值时保持多普勒频移非负,而又与速度为同样大小的正值时不同,从而将正负速度区别开来,得到粒子运动速度的方向。

采用上述测量多普勒频移的方法能测量运动粒子的三维运动速度和方向。此外,利用不同接收方向上散射光的相位差,用 PDPA 还可以测量粒子的直径。

当 PDPA 系统的光电倍增管将光信号转变成电信号之后,由模/数转换器(ADC)产生一个与原始信号频率相同的方波,然后用离散傅里叶变换(DFT),借助插值,由采样信号确定的信号频率为

$$f(s) = \sum_{K=0}^{N-1} x(K) \left[\cos \frac{2\pi sK}{N} - j\sin \frac{2\pi sK}{N} \right] \qquad (2.80)$$

式中,s 为离散频率;$x(K)$ 为连续信号的离散样品;j 为虚数;N 为采样点数。

与采样频率相关的信号相位为

$$\varphi(s) = \arctan \left[\frac{\displaystyle\sum_{K=0}^{N-1} x(K) \sin \frac{2\pi sK}{N}}{\displaystyle\sum_{K=0}^{N-1} x(K) \cos \frac{2\pi sK}{N}} \right] \qquad (2.81)$$

对于相位多普勒方法中用到的三个信号(ch1A,ch1B,ch1C)都进行同样处理,便得到与粒子尺寸成比例的相位差

$$\varphi_{1-2} = \varphi_1 - \varphi_2$$
$$\varphi_{1-3} = \varphi_1 - \varphi_3 \qquad (2.82)$$

式中，φ_1，φ_2，φ_3 分别为三个检测器的相位角。

利用相位差即可求得粒径

$$d = \frac{R_{L1}\delta}{s^*\Delta} \tag{2.83}$$

式中，R_{L1} 为接收器透镜的焦距(已知)；δ 为干涉条纹间距(已知)；s^* 为尺寸斜因子(已知)；Δ 为散射光的空间波长，$\Delta = \dfrac{360s_{1-2}}{\varphi_{1-2}}$ 或 $\Delta = \dfrac{360s_{1-3}}{\varphi_{1-3}}$，其中 s_{1-2} 和 s_{1-3} 分别为检测器 1 与 2 及 1 与 3 之间的间距。于是，测量两检测器信号间的相移就可以确定粒子的直径。

2. 系统组成

为拓宽尺寸测量的范围并提高分辨率，PDPA 常用三个并列布置的检测器来检测相位，每个检测器产生一个相似的多普勒脉冲信号，每两个检测器的相位有相位差，此相差正比于液滴大小。因此，PDPA 除了如前所述可测量粒子(或液滴)的速度外，还能测其尺寸。

典型的 PDPA 的原理图如图 2.24 所示，实验系统如图 2.25 所示。

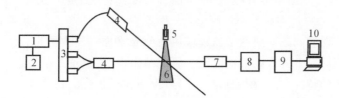

图 2.24　PDPA 的原理图

1-氩离子激光器；2-激光控制器；3-光纤驱动器；4-光纤发射器；
5-实验喷注器；6-喷雾场；7-光纤接收器；8-光电倍增管(PMT)；
9-多普勒信号分析仪(DSA)；10-计算机处理系统

图 2.25　PDPA 实验系统

3. 系统特点

PDPA 可以完全描述液滴的空间、时间分布,但作为单粒子计数器法,其不足之处在于:

(1)需要在空间逐点测量喷雾场的液滴速度分布和尺寸分布,不能在瞬间对整个流场进行测量,测量区域小(小于 3 mm×3 mm)且不可调整。另外,液滴(粒子)形状必须是球形的。通常,在充分发展的喷雾中,由于表面张力的作用,液滴是球形的,但大液滴并非总是如此。在喷注器近区,常常是高度变形、几乎线状的液丝(见图 2.20 和图 2.22)。在非稳态的喷雾场中,液滴是振荡的、非球形的,或者不稳定的。此时,应用 PDPA 系统难以获得检验球形度的有效阈值。

(2)相位多普勒技术常是应用光散射的折射方式进行测量的,因此,必须知道液滴的折射率,而且液滴内部的光学性质必须是均匀的。实际上,对双组元或多组元的液滴,蒸发的不均匀性有时会在液滴内产生折射率的梯度;在燃烧场中,液滴内也存在温度梯度,从而造成折射率的梯度,这些都会影响液滴的散射特性。目前,已有研究者[39]把液滴光散射数值计算作为一种辅助措施,发展一些数值计算模型,希望能开拓多普勒系统的潜力。

(3)稠密喷雾,如喷注器出口附近喷雾,或者多重液滴都会产生系统难以测量、计数错误或液滴大小测量有误的问题。研究者通过应用几何光学原理建立数值计算模型,研究测量区域同时存在两个液滴时 PDPA 的散射问题。研究结果表明,粒子大小、速度以及粒子路径组合在很大范围内变化的情况下,从探测信号可分辨出两粒子各自的相位及速度。

4. 系统的应用

PDPA 在国内外有广泛的应用领域,包括液体火箭发动机喷雾燃烧,固体火箭发动机内流场及气/液两相流场研究。在雾化研究方面,PDPA 主要用于稳态喷雾场的下游区域,测量参数包括喷雾液滴的尺寸、尺寸分布、各种统计平均直径、轴向及径向运动速度及雷诺数等,可以得到测量区域液滴的空间和时间分布。

如图 2.26 所示是用 PDPA 系统进行液体火箭发动机同轴离心式喷注器雾化实验的测量结果,其中离心式喷注器的切向孔数(n)为 8、切向孔半径(r_{in})为 0.3 mm,喷注器出口半径(R_c)为 5 mm,综合参数(A)为 41.11,而中心气喷注器出口直径 6 mm。

$$A = \frac{R_c(R_c - r_{BX})}{nr_{in}^2} = 41.11 \tag{2.86}$$

图 2.26 反映了喷注器缩进长度 $\Delta l = 0$,轴向位置 $x = 58$ mm 和不同气/液压降条件下喷雾场索特尔平均直径的试验结果。其中,图(a)的气喷注器压降为 0.4 MPa,而图(b)的气喷注器压降为 0.8 MPa。

当缩进长度 $\Delta l = 21$ mm 时,在气喷注器压降分别为 0.4MPa,0.6MPa,0.8MPa 时拍摄的喷雾场图像,如图 2.27 所示。

PDPA 的另一优点是可以用于燃烧条件下的雾化过程测量,可以在初始雾化区或者未完全燃烧区域进行液滴大小或者破碎长度的诊断,但实验需要反复进行,以得到比较可信的结果。如图 2.28 所示是用 PDPA 进行单喷注器燃烧实验时的图像。

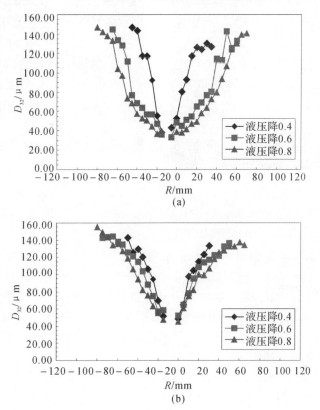

(a)

(b)

图 2.26　同轴离心式气/液喷注器雾化实验测量结果

$(a)\Delta l=0, x=58\ mm, \Delta p=0.4\ MPa$；　$(b)\Delta l=0, x=58\ mm, \Delta p=0.8\ MPa$

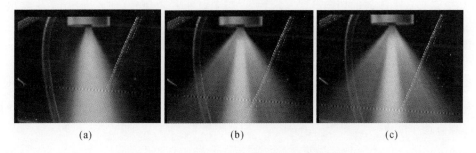

(a)　　　　　　　　　　(b)　　　　　　　　　　(c)

图 2.27　不同气喷注器压降时的喷雾场图像

$(a)\ 0.4\ MPa$；$(b)0.6\ MPa$；$(c)0.8\ MPa$

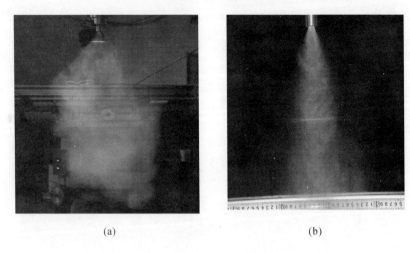

(a)   (b)

图 2.28　PDPA 系统实验图像

2.4.3　粒子图像速度场仪

粒子图像速度场仪（Particle Image Velocimetry，以下简称 PIV）从本质上讲是一个成像技术。在液滴浓度很低时，PIV 模式也称粒子追踪速度场仪（PTV）。而在液滴浓度很高，以致映象图在接收区重叠时，PIV 模式又称为激光散斑速度场仪（LSV）。通常所说的 PIV 是指液滴浓度较高，但映象图在接收区不重叠的情况。

典型的 PIV 系统由成像系统和图像处理系统组成。成像系统包括脉冲激光器、片光源装置和高速 CCD 摄像机（或照相机）等。系统原理图和实验系统分别如图 2.29 和 2.30 所示。

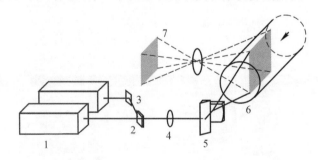

图 2.29　PIV 系统原理图

1-激光器；2-二相极化分光器；3-镜子；4-球面镜；5-棱镜；6-柱面镜；7-相机

脉冲激光被扩束成一个很窄的片光源照射喷雾场（流场），摄像机（或照相机）垂直于光源，用于记录微粒的图像。图像系统一般由氦氖激光器、扩束器、空间滤波器以及图像处理机组成,用以从粒子图像中提取粒径、运动速度等信息。如果使用双脉冲激光则可记录液滴在 Δt 时间间隔内的两个像,于是提供了运动速度的信息。此外,多脉冲信号还可提供非稳态流场的微粒运动速度、加速度和运动方向。如图 2.31 所示是 5 脉冲条件下得到的液滴运动图像。

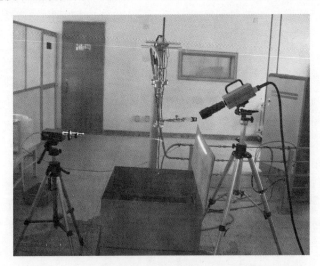

图 2.30　PIV 实验图像

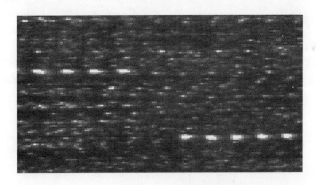

图 2.31　PIV 系统获得的图像

PIV 技术的优势在于:①获得同一时刻平面喷雾场的视频信息,使人们可以观察稀薄喷雾场中微粒的运动,测量液滴的运动速度,得到流场的速度场分布。②可测量喷雾的扩散角,确定液流的破碎长度,与图像处理技术结合,还可确定液滴的尺寸及其分布。③在同一时刻记录的是平面流场的有关信息,并能用于非稳态雾场的测量,突破了激光散射技术及多普勒技术仅能在稳态流场中进行单点测量的局限性。④与图像处理技术的完美结合,使其具有定量描述动态特性的能力。它已被用于展示高室压下环境下的喷雾燃烧场的结构;显示旋涡流的形态、测量流场各点的速度等液体力学参数。

2.4.4 马尔文粒度仪

米氏理论是关于球形粒子散射的经典理论,是描述电磁场理论的麦克斯韦方程组对于均匀球体散射的严格数学解,它也是马尔文粒度仪的理论基础。当激光照射在液滴上时,液滴会发生光的吸收和散射。光的散射包括反射、透射和衍射等。其中衍射部分集中在沿入射方向不大的一个立体角之内,散射光强是液滴直径、光波长和散射角的函数。通过测量不同散射角上的散射光强分布,就可以得到被测粒子的尺寸及分布。米氏散射理论计算过程十分复杂,通常采用简化的夫朗和费(Fraunhofer)衍射理论。

马尔文粒度仪采用同心排列的、32 个不同半径的圆形光电探测环来接收前向散射的光,光和光轴之间的夹角和液滴的尺寸相关,散射光的强弱与液滴数目的多少有关。马尔文粒度仪可测出喷雾的索特尔平均直径(SMD),质量中间直径(MMD)。它主要用来获得喷雾场液滴直径,连续取样后可以得到一段时间内通过探测器区域的液滴统计平均直径、尺寸分布等。通过在空间不同位置的多次测量,可以给出稳态喷雾场充分雾化区域内的液滴尺寸及分布,在一定的条件下可用于喷雾燃烧研究。其存在的主要问题是探头灵敏度的偏差,光的重复折射、晕光、光束的偏转等影响测试精度[27-28],更重要的是该技术难以用于非稳态喷雾场和喷雾近区雾化性能的测量,因而在稳定性研究方面作用有限。

2.4.5 高速动态分析系统

1. 系统原理与组成

高速动态分析系统由高频脉冲铜蒸气激光器、背景光和片光源照明系统、光纤传输系统、Ultima—40K 高速摄像机、系统控制及图像分析处理计算机、图像分析处理软件及标定文件、粒子图像速度分析软件、模拟环境仓等部分组成。高速动态分析系统的基本构成如图 2.32 所示。

2. 系统关键技术

高速动态分析系统主要基于高速摄影过程,它依靠高速摄影系统拍摄记录液流的脉动过程。一般来讲,拍摄以较高速度运动的微小液滴需要非常短的曝光时间。例如,对于以 20 m/s 运动的直径约 100 μm 的液滴,如果要清晰拍摄到液滴,则曝光时间应在 20 ns 左右。而拍摄脉动为频率为 1 000 Hz 的脉动雾化,拍摄的速度应在 5 000 帧/s 以上。但问题在于,高速摄影很难达到 20 ns 左右的曝光时间。另外,在环境仓中拍摄雾化特性,又需要为雾场配置照明光源。为此,最佳的解决方案就是将高频脉冲激光器(如铜蒸气激光器)与高速摄影机有机且巧妙的结合,并使两者脉冲同步。这样,脉冲激光既可以作为摄影机的光源,同时,短脉冲又可起到缩短曝光时间的作用。为解决同步问题,可用高速摄影机的前沿脉冲作为触发信号,激励脉冲激光器发出脉冲光,从而保证在比较多的脉冲(如 10 000 个以上)条件下两者之间的同步。

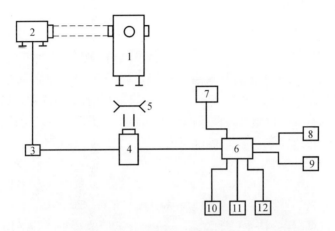

图 2.32　高速动态分析系统示意图

1—模拟环境仓;2—激光光源;3—同步控制装置;4—高速相机;5—显微镜头;6—图像处理计算机;
7—图像监视器;8—光盘刻录机;9—打印机;10—图像卡;11—处理软件;12—UPS

图 2.33　高速动态分析系统示意图

3. 系统的应用

系统以液体火箭发动机喷注器雾化研究为主,兼顾内流场诊断、启动过程研究、燃烧过程研究等。系统的主要功能如下:

(1)喷注器雾化研究。有较大的记录视场,较好的分辨率。$(2 \times 2) mm^2$ 区域中,系统能分辨出 40 μm 的液滴;在 $(10 \times 10) mm^2$ 区域中,系统能分辨出 100 μm 的液滴。

能够获得包括喷雾锥角、破碎长度、索特尔平均直径 D_{32}、体积平均直径 D_{30}、液滴尺寸分布等参数及其随时间变化（见图 2.34）；

液滴统计参数可按空间、时间分别或联合统计。

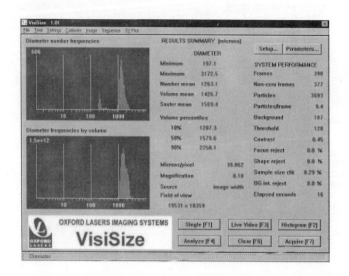

图 2.34　喷雾场主要参数

如图 2.35 所示是系统拍摄的撞击式喷注器的雾化过程图像。从中可以分析喷注器雾化过程，对喷雾场进行分区处理，分析液膜、液丝等破碎过程，分析雾化及其影响因素等。

（a）　　　　　　　　　　　　　　　　（b）

图 2.35　撞击式喷注器的雾场图像

（2）高速动态测量能力。高速动态系统能够记录喷注器喷雾场的瞬态变化过程，记录喷注器的脉动雾化过程，研究喷注器的动态特性，详细展示喷注器启动、关闭的瞬态图像。如图

2.36所示是获得的离心式喷注器启动过程每秒万余幅图像的一部分。从连续喷射的雾化过程图像,可以分析喷注器雾化的启动过程,达到稳定雾化的时间,与外界气流的相互作用以及雾化锥角与破碎长度等。

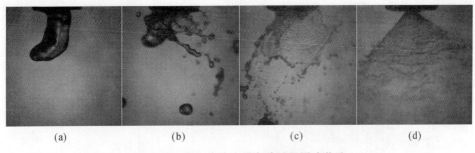

图 2.36　离心式喷注器启动过程图片节选

(a)2/15 s；　(b)5/15 s；　(c)7/15 s；　(d)11/15 s

（3）脉动雾化研究。如图 2.37 所示是获得的脉动雾化图像[40-41]。从连续喷射的脉动雾化过程图像,可以分析喷注器的动力学特性。例如,获得液体火箭发动机工作过程研究非常重要的喷雾波的频率、波长等参数。

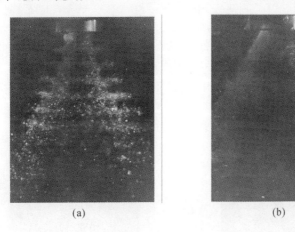

图 2.37　脉动雾化图像

研究结果表明,随着燃气脉动的变化,液滴中径和液滴速度也变化。

采用高速动态分析系统还可以测量喷雾场中某一固定空间区域内粒子数量、直径等参数随时间的变化,以便于探索喷雾场的流动机理和雾化机理。根据高速动态分析系统拍摄的液滴图像,可以统计处理出每一幅图像的液滴形状、大小和数量。又根据连续两幅图像同一液滴的位移状况,能够计算出液滴的二维速度,具体而言,喷雾场测量区域内可得到以下数据：

1) 液滴 SMD 随时间的变化。如图 2.38 所示是综合参数 $A=2$ 的某离心式喷嘴在压降 $\Delta p=0.2$ MPa，距离喷嘴出口 5.7 mm 处，雾场索特尔平均直径随时间的变化关系。

2) 液滴质量随时间的变化。通过数据处理软件对每一幅图像的液滴进行统计分析，还可以得到类似图 2.39 所示的液滴质量随时间变化曲线。液滴质量的变化将直接引起液滴燃烧放热量的变化。

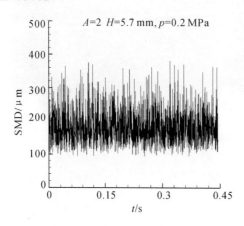

图 2.38　同轴喷注器 SMD 随时间的变化　　图 2.39　液滴质量随液滴直径分布

（4）反压环境雾化研究。喷注器雾化性能与环境压强有强烈的关系，在模拟反压环境中开展的雾化研究更能反映喷注器的实际工作状况。如图 2.40 所示是在反压环境（$p_c=3.0$ MPa）中得到的离心式喷注器脉动雾化过程图像，图 2.41 所示是反压环境下拍摄的液滴图像。

图 2.40　反压环境下离心式喷
注器脉动喷雾图像

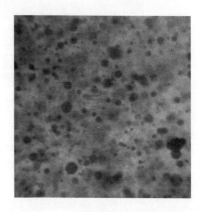

图 2.41　反压环境下离心式
喷注器喷雾场

（5）喷雾动态特性研究。燃烧室响应特性是液体火箭发动机的关键参数之一。高速动态分析系统可以比较准确地获得这一参数。如图 2.42 所示是启动过程的部分图像，由图中可清楚地看出，第 2 856 帧（bmp）图片中指示灯已经发光，但液流并未喷出。第 2 858 帧图片中明显地看出流出的液体。由此，可以准确计算出开机加速性。反之，也可获得关机特性。

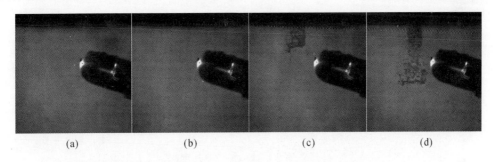

(a)　　　　　　(b)　　　　　　(c)　　　　　　(d)

图 2.42　启动过程图片节选

(a)2 856 bmp；　(b)2 857 bmp；　(c)2 858 bmp；　(d)2 859 bmp

2.4.6　其他光学实验技术

如图 2.43 所示是一套在大气环境下测量沿喷注器轴线方向液滴平均速度的实验系统[30]。图中，He-Ne 激光器用于产生照明喷雾场的激光，激光通过分束镜后分成两束光，然后分别被扩束，再准直成为平行光源，通过隔膜，形成偏光源，然后照射喷雾场。通过测量液滴到达上、下两束光的时间和距离，就可以计算出液滴（或者是液雾）的平均速度。

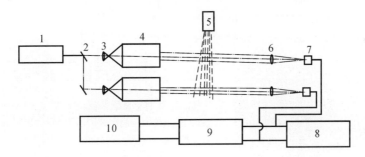

图 2.43　大气环境下喷雾锥轴向液滴速度测量装置的示意图

1-He-Ne 激光器；2-分束镜；3-准直镜；4-隔膜；5-喷注器；6-透镜；

7-光电二极管；8-记忆示波器；9-放大器；10-相关器

如图 2.44 所示是一套在大气环境下测量沿喷注器横截面液滴平均速度的实验系统[30]。与如图 2.43 所示的系统相仿。通过测量液滴到达上、下两束光的时间和距离，就可以计算出液滴（或者是液雾）的平均速度。

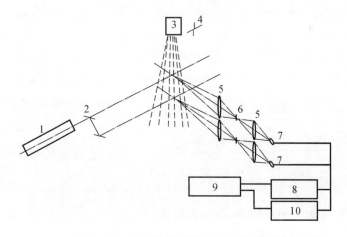

图 2.44　大气环境下喷雾锥横截面液滴速度测量装置示意图

1－He－Ne 激光；2－分束镜；3－喷注器；4－坐标装置；5－透镜；6－隔膜；

7－光电二极管；8－记忆示波器；9－放大器；10－相关器

　　如图 2.45 所示是一套在大气环境下测量沿喷注器喷雾锥中液流脉动量的实验系统[29]。该系统的组成与如图 2.43 和图 2.44 所示十分相似，只是在光路中设置了隔膜，通过隔膜，将光形成偏光源，然后照射喷雾场。隔膜按一定的速度旋转，这样，在接收位置处，光电管接收到的光强将随隔膜的旋转而变化，如果喷雾场中的液流是稳定的，则光电管接收到的光强将是恒定的；否则，光强将随液流的脉动而变化，这样就可以获得液流随时间的变化关系。

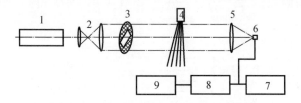

图 2.45　大气环境下喷雾锥液流脉动量测量装置的示意图

1－He－Ne 激光；2－准直镜；3－隔膜；4－喷注器；5－透镜；

6－光电二极管；7－记忆示波器；8－放大器；9－磁带记录仪

　　除了以上介绍的各种方法外，用于喷雾燃烧研究的光学方法还有激光荧光法、激光阴影法、激光 CT 法、激光衰减技术等。激光荧光法出现较晚，它适用于喷雾液相和气相分离的测量。激光阴影法是根据透射光衰减原理，通过分析阴影照片计算轴对称情况下喷雾的索特尔平均直径。激光 CT 法是一种计算机层析技术，它通过 Radon 变换从多个角度的二维投影数据重建三维燃油喷雾图像，再按上述激光衰减原理和相应的算法求出燃油喷雾的相对浓度，在特定情况下还可求出喷雾的索特尔平均直径。激光衰减法是利用光波穿过液滴后，由于散射和吸收作用,光能衰减。而喷雾液滴在空间各点对入射光的衰减不同,测量衰减前后的光波强度,通过相应的算法获得喷雾在空间的粒度和浓度分布。值得一提的是,在喷雾燃烧研究领域,俄罗斯应用现代光学,尤其是激光技术有其独特的方法。例如,应用同一光源分成的两束激光,进行液滴速度的测量,但不是应用多普勒原理。又如,利用通过喷雾场的激光因喷雾脉动造成的光脉动进行脉动喷雾场的测量等。

2.5　雾化研究的展望

迄今为止,大部分的雾化研究工作都是用模拟介质,在模拟环境下进行的,得到的多是雾化过程的图像和雾化特性(主要是索特尔平均直径)与喷注器(撞击式喷注器、离心式喷注器、层板喷注器等)的主要几何尺寸、喷射的动力学参数及环境参数之间的实验关系式。雾化图像为认识雾化过程及其对随后混合、蒸发和燃烧过程的影响等提供了直观依据。例如,由喷雾图像(动态或静态)分析得知,射流撞击后形成喷雾扇或液膜,液膜随即破碎。液膜破碎的原因要么是射流扰动的增长,要么是液膜本身就不稳定,或者两者兼有。破碎的形式也有多种多样,但无论何种形式,所形成的液滴尺寸和速度分布范围都是相当宽的。燃烧导致的向上游传热与压力扰动会对液膜、液丝及液滴的破裂可能产生影响;反应流的吹离、射流的爆音及间歇性的爆燃都有可能激发不稳定燃烧。要研究燃烧不稳定性,务必深入研究燃烧室高温、高压条件下稠密喷雾的相互作用,超临界环境中液滴的蒸发和混合,剧烈燃烧过程对喷注器雾化和混合的影响以及其他的能量释放过程等。

由于模拟实验介质的密度、黏性等物性与实际推进剂不同,非反应的冷流与实际燃烧环境又有很大的差异,亚临界环境与超临界环境还存在本质的区别,模拟实验研究无法模拟真实工作条件,模拟实验得到的经验关系式不能直接用于热试环境下喷注器雾化性能的预估,只适用于实验研究的范围,对不同几何结构的喷注器,甚至相同结构在不同的试验条件下也都不适用。研究者也试图运用模拟准则,尽可能地产生相近的环境。如在大气环境下,撞击喷注器雾化实验主要模拟射流的撞击动量,离心式喷注器主要考虑喷注器压降或者流量,气/液同轴喷注器主要考虑喷注器的气/液动量比或是速度比。用某种物性相似或相近的模拟液代替实际介质,研究物性对雾化的影响,如用凝胶推进剂模拟液代替实际凝胶推进剂、用液氮代替液氧以模拟低温影响等。建造模拟环境室,使环境压力达到介质的超临界压力,气体密度接近甚至等于实际工作环境气体密度,研究超临界状况下雾化特性及模拟环境密度影响。试图从大气环境下得到的雾化性能参数,在考虑实际介质密度、黏度及表面张力的影响条件下,对液滴直径进行修正,得到实际介质的液滴直径。但这种尝试往往是不成功的,因为实际介质在实际环境下的液滴直径获得本身就是一件困难的工作。

喷注器的雾化研究进行了多年,研究者也取得了大量的研究成果,但远未结束。各种喷注器的雾化研究、雾化的模拟准则及实验技术需要继续,雾化研究面临的主要挑战:

1. 模拟技术的研究

鉴于成本、环境等方面的因素,模拟实验技术是今后仍将采用的。介质物性、环境对喷雾破碎长度、分布区域、液滴大小及速度等参数影响是造成冷热实验差别的主要原因。不同的喷注器有不同的模拟准则,喷注器的模拟准则研究是非常重要的,这直接关系到模拟实验结果的应用及雾化研究的前景。对冷试结果进行物性、环境修正是需要研究的问题之一,但效果难以预计。有效的修正可以使模拟冷试得到实验结果能够用于建立有效的喷雾模型,并为模型输入较为准确的初始参数。

2. 模拟实验结果的应用

模拟实验结果的应用是研究者及设计师均关心的问题,结果的应用状况直接影响到工程部门对雾化研究的关注程度。研究业已表明,模拟结果在特定条件下可以指导喷注器方案筛选、优化设计甚至质量检测,但这是远远不够的。模拟实验结果对雾化过程、机理及影响因素的揭示对认知雾化规律才是最重要的,临界条件下液体破碎的状况、撞击波对燃烧过程的影响,液膜破碎长度对燃烧不稳定性的影响,通过实验揭示喷雾燃烧更深刻的规律是雾化研究应该关心的问题,也是模拟实验技术应用开发的一项艰巨任务。

3. 实验研究技术的持续发展

液体火箭发动机实验的离心式喷注器有多种形式,补燃循环火箭发动机使用的离心式喷注器实际上是一种组合式的喷注器。这种喷注器的内部流动比常规的单组元和双组元液体离心式喷注器更为复杂。离心式喷注器脉动流量的准确测量将是一项极具挑战的工作。

光学技术对雾化研究所起的作用是有目共睹的。但雾化研究中远未揭示雾化、蒸发、燃烧及燃烧稳定性之间的深刻关系,甚于一些现象的准确测量,如撞击式喷嘴产生的撞击波的测量、脉动频率的测量、燃烧环境中液滴大小、蒸发速率测量等都未能很好解决。对雾化的实验技术的探索/研究任重而道远。

第3章 混合和燃烧特性实验

3.1 概 述

第2章已述,液体火箭发动机燃烧室中,推进剂的燃烧过程包括雾化、蒸发、混合和化学反应等子过程。依据发动机循环类型和使用的推进剂不同,各子过程在燃烧过程中的作用也不同,或者讲对燃烧过程的影响程度不同。低压、液体喷射的燃烧室中,雾化在燃烧过程中起着主要作用;而高压补燃循环和全流量循环液体火箭发动机中,燃料与氧化剂的混合过程是燃烧过程中的主要过程。与雾化过程研究相似的是,进行喷注器混合特性研究的目的则在于:①了解液滴蒸发、氧化剂与燃料均匀混合这一关键过程;②研究射流撞击等影响氧化剂和燃料混合比分布的作用机理,分析燃烧室温度场分布的影响因素;③预测喷注器在给定条件下的推进剂混合分布性能,为燃烧和燃烧稳定性的数值模拟提供氧化剂与燃料混合比分布等计算所必需的原始数据;④与雾化研究相结合,研究改进喷注器设计的方向和方法,使之达到要求的雾化及混合比分布,以改善燃烧稳定性。

与喷注器雾化过程研究相似的是,由于存在介质毒性等物性方面的因素,混合比特性研究大部分都是用模拟介质在模拟环境下进行的,研究成果为认识混合过程及其对后续燃烧过程的影响等提供了大量的信息。混合特性实验技术研究包括混合特性模拟实验技术及性能参数测量仪器研制等。与雾化特性研究相比,喷注器的混合特性研究远未达到雾化研究的深入程度,也不能指导喷注器的设计。研究者尚未得到喷注器混合比分布特性与喷注器几何尺寸、工作参数等相关参数的实验关系式。混合比分布特性模拟实验考虑的是如何使用物性相近的介质,运用何种模拟准则,如何产生相近的环境。在大气环境下,基于物理过程相似的前提条件,撞击喷嘴雾化实验主要是模拟射流的撞击动量,离心式喷嘴主要考虑喷嘴压降或者流量,气液同轴喷注器主要考虑喷嘴的气液动量比或是速度比。相似准则也主要从上述参数考虑。用某种物性相似或相近的模拟液代替实际介质,研究物性对雾化的影响,用凝胶推进剂模拟液代替实际凝胶推进剂、用液氮代替液氧以模拟低温影响均是出于这种考虑。建造模拟环境室,使环境压力达到介质的超临界压力,气体密度接近甚至等于实际工作环境气体密度,研究超临界状况下液体雾化与可能出现的稠密气体的混合之间的转换工况等也是出于这样的考虑。由于获取推进剂在实际环境下的混合比及其分布比雾化的液滴直径等参数更为困难,通过模拟条件下模拟介质混合分布实验,试图帮助我们了解一些参数(如动量、速度、黏性及表面张力)对混合的影响程度,从而认识如黏性、表面张力等物性参数的影响程度也就更为艰难。非反应的冷流与实际燃烧环境之间的本质区别,亚临界环境与超临界环境间推进剂物性的突然转换,模拟实验研究实际上是很难模拟真实工作条件的,模拟实验得到的一些认识和经验关系式可能不适应于热试环境。但从相对比较及统计对比角度分析,与雾化特性相似的是,模拟实验得到的混合分布的实验参数也并非毫无用处,至少对于液体撞击式喷嘴,模拟实验得到的喷注器混合过程的认知、现象的发现等在喷注器研究、燃烧过程和燃烧室热防护分析方面还是可以起到一定作用的。

3.2　混合比特性的表征

混合是指液体火箭发动机燃烧室中氧化剂与燃料液滴或者蒸气相互掺混的物理过程,用于表征氧化剂与燃料混合特性的参数为混合比及其分布。

(1)混合比。氧化剂与燃料的混合比是指喷雾场内,某一位置处,单元体积内氧化剂质量与燃料质量之比。

(2)混合比分布。混合比分布是指沿喷雾场横截面不同位置处,相同单元体积内混合比及其相对差异(均匀性)。

喷注器的雾化特性影响到燃烧室或者燃气发生器的燃烧性能,混合比分布决定了燃烧室或者燃气发生器内温度分布的均匀性。有时,混合比分布有可能成为燃烧不稳定性的主要激励因素[8]。在影响发动机燃烧过程的诸子过程中,混合过程是重要过程之一。而混合比分布是最重要的参数之一,发动机所能达到的性能水平、近壁边界气流和壁面相容性以及燃烧稳定性都与混合比及其分布有很大的关系。喷注器的混合比分布在一定程度上确定喷注器设计方案优劣的决定性参数之一,也是交付喷注器质量控制的关键一步。在液体火箭发动机研制过程中,曾因喷嘴加工造成的混合比不均匀使热试性能相差20%以上,部分燃烧室还出现了室壁烧蚀或烧穿现象[42]。

依据发动机的循环方式、使用的推进剂和设计者偏好等因素,液体火箭发动机使用的喷注器有液/液、气/液和气/气喷注器等多种形式。喷注器的混合比实验有以下特点:

(1)一般情况下,液/液喷注器的雾化都是用水进行实验的,两股水射流喷射后很容易在较短的时间内融为一体。

(2)由于气体的压缩和膨胀特性,气体离开喷注器出口后会在短时间内迅速扩散。研究气/液喷注器混合比分布时,气体难以跟踪和研究,而要确定气/气喷注器的混合比分布更困难。

(3)氧化剂和燃料的物性(特别是沸点)是不同的,这导致热试状态下混合比的测量更为困难。

通常,对液体火箭发动机喷注器混合比和燃烧组分的研究要求如下:

(1)混合比和燃烧组分研究必须不干扰流场,不影响氧化剂和燃料的混合过程;

（2）可以获得喷雾场不同截面和位置处氧化剂和燃料混合比分布的信息；

（3）测试安全、快速和准确；

（4）混合比和燃烧组分分布测试可获得定性和定量的结果，并且测量数据实现可视化。

上述因素导致喷注器混合比分布和燃烧组分的研究比较困难，对实验技术有较高的要求。

3.3　收　集　法

　　收集法的基本原理是在一定时间内，将喷射到给定体积内的氧化剂和燃料收集起来，再通过某种分析方法，得到氧化剂与燃料的质量比（混合比），进而将不同区域的混合比综合起来，得到喷注器喷雾场的混合比分布。与喷注器的雾化实验相似，混合比分布实验也是用模拟液在模拟环境下进行的。常用的氧化剂和燃料的模拟液是水，在氧化剂或者燃料模拟液中添加某种溶剂（如重铬酸钾），要求溶剂能与水相容，并有特定的光学特性，以便在混合液中能迅速被光学技术检测出。常用的收集法是在喷注器下方用密集的试管阵，先将给定时间内喷射到各个试管口处的液流会聚在试管中，再通过比色分析法确定试管中的重铬酸钾的含量就可以确定氧化剂与燃料的混合比。

　　如图 3.1 所示是收集法混合比实验系统的原理图，图 3.2 所示是收集法实验系统照片。其中图 3.2(a)是位于喷注器下方的方形收集阵列，收集阵列由正方形网格组成，网格的尺寸为 10 mm×10 mm。图 3.2(b)展示了收集阵列下方的导流软管和测试使用的试管等。

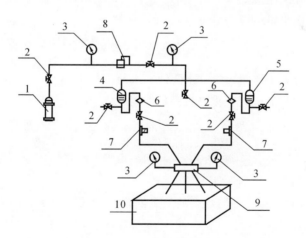

图 3.1　混合比实验系统原理图

1-气瓶；2-阀门；3-压力表；4-氧化剂储箱；5-燃料储箱；

6-过滤器；7-电磁阀；8-减压器；9-喷注器；10-收集器

(a)　　　　　　　　　　　　　　　(b)

图 3.2　混合比实验系统

(a)方形收集阵列；　(b)收集装置

以重铬酸钾溶液为例,实验时首先在实验系统的一个储箱中加入混有重铬酸钾的水溶液(假定为氧化剂),并计算出水中的重铬酸钾浓度;另一个储箱为纯水(假设为燃料)。按照喷注器的给定流量或者压降进行调试,当实验的流量或者压降达到预定值时,快速旋转收集装置下方的转盘,使收集孔与网格相对应,液流将流入到对应的方格中,并通过软管到达收集装置下方的试管中。试管与收集网格是一一对应的。

设氧化剂模拟液中重铬酸钾的浓度为 δ_0,即

$$\delta_0 = \frac{m_{cr}}{m_o} \tag{3.1}$$

式中,m_{cr} 和 m_o 分别为氧化剂储箱中重铬酸钾和水的质量。

比色法测量得到的收集试管中重铬酸钾的浓度为 δ_1

$$\delta_1 = \frac{m_{cr.s}}{m_{o.s} + m_{f.s}} = \frac{m_{cr.s}/m_{o.s}}{1 + m_{f.s}/m_{o.s}} = \frac{\delta_0}{1 + m_{f.s}/m_{o.s}} \tag{3.2}$$

这里,$m_{cr.s}$ 为某一试管溶液中重铬酸钾的质量,$m_{o.s}$ 为试管收集到的氧化剂质量,$m_{f.s}$ 为试管收集到的燃料质量。

雾场中,试管口位置的氧化剂与燃料的质量混合比为试管收集到的来自氧化剂储箱和燃料储箱的液流质量比,即

$$K = \frac{m_{o.s}}{m_{f.s}} \tag{3.3}$$

利用式(3.3),对式(3.2)进行变换,可得

$$K = \frac{m_{o.s}}{m_{f.s}} = \frac{\delta_1}{\delta_0 - \delta_1} \tag{3.4}$$

用比色仪逐个测量每个试管中的重硫酸钾浓度,并用式(3.4)换算出氧化剂模拟液和燃料模拟液的质量比(混合比),标注在对应的网格中(见图3.3)。网格中,某个网格第一行的数字是网格的编号,有 16×16,共计 256 个网格单元;第二行是在给定的时间内收集到的氧化剂的质量(单位:g/s);第三行是在给定的时间内收集到的燃料质量(单位:g/s)。也可将网格中氧化剂和燃料质量换算成混合比,用如图3.4所示的形式表示。图3.4中纵横坐标分别对应于收集阵两边,色彩表示混合比。

1	2	3	4	5	6	7 0.673	8	9	10	11	12	13	14	15	16
17	18	19	20	21 0.533	22 3.528 2.546	23 3.427 1.427	24 2.516 1.092	25 0.407	26	27	28	29	30	31	32
33	34	35	36	37	38 13.273 2.289	39 8.867 2.030	40	41 1.111 1.066	42 0.922 0.799	43 0.451	44	45 0.285	46	47	48
49	50	51	52	53 2.534 1.762	54 11.983 2.086	55	56 2.206 0.880	57 5.317 0.656	58 4.574 1.058	59 0.943	60 2.584 2.106	61 1.586 2.165	62 1.205 2.846	63 0.306	64
65	66	67	68 0.164	69 3.121 1.674	70 10.850 1.155	71 6.178 0.786	72 11.735 1.066	73 6.383 1.033	74 8.534 1.347	75 11.921 1.451	76 29.961 1.008	77 18.401 3.310	78 17.021 3.348	79 2.219 3.098	80 0.257
81	82	83	84 0.684	85 15.794 1.146	86 0.118	87 12.334 0.684	88 9.598 0.742	89 7.272 1.041	90 7.949 1.283	91	92 11.209 1.747	93 22.871 2.571	94 13.522 2.650	95 1.703 1.874	96
97	98	99 0.132	100	101 12.264 1.646	102 11.536 0.894	103 11.557 0.661	104 6.116 0.706	105 2.740 0.908	106 2.306 0.953	107	108 3.523 1.451	109	110 1.631 1.591	111 0.435	112
113	114	115 1.698 1.976	116 2.189 2.030	117 14.607 1.994	118	119 6.671 0.618	120 3.892 0.812	121 0.715 0.812	122 1.479 0.730	123 5.420 0.984	124 12.045 1.525	125	126 0.581	127 0.427	128
129	130 0.067	131 0.327	132	133 10.743 2.012	134 4.383 0.992	135 6.928 1.381	136 1.063 0.916	137 0.762	138 3.705 0.748	139 3.727 0.792	140 8.253 1.370	141 6.634 1.564	142 1.124 1.747	143	144
145 0.169	146	147 2.508 1.632	148 4.470 1.193	149 5.588 1.646	150 5.100 0.961	151 20.718 1.370	152 3.541 0.953	153 1.962 0.992	154 18.824 1.392	155 8.442 0.792	156 6.013 1.165	157 9.139 2.125	158 2.485 1.110	159 0.442	160
161 2.225 1.101	162 3.026 1.994	163 2.527 1.959	164 5.900 2.571	165 10.530 1.959	166	167 18.242 1.183	168 16.124 1.193	169 11.484 1.193	170 9.439 1.049	171 8.172 1.294	172 10.294 1.294	173 13.332 2.356	174 2.707 2.788	175 0.611	176
177 11.740 2.571	178 19.204 3.132	179 7.082 2.846	180 4.255 3.065	181 13.565 2.497	182 9.728 2.378	183 11.859 1.857	184 9.652 1.660	185 6.687 1.646	186 7.043 1.203	187 3.981 1.024	188 0.644 1.618	189	190 1.634 2.356	191	192
193 2.344 1.907	194 3.247 2.906	195 1.931 2.125	196 10.336 1.242	197 2.441 3.630	198 1.816 3.098	199 0.852 1.381	200 1.162 0.931	201 2.115 1.083	202 1.436 0.748	203	204 11.581 1.513	205 3.795 1.907	206 0.539	207 0.101	208
209	210	211	212	213	214	215	216	217	218	219 4.027 1.155	220 36.894 1.646	221 15.640 1.604	222 0.165	223	224
225	226	227	228	229	230	231	232	233	234	235 0.458	236 19.066 1.513	237	238	239	240
241	242	243	244	245	246	247	248	249	250	251	252 1.528 0.129	253 1.995 0.205	254	255 0.222	256

图 3.3　网格中的氧化剂和燃料质量

收集法的主要问题在于：①无法在喷嘴近区进行测量，而小发动机喷嘴近区的雾化及混合比分布是起决定作用的；②由于收集系统的同步性等问题，测量得到的混合比分布与实际值相差较大，实验效率也很低；③不能用于气/液混合和气/气混合分布研究；④重铬酸钾为有毒溶剂，使用受到限制。

国内研究者也曾经尝试进行气/气喷注器混合比分布研究，提出了依据压力探针进行压力测量，进而换算出流量的测量原理和方法，由于实验原理和方法本身的局限性，该技术没有得到进一步应用。

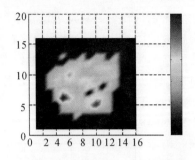

图 3.4　网格中的氧化剂和燃料质量

3.4　荧　光　法

荧光法的基本原理[29,30]是在模拟液体中添加荧光物质，用激光（或紫外线）照射喷雾锥，荧光物质会在低频光谱区发出单色辐射光，辐射光的强度在一定的荧光物质浓度内与溶液的数量成比例。用摄谱仪出口的光电接收设备测量液流辐射的强度，再用特种摄影设备进行记录，通过摄谱仪及配套的光学系统将荧光辐射成分从照射光的反射成分中分离出来，然后进行分析，即可确定沿喷雾锥半径方向或长度方向的混合比分布。该方法可用于研究液/液喷注器的混合比分布。如图 3.5 所示是荧光法测量混合比的实验装置示意图。

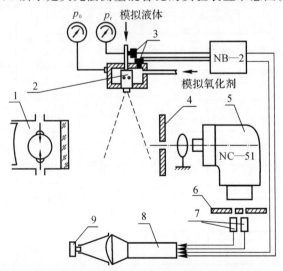

图 3.5　荧光法测量混合比的实验装置示意图

1-偏振的紫外光源；2-喷注器；3-高频压力传感器；4-标准缝隙；5-光谱摄制仪；

6-光谱仪刀口；7-图像放大器；8-示波器；9-特种摄影机

3.5　激光诱导荧光技术

3.5.1　系统原理

不同的燃烧产物(如 OH,CO,CO_2,NO,NO_2 和 H_2O)或示踪剂(若丹明、丙酮等)受到某一特定波长辐射的激励后,就会被激发而产生荧光。当荧光达到明显的峰值时,可以根据应用需要,用 CCD 或者增强的 CCD 捕捉。将获取的图像用 LIF 软件以特定的方法处理,就可以获得组分浓度(组分密度)的图像。每一种组分只在某一特定波长下被激发,同一时刻只能测量一种组分的参数。OH 的波长与温度的关系极其敏感,也非常准确,故可通过所测的 OH 数据来计算温度。如表 3.1 所示是待测示踪剂和燃烧组分与对应的激励波长和能量的关系。

表 3.1　组分、激发波长和能量

组　分	激发波长/nm	激发能量/mJ	组　分	激发波长/nm	激发能量/mJ
NO_2	532	380	NO	225	4～6
OH	283	25	水蒸气	248	12～15
CO_2	215～255	＞12	丙酮	240～300	＞15
CO	230	12～15	若丹明	532	380

3.5.2　系统组成

激光诱导荧光法测量的实验系统[43]由 YAG 激光器、可调燃料激光器(TDL)、光源调节系统、光束传输系统、脉冲能量监控器、CCD 摄像机、数据和图像采集分析系统及其他附件组成。混合比分布和燃烧组分测量的主要区别在于光源调节系统。用于混合比分布实验研究测量系统如图 3.6(a)所示,用于燃烧组分实验研究系统如图 3.6(b)所示。混合比分布的实验系统照片如图 3.7 所示。

1. 光源

光源由染料激光器组成,染料激光器是模块化可调激光器,在衍射光栅为 2 400 l/mm 的条件下,它可以提供波长在很宽范围内(直接调节范围:420～750 nm)的辐射。借助于附带的晶体扩展器,波长可以扩展到 200～420 nm 的紫外区域(见能量输出表 3.3)。泵浦染料激光器的能量是另一单独的,设计状态为高能量状态(400 mJ per 4～6 ns pulse)的钇铝石榴石激光器(YAG laser)。YAG 激光器配备有恒温的具有侧向输出端的谐波发生器,还包括染料激光器控制软件、UV 扩展器以及晶体检测器(见表 3.2)。

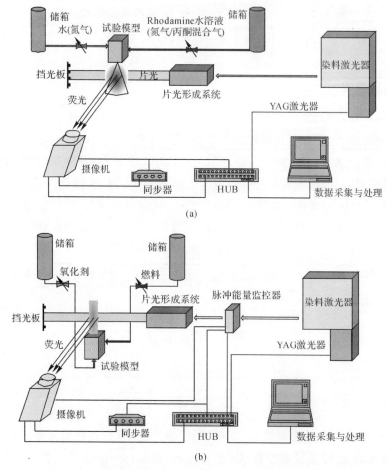

(a)

(b)

图 3.6　激光诱导荧光法测量混合比分布与燃烧组分实验研究的测量系统图

（a)混合比分布实验测量系统；　(b)燃烧组分研究测量系统

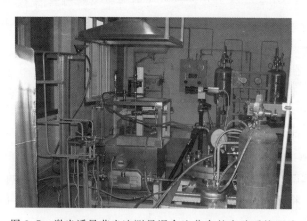

图 3.7　激光诱导荧光法测量混合比分布的实验系统照片

表 3.2　TDL 激光台上的 UV 扩展器和晶体检测器

UV 扩展器	连接到染料激光器的 UV 扩展部分
晶体检测器	全置 5 倍频和频率混合晶体检测器,覆盖 200～750 nm 的波长范围

激光器输出的能量如表 3.3 所示。

表 3.3　高能版本(400 mJ Nd:YAG 泵浦激光源)

组分/组元	激励激光波长/nm	可提供的激光能量/mJ (大约值)
NO_2(从 Nd:YAG 来)	532	400
OH	283～287	25
N_2	283	25
CO_2	283	25
CO	230	13
NO	225	4,5
水蒸气	248	5
丙酮	283	25
若丹明(Rhodium dye)	532	400

2. 光束传输系统

激光束传输系统包括 3 个可移动的固定在框架上的镜子。为使所有 UV 光可视,专门设计有光屏生成光学装置,它可形成 0°扩散光屏。光屏的高度约为 40 mm,焦距和厚度可调,强度近似为高斯分布。当激光进入光屏生成装置或脉冲能量控制器时,系统可以很方便地将激光束重置到任意方向(X,Y,Z)。这套装置使用标准连接件和两个直接安装在激光器头部的安装点传输,也可由实验台用光束传输系统分别传输。

3. 脉冲能量监控器

脉冲能量监控器安装在激光器与光屏生成装置之间。让激光器输出一小束光通过能量监控器,传到带有一个样本控制电路的累积光电二极管接收装置,给出一个成比例的输出电压反馈到脉冲能量装置。这一小束进入监控器的光由研究者通过一个光圈和一个可安装拆除的中性滤光片所控制,系统配有一套 5 个中性滤光片,其外径分别为 1.0 mm,0.7 mm,0.5 mm,0.3 mm 和 0.1 mm。将光脉冲输出转换为 DC 电压,并输送到监控器,由输入通道进行采样,用于 LIF 图像数据的标准化。模拟数据在 LIFSuite 软件的相应校准模块中校准或者重新采样得到相关信息。信息被作为图像分析的一个基本输入,用于数据处理中激光波动的补偿。

4. 增强型摄像机

HiSense II CCD 摄像机的分辨率为 12 Bit,它包括图像采集板、前透镜(Nikon 60 mm 镜头)和 C/F 转换器。系统还包括应用于 OH,CO,NO,NO_2 的光学滤波镜头,用于 H_2O,CO_2 的光学滤波镜头和用于丙酮荧光的带通滤波器。光学滤波镜头直接安装在 HiSense 相机的镜头上。

进行燃烧实验时,摄像机机架前需要配以图像增强器。图像增强器包括 UV-VIS-near IF 成像传感器,其快门时间最小为 3 ns。

5. UV 镜头

相机镜头是一个焦距为 78 mm、光圈为 3.5 的 UV 镜头,在 200~800 nm 范围内其透射率超过 85%。

6. LIF 的滤光器装置

一组滤光器与 LIF 系统一起被用于传递图像,其中的一套滤光器用于测量 OH,CO,NO,NO_2 等组分;另一套用于测量 N_2,CO_2 和 H_2O。

7. 图像采集软件

图像采集软件 Flow Manager 主要用于控制采集系统,包括硬件配置和时序的制定。

8. 系统软件

系统软件主要用于 LIF 标定(带描迹器)、激光脉冲能量的在线监控(带脉冲能量测量仪)、LIF 处理过程、LIF 数据和若干照相机图像阵列的全流场统计学分析。软件可实现多达四部照相机的同步摄影。

Image Processing Library 软件拥有可以组合多个系列镜像过滤器的功能,用于处理各种类型的图像(单精度和双精度结构的 PIV,LIF 和 EPS 应用软件;整个图像和重点图像区域)。软件本身包括高通滤波器、低通滤波器、形态滤波器、实用函数和单精度过程(FFT 等)。软件适用于燃烧 LIF,比如说,通过明暗度显示技术在所生成的图像上移动亮斑点来选定区域;对于结构分析可通过火焰峰可视技术以及结构分析来实现。

LIFSuit 软件可以自动进行如脉冲能量监控器、压力换能器、温度传感器等硬件的处理和快速标定。还可以进行温度场估算(通过 OH),研究者确定的重点区域的统计表、矩形图和概率函数等,提供定量和半定量结果。

9. 其他

系统用标定盘进行标定,它是一个印有刻度符号的金属质盘子。系统的流程管理软件通过辨认标定盘的符号,调整相机的视界,使两个镜头相适应。使用时,研究者可以抓拍图像,并通过物像适应程序校准所获得的图像,然后借助于减小图像偏差(De-warp image)程序减小所获图像的偏差。

丙酮由波长 283 nm 的激光器激发,其挥发性很高,因此需要提供一台光学过滤器。若用若丹明染料作为示踪剂,则用波长 532 nm 的 Nd:YAG 激光器激发。此激光是橘黄色的,同样需要提供一台适配的光学过滤器。

3.5.3　关键技术的实现

LIF 是比较成熟的流场显示技术。如图 3.6 所示系统的关键是在一套 LIF 系统中获得较多频率的激光。为此,使用倍频和混频技术,即通过两束或者多束光的组合,获得所需频率的光源。

3.5.4　功能及技术指标

LIF 系统主要用于液/液、气/液和气/气喷注器的混合比分布实验研究,燃烧组分 OH, CO,CO_2,NO,NO_2 和水蒸气及燃烧温度的实验研究。

1. 液/液喷注器混合比分布研究

进行液/液喷注器混合比实验研究时,需在其中一路液体内加入若丹明。YAG 激光器直接发射出可以激发若丹明产生荧光的 532 nm 光,并通过光路系统生成宽 40 mm、厚 0.5 mm 的光屏照射喷注器形成的喷雾场,CCD 摄影机与光屏垂直。光屏在雾场中的位置可以依据研究者的需要,通过光路调节装置在空间自由调节。用摄影机记录图像并进行图像处理,可以获得图像任意位置处的氧化剂与燃料的混合比分布。混合比浓度以相对浓度的方式来表示。不论若丹明与水的初始浓度为多少,均可以将初始浓度假设为 100%。然后,混合比分析时,浓度的百分比分布都是与初始浓度的相对比较而言的(也即相对浓度)。

系统的测量区域即上述宽 40 mm、厚 0.5 mm 的光屏。光屏的长度取决于 CCD 相机的镜头、系统分辨率和拍摄位置,通常选为 100 mm。测量速度为 15 帧/s。实验结果为给定区域和时间内的平均值。通常以给定位置的曲线分布来表示,曲线位置取决于研究者感兴趣的区域。系统的测量精度优于 5%。

2. 气/液喷注器混合比分布研究

进行气/液喷注器实验时,可以在液体中加入若丹明,也可以在气体中加入丙酮。若在液体中加入若丹明,可以直接用 YAG 激光器发射的光进行激励。若在气体中加入丙酮,则需要通过染料激光器和外光路的晶体组将 YAG 激光器发出的光进行倍频组合,获得 240～300 nm 波长。气/液喷注器混合比测量的其他细节及其技术指标均与液/液喷注器混合比的情况相同。

3. 气/气喷注器混合比分布研究

气/气喷注器混合比分布实验,是在其中一路气体中加入丙酮,实验方法不再赘述。技术指标也与液/液喷注器混合比分布实验的相同。

无论是液/液混合、气/液混合或者气/气混合,究竟是在喷注器的哪一路加入若丹明或者丙酮,需要依据喷注器的结构、流量和实验主要关注的问题而定。

4. 燃烧特性研究

进行燃烧特性实验研究时,因为各种燃气组分的激发波长均不相同,而波长的获得需要先将 YAG 激光器发出的 532 nm 波长光通过染料激光器进行倍频,然后再通过光路系统的晶体组进行倍频和混频组合,才能获得各种组分对应的特定波长的光(见表 3.1)。因此,系统每次只能测量一种燃气组分。这样,就要依据所研究的问题,选择最能反映现象本质的组分,调节激光器,使光波波长与待测的组分相匹配。调节好激光器后,其他的实验步骤与液/液或气/液喷注器混合比实验步骤相同。图像处理的方法也基本相似,获得的燃烧组分实验结果的单位摩尔内的分子数,表示方式是曲线或者表格。

LIF 系统可以测量的燃烧成分有 OH,CO,CO_2,NO,NO_2 和 $H_2O(g)$。燃气温度是依据 OH 参数换算的结果,可测量的最高温度为 2 500 K。系统的测量区域为宽 40 mm、厚 0.5 mm 的光屏,光屏的长度取决于 CCD 相机的镜头、希望的分辨率和拍摄位置,通常选为 100 mm。测量速度可扩展为 30 帧/s。其他的技术指标和喷注器混合比分布实验的相同。

3.5.5 系统的应用

这里主要介绍 LIF 系统在喷注器混合比分布和燃烧特性研究方面的应用情况。

1. 混合比分布研究

如图 3.8 所示是撞击式喷嘴混合比分布的实验[44]照片。喷嘴的撞击角为 60°,两射流流量均为 20 g/s,若丹明预先与其中一股射流混合,并假设添加若丹明的液体初始浓度(质量分数)为 100%。图3.8(a)是喷嘴氧化剂与燃料模拟液的混合图像,图 3.8(b)是图 3.8(a)所示水平横线位置的混合比分布实验结果,图中的坐标原点对应于图 3.8(a)横线的左点,横线距喷嘴出口距离为20 mm。图 3.8(a)中的横线的具体位置取决于研究需要,它可以在喷雾场内距喷嘴出口的任何位置。

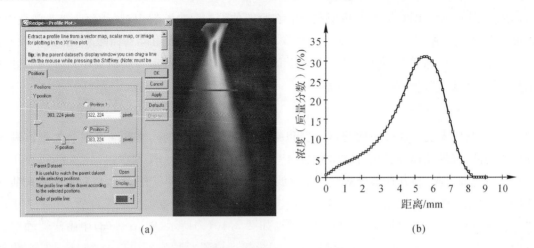

(a)　　　　　　　　　　　　　　　(b)

图 3.8　撞击式喷嘴混合比分布实验照片

(a)喷嘴氧化剂与燃料模拟液的混合图像；　(b)图(a)所示水平横线位置的混合比分布实验结果

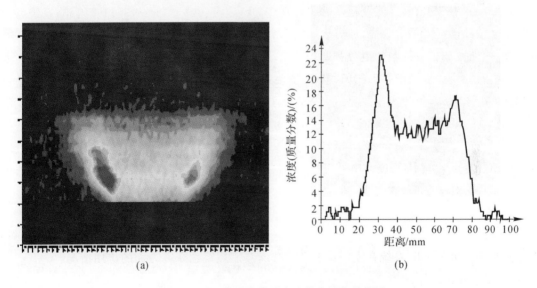

(a)　　　　　　　　　　　　　　　(b)

图 3.9　气/气喷注器混合比分布的实验结果

(a)喷注器混合比分布图像；　(b)相对浓度分布

如图 3.9 所示是气/气喷注器混合比分布的实验结果。该喷注器为同轴离心式喷注器,内喷嘴为直流结构,出口直径为 12 mm;外喷嘴为离心式结构,有 8 个直径为 1.2 mm 的切向孔。为了区分拍摄的喷注器出口气流与外界环境气体,依据喷注器的具体结构,将丙酮加在喷注器外侧的气体中。在实验条件下,内喷嘴的质量流量为 0.5 g/s,外喷嘴的质量流量为

0.4 g/s。用丙酮作示踪剂,并将丙酮与空气在系统的丙酮混合装置中进行混合,进入喷注器,并用283 nm激光激发。同样,假设与丙酮预混的外侧气体的含丙酮初始浓度(质量分数)为100%。图 3.9(a)所示是喷注器的混合比分布图像,图 3.9(b)所示距喷注器出口 8 mm 处的相对浓度(质量分数)分布。

2. 燃烧特性

通常,液体火箭发动机使用的推进剂包括肼类可储存推进剂、烃类推进剂和氢氧推进剂等。这些推进剂燃烧后产生的燃气主要有 CO_2,CO,NO,NO_2,OH 和水蒸气。LIF 系统用紫外光作为激发光源,与各种组分对应的激发波长见表 3.1。如图 3.10 所示是同轴离心式喷注器用空气/甲烷燃烧时组分 CO_2 的实验结果。实验时,喷注器的空气质量流量为 0.5 g/s,甲烷质量流量为 0.1 g/s。喷注器的 CO_2 燃烧图像如图 3.10(a)所示,图 3.10(a)中喷注器轴线位置处的 CO_2 的浓度分布如图 3.10(b)所示。竖线起点位置距喷注器出口为 25 mm,CO_2 浓度是以单位体积的分子数表示的。同样,竖线的位置相当灵活,可依据研究者的需要选定。

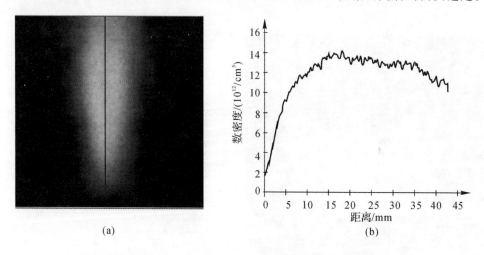

(a)   (b)

图 3.10 同轴离心式喷注器空气/甲烷燃烧时组分 CO_2 的实验结果
(a)喷注器的 CO_2 燃烧图像; (b)图(a)竖线位置 CO_2 的浓度分布

如图 3.11(a)所示展示了该喷注器空气/甲烷燃烧生成的 OH 浓度(即单位体积的分子数)分布图,图 3.11(b)展示了图 3.11(a)横线位置的 OH 浓度分布。实验时,内喷嘴空气的质量流量为 0.25 g/s,横线位置距喷注器出口为 15 mm。从图 3.11(b)的 OH 组分图可推断,喷注器在此时的混合比是不均匀的,喷注器火焰出现花瓣状。

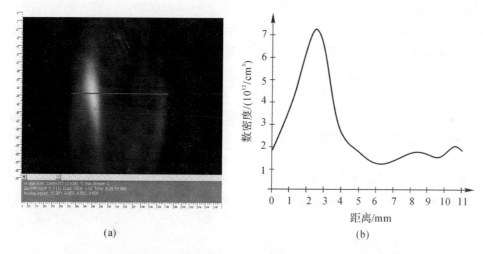

图 3.11　同轴离心式喷注器空气/甲烷燃烧时组分 OH 的实验结果
(a)喷注器的 OH 燃烧图像；　(b)图(a)横线位置 OH 的浓度分布

3.6　喇 曼 散 射

　　喇曼散射同样是检测燃烧产物组分浓度的一种光学方法。散射的喇曼信号随组分的不同而不同,而其强度与组分的数密度成正比。实验用的喇曼散射装置主要由窄带的准分子激光器、多通道的光谱分析仪和增强的 CCD 摄像机组成。在光谱仪入口缝隙处放置一对石英玻璃透镜使散射的喇曼光成像,通过采集装置获得的结果是所研究火焰区的一个光谱式的一维空间图像。目前,已取得的成果有:紊流扩散火焰的单脉冲喇曼图像[45];层流预混氢-空气火焰中主要组分随时间的平均密度分布图及沿线的温度[45]。

3.7　混合比分布及燃烧特性研究的展望

　　与雾化研究相似,迄今为止的大部分混合比分布研究工作都是用模拟介质,在模拟环境下进行的,得到的是模拟氧化剂与燃料的混合图像及特定喷注器在给定工作参数下的混合比分布特性。混合图像为认识氧化剂与燃料的混合过程及其对随后的蒸发和燃烧过程的影响提供了直观依据。例如,由撞击式喷嘴氧化剂与燃料混合图像(见图 3.8)分析得知,混合过程和分布与射流尺寸、动量及撞击时的状况等参数相关,随着喷雾向下游的发展,混合比分布逐渐趋于均衡;气/气喷注器的混合过程与撞击式喷嘴混合过程的影响因素相似。从混合比的分布可以推断喷注器出口附近燃烧场温度的分布,也可以间接推断不同位置能量的释放程度是不同的,进而对雾化和混合过程的影响也不同,这对燃烧不稳定性研究无疑是有助的。同样,由于模拟介质与实际推进剂不同,冷流与燃烧环境的差异,亚临界环境与超临界环境的本质区别,混合比模拟实验研究无法模拟真实工作条件,尽管研究者也运用了模拟准则等,模拟实验得到的图像或参数仍不能反应实际情况。

考虑到安全等因素,目前大部分的燃烧组分实验都是用无毒推进剂,在大气环境下进行的。对于燃烧特性实验而言,大气环境与实际环境的区别在于压力对燃烧过程的影响,相对混合比研究而言,研究得到的结果更为可信。

混合比分布与燃烧特性研究面临的主要挑战:

(1)模拟准则。考虑到实验成本、安全及简便等方面的因素,模拟实验技术今后仍将采用。介质物性、环境压力、温度等造成的模拟实验和实际状况的差异是研究面临的主要挑战。模拟准则是混合比研究的关键。它影响着模拟实验研究的科学性,也涉及模拟实验结果的换算,直接关系到模拟实验研究的前景。

(2)测试技术的持续发展。光学技术对混合和燃烧特性研究所起的作用日益明显。混合比研究面临的主要问题是如何测量喷注器雾场横截面的混合比及其分布,如何测量混合比分布随时间的高速变化(动态混合比分布);而燃烧组分测量的最大问题是如何在一次实验中同时测量多种组分及其分布。

第4章 燃烧室声学特性模拟实验

4.1 概　　述

高频燃烧不稳定性源自燃烧过程与燃烧室声学振荡的耦合。因此,需要了解并研究燃烧室的声学特性及其影响因素,以便从燃烧室声振扰动的角度为高频燃烧不稳定性现象分析提供所需的信息。燃烧室本身犹如一个声学振荡系统,其声学特性主要取决于几何结构和燃气参数,并受喷注器、隔板和声腔等声学元件的影响,其中喷注器的影响更大。喷注器排列在燃烧室的头部,使燃烧室头部形成多孔结构。燃烧室产生声学振荡时,包括喷注器的气体通道、隔板和声腔等元件都可以耗散燃烧室声学能量或者改变其声学特性。喷注器燃气通道长度对声学能量耗散的大小与喷注器声导纳的实部成正比,而声导纳是喷注器无量纲有效长度的函数。隔板的作用在于隔离射流所形成的喷雾液滴及液滴相互作用的区域,从而改变燃烧室的声学谐振特性,并改变燃烧室喷注器面板附近的振荡流型,把切向波动转化为纵向波动,而纵向波动随后通过喷管而衰减。鉴此,必须研究燃烧室、喷注器和隔板等的声学特性,研究喷注器与燃烧室声学特性间的关系。单喷注器燃烧室声学特性模拟实验、单喷注器燃烧室及全尺寸头部燃烧室的高频燃烧不稳定性低压燃烧模拟实验与实际燃烧室实验之间存在着直接的联系,联系的关键参数之一就是声学特性参数。本章从燃烧室的声学特性和喷注器声学特性及其对燃烧室声学特性的影响入手,通过燃烧室和喷注器的模拟实验,研究特定燃烧室条件下不同结构及尺寸喷注器的声学特性,为燃烧室高频燃烧不稳定性分析提供必要的理论依据。

4.2 燃烧室的声学特性

高压补燃循环液体火箭发动机燃烧室中,燃烧过程组织得比较完善,燃料在离开燃烧室头部不远的区段内即可以完成燃烧。认为燃烧室冷却液膜对燃烧过程的稳定性不产生显著影响,忽略燃烧室内存在的液相,把气体混合物表示为单一均质的气相,并认为是理想气体。燃烧室燃气流动遵循质量守恒定律、动量守恒定律和气体状态方程,气体在燃烧室内为等熵流动。根据傅里叶分析,任意时间函数的振动原则上可以分解为不同频率简谐函数的叠加(或积分)。因此,在圆柱形燃烧室内,简谐声源作用下稳态声场的燃气及声波动过程可作以下假设:

(1)气体是理想气体,流动无黏合绝热,相互之间没有摩擦力的作用,流动过程无旋涡;

(2)振荡是简谐振动,媒质中传播的是小振幅声波;

（3）稳态情况下，同一横截面上媒质是均匀的，压强和密度等参数为常数；而沿通道长度的气体密度、速度以及声速是变化的。

把燃烧室和喷管收敛段看成一个气体通道，并视为一个声学环节。燃烧室内气体控制方程[46]如下：

质量守恒方程：

$$\frac{\partial \rho}{\partial t} + \mathrm{div}(\rho \bar{\boldsymbol{v}}) = 0 \tag{4.1}$$

动量守恒方程：

$$\rho \frac{\mathrm{d}\bar{v}}{\mathrm{d}t} = -\mathbf{grad}\, \boldsymbol{p} \tag{4.2}$$

式中，ρ 为介质密度；$\bar{v}$ 为平均流速；$\boldsymbol{p}$ 为压强。

质量一定的理想气体，其绝热状态方程为

$$p = \mathrm{const}\, \rho^k$$

小声扰动条件下，其状态方程为

$$\mathrm{d}p = c^2\, \mathrm{d}\rho \tag{4.3}$$

式中，c 为燃烧室气体声速，$c^2 = k\bar{p}/\bar{\rho}$；$k$ 为比热容比。

在柱坐标系中，式（4.1）和式（4.2）的形式为

$$\left.\begin{array}{l}
\dfrac{\partial v_r}{\partial t} + v_r \dfrac{\partial v_r}{\partial r} + \dfrac{v_\theta}{r}\dfrac{\partial v_r}{\partial \theta} + v\dfrac{\partial v_r}{\partial x} - \dfrac{v_\theta^2}{r} = -\dfrac{1}{\rho}\dfrac{\partial p}{\partial r} \\[3mm]
\dfrac{\partial v_\theta}{\partial t} + v_r \dfrac{\partial v_\theta}{\partial r} + \dfrac{v_\theta}{r}\dfrac{\partial v_\theta}{\partial \theta} + v\dfrac{\partial v_\theta}{\partial x} + \dfrac{v_r v_\theta}{r} = -\dfrac{1}{\rho}\dfrac{\partial p}{r\partial \theta} \\[3mm]
\dfrac{\partial v}{\partial t} + v_r \dfrac{\partial v}{\partial r} + \dfrac{v_\theta}{r}\dfrac{\partial v}{\partial \theta} + v\dfrac{\partial v}{\partial x} = -\dfrac{1}{\rho}\dfrac{\partial p}{\partial x} \\[3mm]
\dfrac{\partial \rho}{\partial t} + \dfrac{\partial \rho v}{\partial x} + \dfrac{1}{r}\dfrac{\partial(r\rho v_r)}{\partial r} + \dfrac{1}{r}\dfrac{\partial(\rho v_\theta)}{\partial \theta} = 0
\end{array}\right\} \tag{4.4}$$

式中，x,r,θ 分别为纵向、径向和角坐标；v,v_r,v_θ 分别为气体速度在纵向、径向和角坐标上的投影。

小扰动流动时，气流压力、速度和密度等参数可表示为稳态值与脉动值之和，即

$$\left.\begin{array}{l}
p = \bar{p} + \delta p' \\
v = \bar{v} + \delta v' \\
\rho = \bar{\rho} + \delta \rho'
\end{array}\right\} \tag{4.5}$$

假设稳态值与时间无关，稳态时，$\bar{v}=\mathrm{const}$，$\bar{v}_r=\bar{v}_\theta=0$；$\bar{p}=\mathrm{const}$；$\bar{\rho}=\mathrm{const}$。将式（4.5）代入式（4.3）并对时间求偏微分，得

$$\frac{\partial \delta p'}{\partial t} - c^2 \frac{\partial \rho'}{\partial t} = 0 \tag{4.6}$$

同样，将式（4.5）代入式（4.4）前三项，忽略 $\delta\rho'$ 以及所有的二阶脉动量，可得

$$\left.\begin{array}{l} \dfrac{\partial \delta v'_r}{\partial t} + \bar{v}\, \dfrac{\partial \delta v'_r}{\partial x} = -\dfrac{1}{\bar{\rho}}\, \dfrac{\partial \delta p'}{\partial r} \\[3mm] \dfrac{\partial \delta v'_\theta}{\partial t} + \bar{v}\, \dfrac{\partial \delta v'_\theta}{\partial x} = -\dfrac{1}{\bar{\rho}}\, \dfrac{\partial \delta p'}{r \partial \theta} \\[3mm] \dfrac{\partial \delta v'}{\partial t} + \bar{v}\, \dfrac{\partial \delta v'}{\partial x} = -\dfrac{1}{\bar{\rho}}\, \dfrac{\partial \delta p'}{\partial x} \end{array}\right\} \tag{4.7}$$

将式(4.5)和式(4.6)代入式(4.4)最后一项,整理可得

$$\frac{\partial \delta p'}{\partial t} + \bar{v}\, \frac{\partial \delta p'}{\partial x} + \bar{\rho} \bar{c}^2 \left[\frac{\partial \delta v'}{\partial x} + \frac{1}{r}\, \frac{\partial (r \delta v'_r)}{\partial r} + \frac{1}{r}\, \frac{\partial \delta v'_\theta}{\partial \theta} \right] = 0 \tag{4.8}$$

将速度用速度势 φ 表示为

$$\partial v' = \frac{\partial \varphi}{\partial x}, \quad \partial v'_r = \frac{\partial \varphi}{\partial r}, \quad \partial v'_\theta = \frac{1}{r}\, \frac{\partial \varphi}{\partial \theta} \tag{4.9}$$

由方程式(4.7)和式(4.9),可将 $\partial p'$ 用速度势表为

$$\partial p' = -\bar{\rho} \left(\frac{\partial \varphi}{\partial t} + \bar{v}\, \frac{\partial \varphi}{\partial x} \right) \tag{4.10}$$

将式(4.9)和式(4.10)代入方程式(4.8)中,可以得到用速度势 φ 表示的波动方程

$$\frac{1}{r}\, \frac{\partial}{\partial r} \left(r\, \frac{\partial \varphi}{\partial r} \right) + \frac{1}{r^2}\, \frac{\partial^2 \varphi}{\partial \theta^2} + (1 - Ma^2)\, \frac{\partial^2 \varphi}{\partial x^2} - \frac{2Ma}{c}\, \frac{\partial^2 \varphi}{\partial x \partial t} = \frac{1}{c^2}\, \frac{\partial^2 \varphi}{\partial t^2} \tag{4.11}$$

式中,$Ma = \bar{v}/c$ 为燃烧室气流马赫数。

燃烧室壁面处的径向速度为零。角坐标 θ 下,满足速度势的两个边界条件如下:

$$\frac{\partial \varphi}{\partial r}\bigg|_{r=r_c} = 0, \quad \varphi(\theta + 2\pi) = \varphi(\theta) \tag{4.12}$$

式中,r_c 为燃烧室横截面半径。

发生谐振时,速度势与时间之间的关系可以表示为 $\varphi = \bar{\varphi}(r, \theta, x)\mathrm{e}^{\mathrm{i}\omega t}$。速度势 φ 在边界条件式(4.12)中为角坐标 θ 的周期函数,将速度势按 θ 展开为三角傅里叶级数,整理后可得

$$\varphi = \sum_0^\infty \varphi_m(r, x) \cos m\theta \, \mathrm{e}^{\mathrm{i}\omega t}, \qquad m = 1, 2, \cdots \tag{4.13}$$

将式(4.13)代入式(4.11)并加以整理,可以得到波动方程(4.11)的某个解 φ_{mn},它对应于每一对整数 (m, n),并等于

$$\varphi_{mn} = \mathrm{J}_m \left(\alpha^*_{mn}\, \frac{r}{r_c} \right) \cos m\theta \, (\bar{X}^+_{mn} \mathrm{e}^{\mathrm{i}k^+_{mn}x} + \bar{X}^-_{mn} \mathrm{e}^{\mathrm{i}k^-_{mn}x})\, \mathrm{e}^{\mathrm{i}\omega t} \tag{4.14}$$

式中,J_m 为 m 阶贝塞尔函数;α^*_{mn} 为贝塞尔函数导数的根,下标 m 对应贝塞尔函数的阶数,n 为根的序号。

对于线性系统,解的表达式(4.14)中的每一项可以视为不相关,整个解为 φ_{mn} 所有值之和。

圆柱形燃烧室与端头壁面封闭($Ma = 0$)的圆柱形容腔相似,可以用式(4.14)确定的速度

势 φ_{mn} 以及壁面端附加的边界条件来描述系统中的自由振荡。由式（4.12）封闭壁面端速度势的边界条件可表示为

$$\frac{\partial \varphi_{mn}}{\partial x}\bigg|_{x=0} = \frac{\partial \varphi_{mn}}{\partial x}\bigg|_{x=L} = 0 \tag{4.15}$$

式中，L 为圆柱腔的长度。

在忽略燃烧室内气流速度等假设条件下，由式（4.14）进一步推得的圆柱形燃烧室固有频率值为

$$\omega = \omega_{mnL} = c\sqrt{\alpha_{mn}^{*2}/r_c^2 + \pi^2 l^2/L^2} \tag{4.16}$$

式中，ω_{mnL} 为圆柱腔气体振荡的固有频率。

每一个固有频率值和每一个谐振速度势 φ_{mnL} 对应于三个下标：m,n,L（取自然数列），它们分别表示切向、径向和轴向运动。当 $m=n=0$ 时，$\alpha_{mn}^* = 0$，φ_{mn} 与 r 和 θ 无关，此时速度势 φ_{mn} 描述的气体振荡是沿燃烧室纵向一个方向。当 $l=0$ 时为气体沿燃烧室横向振荡。三种基本的横向振荡振型为：$m \neq 0, n = 0, L = 0$ 为切向振荡；$m = 0, n \neq 0, L = 0$ 为径向振荡；$m \neq 0, n \neq 0, L = 0$ 为复合振荡。

如果考虑燃烧室内气流的马赫数，但不考虑喷注器和隔板等元件的影响，将燃烧室和喷管视为两端封闭系统，圆柱形燃烧室横向振荡的固有频率式（4.16）可近似表示如下[47]：

$$\omega_{mn} = 2\pi f_{mn} = \alpha_{mn}^* \frac{C_c}{r_c}(1 - Ma^2)^{0.5}$$

或者：

$$f_{mn} = \alpha_{mn} \frac{C_c}{D_c}(1 - Ma^2)^{0.5} \tag{4.17}$$

式中，m,n 分别为切向与径向的振型阶数；D_c 为燃烧室的直径；C_c 为燃烧产物的声速；Ma 为燃烧室的马赫数；α_{mn} 为贝塞尔函数根值。对应式（4.17）的 α_{mn} 值见表4.1。

表4.1　式（4.17）中低阶正则化振型的贝塞尔函数根值

m＼n	0	1	2	3
0	0.0	1.220 7	2.234 4	3.240 1
1	0.586 3	1.698 1	2.715 6	3.728 7
2	0.972 6	2.136 3	3.175 2	4.194 6
3	1.337 9	2.552 5	3.613 4	4.645 9

同样，考虑燃烧室气流马赫数时，燃烧室纵向振荡的固有频率公式（4.16）为

$$f_l = \frac{l}{2}\frac{C_c}{L_c}(1 - Ma^2) \tag{4.18}$$

对于带堵盖的模拟燃烧室,纵向频率计算与两个声学闭端的管子一样,式中 l 为纵向振型阶数,$l=1,2,3,4\cdots$。L_c 为燃烧室有效长度,不同的文献有不同的取法。此处借鉴参考文献[48],取其为燃烧室圆柱段与喷管收敛段长度的 2/3 之和,即

$$L_c = L_{cl} + \frac{2}{3} L_{cs} \tag{4.19}$$

式中,L_{cl} 为燃烧室直管段长度,L_{cs} 为喷管收敛段长度。

4.3　声学特性模拟实验的原理[49,50]

依据相似第三定理,任何物理现象的相似必须遵循物理模型的几何相似和物理过程相似,同时需要辅助必要的边界条件。

4.3.1　低压模拟原理

根据声学理论[51],燃烧室内燃气发生振荡时,声学粒子振动速度的幅值 v' 和声压幅值 p' 间的关系为

$$v' = \frac{p'}{\bar{\rho}\bar{c}} \tag{4.20}$$

式中,$\bar{\rho},\bar{c}$ 分别为燃气的平均密度和声速。

对式(4.20)进行变换,得

$$\frac{v'}{\bar{c}} = \frac{p'}{\bar{\rho}\bar{c}^2} = \frac{1}{k}\frac{p'}{\bar{p}} \tag{4.21}$$

燃烧室中的压力场与时间是相关的,假设为

$$p' = \bar{p}\psi_n(r)\sin(\omega_n t) \tag{4.22}$$

式中,ψ_n,ω_n 分别为不同振型的阶数和振荡角频率。

由式(4.22)得

$$\frac{p'}{\bar{p}} = \psi_n(r)\sin(\omega_n t) \tag{4.23}$$

于是

$$\bar{v}' = \frac{v'}{\bar{c}} = \frac{1}{k}\psi_n(r)\sin(\omega_n t) = \frac{1}{k}\frac{p'}{\bar{p}} \tag{4.24}$$

式(4.24)表明,粒子振动速度的相对幅值 $\bar{v}'$ 仅与比热容比 k 和相对室压有关,并是振型和振荡频率的函数。

粒子声学位移的相对幅值为

$$\bar{\xi}' = \frac{\bar{v}'}{2\pi f} \tag{4.25}$$

假设燃烧过程是等熵的,燃烧室声速为

$$\bar{c}^2 = \frac{k\bar{p}}{\rho} \tag{4.26}$$

等熵方程为

$$\frac{\bar{p}}{\rho^k} = r \tag{4.27}$$

于是

$$\bar{c}^2 = rk\bar{p}^{\frac{k-1}{k}} \tag{4.28}$$

对式(4.28)两边取微分,得

$$2\bar{c}\mathrm{d}\bar{c} = r(k-1)\bar{p}^{(-\frac{1}{k})}\mathrm{d}\bar{p} \tag{4.29}$$

式(4.29)两边分别除以式(4.28),得

$$\frac{\mathrm{d}\bar{c}}{\bar{c}} = \left(\frac{k-1}{2k}\right)\frac{\mathrm{d}\bar{p}}{\bar{p}} \tag{4.30}$$

将式(4.30)线性化,得

$$\frac{c'}{\bar{c}} = \left(\frac{k-1}{2k}\right)\frac{p'}{\bar{p}} \tag{4.31}$$

由此可得,燃烧室的平均室压对室声场参数不产生本质的影响,声场相对参数值取决于室压振荡的相对值。粒子振动速度的相对幅值仅与燃气比热容比 k 和相对室压有关,并是振型和振荡角频率的函数。如果模拟与实际燃烧室固有声学振荡频率相同,则 $\bar{\xi}'$ 也可保持一致。于是,通过室压相对幅值相等,即可保证模拟与实际条件下两个室声场的相似。

4.3.2　几何相似

几何相似包括燃烧室几何相似和喷注器几何相似。

单纯的燃烧室声学特性实验,模拟燃烧室的设计可以采用全尺寸的模拟燃烧室,也可以采用缩比的实验件。采用全尺寸燃烧室结构时,由于温度等因素的差异,模拟实验与实际燃烧室的声速相差很大,模拟燃烧室与全尺寸燃烧室的固有频率也相差很大。此时,可以从模拟实验获得的参数分析出一些影响因素和影响趋势,通过实际燃烧室的实验寻找一些相关的信息,进而从模拟实验中找出一些规律性的结果。

依据高频燃烧不稳定性现象的物理本质,从保证模拟燃烧室和实际燃烧室声学特性一致的角度考虑,可以采用缩比模拟燃烧室。模拟燃烧室与实际燃烧室需要有相同的声学频率,即

$$f_{\mathrm{sim}} = f_{\mathrm{act}} \tag{4.32}$$

式中,下标 sim 与 act 分别表示模拟与实际燃烧室的参数。

液氧/煤油高压补燃循环发动机使用的燃烧室喷注器结构比较复杂,改变几何尺寸会使煤油喷注器的切向孔和喷注器环向缝隙等尺寸在加工时难以保证。还有,喷注器燃气通道长

度对燃烧室声学能量耗散的大小与喷注器声学导纳的实部成正比,而声导纳是喷注器无量纲有效长度的函数,缩比会使喷注器的声学导纳难以保证。因此,喷注器采用实际尺寸更有利。

4.3.3　边界条件相似

边界条件包括燃烧室声学边界条件和头部边界条件,还涉及燃烧室入口和出口截面的声学闭端以及刚性侧壁。

高压补燃循环发动机燃烧室头部的声学特性主要由喷注器的气体通道声学特性所决定。喷注器气体通道的声学性能与喷注器燃气通道的无量纲相对有效长度有很大关系,考虑燃烧室气流速度时,喷注器燃气通道的无量纲相对有效长度为

$$\bar{l}_e = \frac{l_e}{\lambda_{in}} \frac{1}{(1 - Ma_{in}^2)} \tag{4.33}$$

式中,l_e 为燃气通道的有效长度,包括气喷注器的几何长度,并考虑喷注器进出口末端效应的修正值;λ_{in} 为燃烧室振荡频率 f_c 下,喷注器气体通道纵向振荡的波长;Ma_{in} 为喷注器燃气通道内气流的马赫数。

单喷注器燃烧室声学特性实验在大气环境下进行,喷注器燃气通道的声速与实际状况不同,实际燃烧室与模拟燃烧室的声速也不同,无法同时保证燃烧室固有频率和喷注器无量纲长度相同这两个条件。研究喷注器声学特性时,优先保证喷注器的无量纲相对有效长度相等。

本书主要研究高频燃烧不稳定性,比较危险的是一阶切向振型 $f_{1 \cdot T}$。由于采用实际喷注器,保证喷注器燃气通道相对有效长度一致就可以转化为喷注器燃气通道一阶切向振型 $\lambda_{in \cdot 1T} = \text{const}$,而 $\lambda_{in \cdot 1T} = \frac{c_{in}}{f_{1 \cdot T}}$。气喷注器燃气通道的实际声速为 $c_{in} = \sqrt{kRT}$,而大气环境下,声学模拟时喷注器内的气流声速 $c_{c \cdot sim}$ 小于实际声速。两者之比为 $\lambda_c = \frac{c_{in}}{c_{c \cdot sim}}$。为保证 $\bar{l}_e = \text{const}$,模拟燃烧室的固有声学频率也需要减小 λ_c 倍。

此时,模拟燃烧室需要选择固有频率为一定值的缩比件,缩比件的固有频率 f_{sim} 与实际燃烧室固有频率 f_{act} 的关系为

$$f_{sim} = \frac{f_{act}}{\lambda_c} k_x \tag{4.34}$$

式中,k_x 是考虑喷注器在实际与模拟条件下气流马赫数不同的修正系数

$$k_x = \frac{1 - Ma_{in \cdot sim}^2}{1 - Ma_{in \cdot act}^2}$$

计算思路如下:① 依据实际燃烧室和喷注器的几何结构和工作参数,先计算出燃烧室气流速度和声速,进而求出燃烧室气流的马赫数,并由式(4.17)确定出实际燃烧室的横向固有频率。② 由喷注器工作参数求出气喷注器燃气通道的声速,进而算出气喷注器通道气流的马赫数,再确定气喷注器通道气流声速与大气环境下声速之比 λ_c。③ 从式(4.34)得到模拟燃烧

室的固有频率,再按照模拟准则式(4.32),以此固有频率从式(4.17)反推出模拟燃烧室的直径 $D_{c,sim}$,最后按照几何相似原则确定模拟燃烧室的长度。

$$\frac{L_{c,act}}{D_{c,act}} = \frac{L_{c,sim}}{D_{c,sim}} \qquad (4.35)$$

由于模拟燃烧室在结构上无法准确模拟实际燃烧室的弧形收缩端,因此,实际上模拟燃烧室无法准确模拟实际燃烧室的一阶纵向频率。

4.4 声学特性实验系统及方法[50]

声学实验的目的是确定模拟燃烧室固有振型的谐振频率和振荡衰减率以及不同结构尺寸模拟燃烧室和喷注器产生谐振时驻波场的振幅分布。

4.4.1 实验系统

无空气吹风时喷注器声学特性模拟实验系统原理图如图4.1所示。模拟实验系统包括模拟燃烧室、实验喷注器、产生激励的扬声器、测量声场分布的声学探针以及压力振荡频率和振幅记录系统等。模拟燃烧室是圆柱形结构,出口用带缝的盖子盖着;另一端是内底,内底上可以安装由销钉组成的抗振动隔板,进口装有节流嘴的模拟喷注器与内底相连接,其对接位置靠近于圆柱筒壁面。

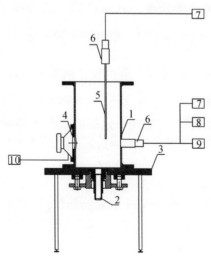

图 4.1　声学实验系统原理图

1-模拟燃烧室;2-喷注器;3-实验平台;4-扬声器;5-声学探针;

6-麦克风;7-示波器;8-微伏级电压表;9-频谱分析仪;10-信号发生器

为研究喷注器结构特点对自激振荡的影响,采用喷注器空气吹风的实验方法,带空气吹风的声学实验装置原理图如图 4.2 所示。

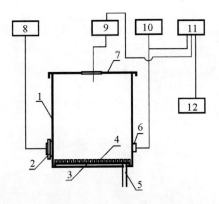

图 4.2 带空气吹风的声学实验系统原理图

1-模拟燃烧室;2-扬声器;3-内底;4-模拟隔板;5-喷注器(管子);

6-麦克风;7-挡板;8-信号发生器;9-动态压力探针;

10-微伏级电压表;11-示波器,12-频谱分析仪

带空气吹风的喷注器声学特性模拟实验系统在模拟燃烧室内激发自激振荡依靠的是空气射流的动能,其在模拟燃烧室内激发振荡是基于这样的理论基础。燃烧室内,燃烧前推进剂的密度为 ρ_p,速度为 v_p。推进剂燃烧后,在燃烧区转化成密度为 ρ_g 和速度为 v_g 的燃烧产物,根据动量守恒定律有

$$\rho_p v_p = \rho_g v_g \tag{4.36}$$

因为 $\rho_p / \rho_g > 1$,所以燃烧区之后的流速增大,在燃烧区会形成压降。如果燃烧区之前的推进剂流动不稳定,那么会在燃烧区产生脉动压力,从而引起推进剂流速振荡。当燃烧区之前推进剂流的扰动传输时间 τ 和燃烧室固有振型的振荡周期 $T = l/f$ 达到特定关系时便会产生自激振荡。

在模拟燃烧室内,使用蜂窝块作为气流的扰动源,以模拟燃烧区产生的扰动。蜂窝块的直径依据模拟燃烧室直径而定,一般选圆形件。喷注器出口靠近燃烧室内壁。燃烧室一侧,靠近内底安装有麦克风。麦克风信号传输到频谱分析仪,同时传输给示波器和微伏级电压表。空气从高压气瓶供应到燃气导管,用总压探针(管径为 0.8 mm,孔径为 0.5 mm)和压力表确定射流轴向的动态压力,进而计算射流马赫数 Ma 和流速 v。

频谱分析仪测量模拟燃烧室每一种振型的频率 f 和振幅 A。根据测量结果建立关系式

$$\frac{A}{Ma^2} = F\left(\frac{v}{fl_1}\right) \tag{4.37}$$

式中，l_1 为喷注器出口到蜂窝块下表面的距离，该距离模拟的是燃烧区特征长度，得到的关系式可用于分析燃气掺混器件在热模拟实验装置上的实验结果。

声学特性实验设备实物照片如图 4.3 所示。

图 4.3　声学特性实验设备图

4.4.2　实验方法

燃烧室声学特性模拟实验时，用扬声器作为模拟燃烧室内振荡激发装置，扬声器的输出信号来自信号发生器产生的正弦电压。扬声器安装在靠近内底的圆筒外侧，通过圆筒壁面上开设的孔与模拟燃烧室内腔相通。用频率计测量传输给扬声器的信号频率，用微伏计测量信号的振幅。将麦克风安装在与扬声器正对的圆筒另一侧，用于测量燃烧室内被激发的压力振荡的振幅，并将测量的信号传给微伏计和示波器。用声学探针测量模拟燃烧室内各处的声振幅及其分布，并测量气喷嘴气通道内的声振幅分布。探针的信号同样传给微伏计和示波器。

声学实验步骤如下：

（1）装配需要研究或者特定结构的模拟燃烧室。

（2）确定模拟燃烧室的谐振频率。

打开扬声器，缓慢改变振荡信号发生器的频率，确定麦克风振荡幅值最大时的频率，该频率即为模拟燃烧室的谐振频率。此时，移动探针，测量燃烧室内腔每一固定点的振幅，按测得的数据绘出振幅大小与空间坐标（长度、半径和与扬声器之间的角度）的关系曲线。然后，继续增大振荡发生器的信号频率，寻找下一个谐振工况，并重新用探针在固定点进行测量。随着谐振频率的增大，应该增加测量点数，即缩短探针的移动间距。

（3）确定模拟燃烧室内的振型。在模拟燃烧室内移动声学探针，根据示波器和微伏计信号确定燃烧室内声场的特征：压力沿燃烧室周向、径向和轴向分布及其最大值，根据这些数据判定其振型。

（4）确定振荡衰减率 δT。测量谐振频率 f_0 下的振幅 A_0 和振幅下降至 A 时的时应频率 f_1 和 $f_2(f_1 < f_o < f_2)$：$A = \alpha A_0$。依据实验得到的幅频图，振荡衰减率用下式计算：

$$\delta T = \pi \frac{f_2 - f_1}{f_0} \frac{a}{\sqrt{1 - a^2}} \tag{4.38}$$

当 $\alpha = 0.707$ 时有

$$\delta T = \pi \frac{f_2 - f_1}{f_0} \tag{4.39}$$

也可直接测量谐振频率 f_0 的幅值随时间的变化，用式（4.40）计算 δT：

$$\delta T_n = \frac{1}{n} \ln \frac{A_n}{A_1} \tag{4.40}$$

详见 4.5.3 节。

（5）振幅沿喷注器通道的分布。沿喷注器通道移动探针，记录探针的坐标和这些坐标点微伏计的振幅。

根据声学实验结果建立谐振频率、振幅和振荡衰减率与模拟燃烧室结构参数的关系曲线。这些结构参数包括喷注器通道长度、节流嘴直径和抗振隔板长度。

4.5　燃烧室声学特性模拟实验及其应用

4.5.1　某发动机燃烧室参数

以某高压补燃循环液氧／煤油发动机为例。燃烧室主要参数见表 4.2。

发动机燃烧室燃烧效率：$\eta_c = 0.96$。

燃烧室声速：$C_c = C_{c,th} \eta_c = 1176.4$ m/s。

实际燃烧室中的气流速度：

$$v_c = \frac{q_m}{\rho_c A} = 235.9 \text{ m/s}$$

由此，可计算出燃烧室内气流马赫数 $Ma = 0.2$。

将相关参数代入式（4.17）和式（4.18），得到实际燃烧室的一阶切向谐振频率 $f_{1T} = 3754.4$ Hz，一阶纵向谐振频率 $f_{1L} = 1721.6$ Hz。

表 4.2　燃烧室的部分参数

名　　称	参数值
燃烧室燃气温度 /K	3 721.6
气体常数 /J·(kg·K)	353.96
比热容比	1.14
富氧燃气比热容比	1.32
喷注器富氧燃气入口温度 /K	667
富氧燃气气体常数 /J·(kg·K)$^{-1}$	260.82
燃烧室有效长度 /mm	328

4.5.2　模拟燃烧室参数

实际状况下,喷注器燃气通道声速:

$$c_{in} = \sqrt{kRT} = 479.2 \text{ m/s}$$

大气环境中,声学模拟喷注器内的声速为 340 m/s,两者速度比

$$\lambda_c = \frac{c_{in}}{c_{c.sim}} = 1.409$$

因此,在忽略喷注器气流速度的条件下,声学模拟燃烧室的一阶切向谐振频率 $f_{1T,sim}$ 为

$$f_{1T,sim} = \frac{f_{1T}}{\lambda_c} = \frac{3\ 754.3}{1.409} = 2\ 665 \text{ Hz}$$

依据模拟准则,模拟实验主要保证燃烧室一阶切向频率相等,将该频率值代入式(4.17),认为燃烧室中气流马赫数可以忽略,从而计算出声学模拟燃烧室直径 $D_{c.sim}$:

$$D_{c.sim} = \alpha_{1.0} \frac{C_{c.sim}}{f_{1,T,sim}} (1 - M_{c,sim}^2)^{0.5} = 74.8 \text{ mm}$$

按照几何相似原则,可得声学模拟燃烧室长度:

$$L_{c.sim} = 136 \text{ mm}$$

实际加工得到的模拟燃烧室的纵向长度为 138 mm。为了消除外界环境噪声对燃烧室声场的影响,并将模拟燃烧室处理成一个完全封闭的系统,实验时在燃烧室出口加盖板。根据式(4.17)、式(4.18)、表 4.1 和表 4.2 相关参数计算的模拟燃烧室前三阶的切向、径向和纵向频率见表 4.3。模拟燃烧室在结构上无法准确模拟实际燃烧室的弧形收缩端,因而通常难以准确模拟实际燃烧室的一阶纵向频率。

表 4.3　模拟燃烧室固有频率计算值　　单位:Hz

三种振型的频率 ＼ 阶　数	1	2	3
f_T	2 665	4 421	6 081
f_R	5 548	10 155	14 725
f_L	1 232	2 464	3 696

4.5.3　模拟燃烧室的声学特性

单纯的模拟燃烧室声学实验是对闭／闭式圆柱形模拟燃烧室进行声学实验研究,主要目的是获得模拟燃烧室谐振的频率、振型以及相应的振荡衰减率,以便与理论计算进行对比,验证计算模型的可信度及计算的精确度,为随后的喷注器声学实验和单喷注器高频燃烧不稳定性低压模拟实验提供依据。

1. 谐振频率和振型

以表 4.3 所列的频率值为参考,将信号发生器输出信号调节到相应的振型频率,并在一定范围内上下调节,平缓改变扬声器的信号频率,直至找到谐振工况。谐振频率发生时,麦克风采集的信号正好出现明显的波峰最大值。为了进一步验证,需要用声学探针在模拟燃烧室内进行扫描,测量燃烧室内腔每一固定点的振幅,以获得该振荡下的压力振幅分布情况。表 4.4 列出了由声学实验确定的模拟燃烧室前三阶谐振频率。对比表 4.3 和表 4.4 可以看出,总体上计算值和实验测量值非常接近。模拟燃烧室的二阶和三阶径向谐振频率的计算值分别高达 10 155 Hz 和 14 725 Hz。实验时,在这两种频率下,模拟燃烧室内均出现谐振,但振幅很小,用探针进行扫描时,由于衰减的原因,本来就很小的振幅变得极其微弱,无法准确判断其振型。因此,这两种频率是否为二阶和三阶径向谐振频率,在振型上未得到证明。

表 4.4　模拟燃烧室固有频率测量值　　单位:Hz

三种振型的频率 ＼ 阶数	1	2	3
f_T	2 667.9	4 425.9	6 087.9
f_R	5 551.9		
f_L	1 234	2 464	3 694

利用探针获得的模拟燃烧室部分谐振振型如图 4.4～图 4.10 所示。由图 4.4 可知,一阶切向振型最大幅值发生在燃烧室壁面的特定位置处(见图 4.4 中 180°,360°等处)。将图 4.4～图 4.10 与两端封闭的空心圆柱体内腔的前三阶谐振标准振型相比,可以看出,实验结果虽然

存在着一定的误差,但是实验曲线趋势和各阶间的变化规律是正确的,实验结果与理论计算比较吻合,表明实验得到的结果可信。

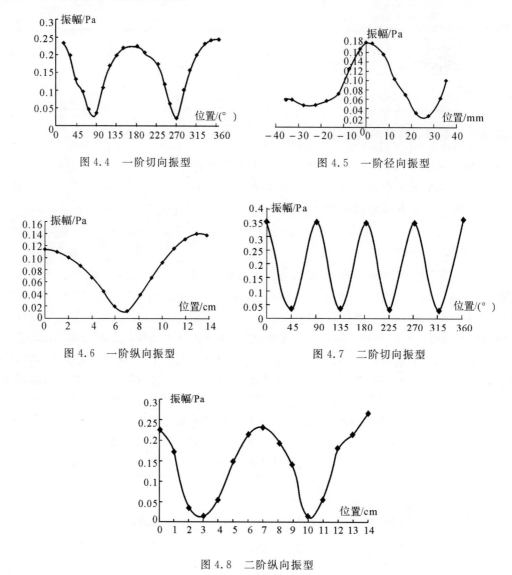

图 4.4　一阶切向振型

图 4.5　一阶径向振型

图 4.6　一阶纵向振型

图 4.7　二阶切向振型

图 4.8　二阶纵向振型

　　获得谐振振型的目的是为了证明燃烧室内被激发的振荡确实是期望的谐振,即燃烧室内频率和振幅分布规律与计算是否相符,可用声学探针作为模型检验和今后分析的依据。实验误差主要来自测量误差和实验件的加工误差。测量误差主要在于声学探针扫描点的位置无法精确确定,如探针在各点是否垂直,在进行横向扫描时探针插入深度是否完全一致等;加工误差主要由燃烧室侧壁上扬声器和麦克风的开孔中心是否在垂直于轴线的同一平面上。由于声学实验主要是寻找幅值分布规律,幅值的大小并不重要(因为模拟实验的幅值在数值上无法与实际发动机发生不稳定燃烧时的幅值对应)。因此,在进行探针扫描振型时,经常会遇到扫描信号衰减的问题。为了得到明显的波形图,采用改变探针长度、通径以及信号电压值的方法,这些改变都会影响扫描到的振幅大小,但是不影响频率和振型特征。

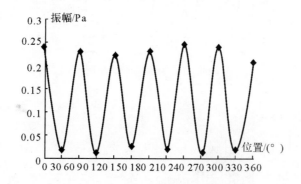

图 4.9　三阶切向振型

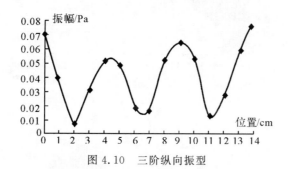

图 4.10　三阶纵向振型

2. 振荡衰减率

为了比较不同实验条件下振荡衰减的速率,引入振荡衰减率的概念,通常希望振荡衰减得越快越好。实验时,将扬声器输入信号调节到相应振型的谐振频率,由麦克风采集燃烧室中的声压值。调节稳定后,关闭信号源,记录衰减波形,如图 4.11 所示。再从衰减波形上读取相关参数,按式(4.40)计算振荡衰减率。

实验获得的模拟燃烧室一阶切、径和纵向谐振的振荡衰减图如图 4.12 所示,一阶谐振振荡衰减率列在表 4.5 中。图 4.12 中横坐标是衰减的时间,单位是 ms;纵坐标是模拟燃烧室声压振幅,由于传感器的原因,该值仅作为相对参考。

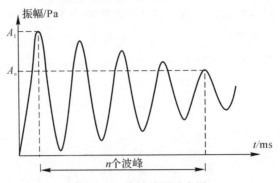

图 4.11　衰减波形示意图

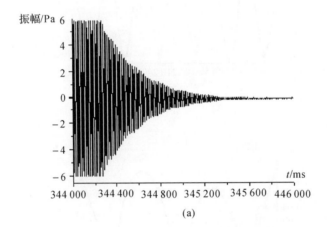

(a)

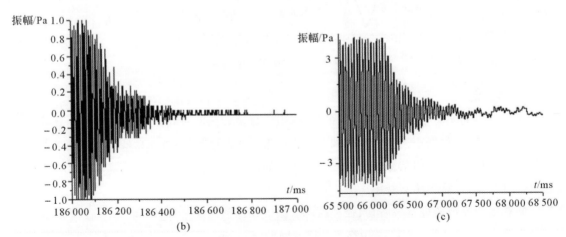

图 4.12　一阶谐振振荡衰减图

(a) f_{1T} 衰减图；(b) f_{1R} 衰减图；(c) f_{1L} 衰减图

表 4.5　燃烧室部分谐振的振荡衰减率

三种振型频率 /Hz	δT_{10}	δT_{20}	δT_{30}	备注
f_{1T}	$-0.054\ 26$	$-0.054\ 80$	$-0.058\ 16$	信号电压 2 V
f_{1R}	$-0.067\ 77$	$-0.070\ 60$	$-0.059\ 05$	信号电压 4 V
f_{1L}	$-0.049\ 05$	$-0.062\ 64$	$-0.091\ 39$	信号电压 2 V

从表 4.5 可以看出,最关心的燃烧室内一阶切向振型衰减率 $\delta T_{10} = -0.054\ 26$,即

$$\delta T_{10} = \frac{1}{10}\ln\frac{A_{10}}{A_1} = -0.054\ 26$$

由上式可得 $\dfrac{A_{10}}{A_1} = 0.581$。即从停止触发到经过 9 个周期,在 $t = 9/2\ 667.9 = 0.003\ 4$ s 的时间内,幅值下降到初值的 58.1%。同理,在 29 个周期(0.011 s)内,幅值下降到初值的 17.5%。

4.5.4　隔板对燃烧室声学特性影响

RD—120 高压补燃循环液氧 / 煤油发动机燃烧室[52] 装有周向一圈、径向 5 片形式的隔板。采用单频激励方式和声学开端模拟燃烧室,进行了带隔板和喷注器的模拟燃烧室声学特性研究。实验获得的模拟燃烧室振荡衰减率(一阶切向和一阶纵向的复合频率)如图 4.13 所示,由图可见,模拟燃烧室不带隔板($h = 0$)时,振荡衰减率较低;加上隔板之后衰减率增加,并且随着隔板高度的增加而增加;随着隔板高度的增加,谐振频率降低。同时,还可以看到带喷注器的模拟燃烧室振荡衰减率要大,原因在于喷注器气体通道耗散掉了一部分声学能量。

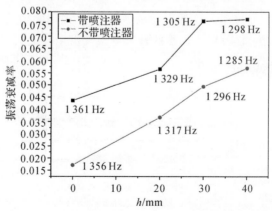

图 4.13　隔板高度和喷注器对振荡衰减率的影响

对此发动机喷注器在不带隔板,扰流器距燃烧室头部不同距离的条件下进行喷注器吹风激励实验,测量喷注器出口气流速度(v)、扰流器位置(L)和燃烧室振幅(A)之间的关系曲线,结果如图 4.14 所示,图中的纵坐标是以实验得到的最小幅值为基准的相对幅值。实验过程中出现的谐振振型为一阶切向／一阶纵向复合振型。由图可见,同一扰流器高度下,随着气流速度增加,幅值均呈现马鞍形分布;随着扰流器高度的增加,最大幅值增加,最大幅值对应的速度值也在增加。实验结果说明最大振幅与扰动器位置和射流速度之间存在一定的匹配关系。结合发动机的工作参数,还可研究实际燃烧室头部到热量急剧释放的长度随喷注器射流速度的变化情况。此实验结果为随后的单喷注器燃烧室高频燃烧不稳定性模拟实验提供了依据。

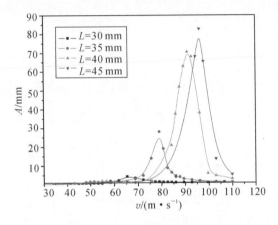

图 4.14　扰流器位置与气流速度同声压相对振幅的关系

4.6　喷注器声学特性模拟实验及其应用

RD—120 高压补燃循环液氧／煤油发动机燃烧室[52]采用同轴气液离心式喷注器。喷注器带有缩进室,其气喷嘴为直流结构,供给的是来自燃气发生器的富氧燃气;煤油喷嘴采用离心式结构,其结构简图如图 4.15 所示。

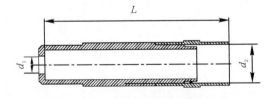

图 4.15　喷注器结构示意图

为了研究喷注器节流孔直径对喷注器声学特性的影响,设计了五种节流孔径 d_1,分别为 6.0 mm,6.5 mm,7.0 mm,7.5 mm,8.0 mm。又为了研究喷注器燃气通道长度 L 对喷注器声学特性的影响,设计的燃气通道长度变化范围为 51.0 ~ 75.0 mm,变化步长为 2.0 mm。燃烧室声学特性模拟实验系统与图 4.1 所示系统相同,模拟实验的激励方法和测量方法也基本相似,但应用的范围和研究的内容更为丰富。

4.6.1　无空气吹风时的声学特性实验

高频燃烧不稳定性对一阶切向振荡比较敏感,一阶切向振荡主要破坏了燃烧室的热边界层,导致燃烧室壁面和喷注器壁面破坏或者烧毁。因此,高频燃烧不稳定性声学特性模拟实验主要研究结构尺寸对一阶切向振荡的影响,以便在避免一阶切向振荡的前提下,获得喷注器中气喷嘴燃气通道长度与节流孔径的最佳组合。

单喷注器燃烧室声学实验方法与单纯模拟燃烧室的声学实验相似,不同的是需要在燃烧室内安装喷注器。实验时,选择某一节流孔径,从最小的喷注器长度(51 mm)开始,用扬声器发出的声波作为激励源,用前述方法找出模拟燃烧室的一阶切向频率和声压分布,用高速数据采集系统记录该长度下模拟燃烧室内的频率值和幅值。随之增大喷注器长度,重复以上实验,直至最大喷注器长度(75 mm)。然后,改变节流孔径,再重复以上实验。通过模拟燃烧室内一阶切向振荡的频率和振幅随喷注器长度的变化情况,可以研究在这种节流孔径下喷注器的最佳长度。采用振幅和振荡衰减率的变化可以得出同样的实验结论。鉴于振荡衰减率的计算比较复杂,实验只采用振幅的变化来分析喷注器长度变化的影响,而不再用振荡衰减率进行分析。

当圆柱形模拟燃烧室加上喷注器后,燃烧室内的频率和幅值将会发生明显变化。这时呈现一阶切向频率分化现象,即出现两个一阶切向频率。将其分别标识为 $f_{1T,1}$ 和 $f_{1T,2}$,这两个频率与单纯模拟燃烧室的一阶切向谐振频率 f_{1T} 的关系为 $f_{1T,1} < f_{1T} < f_{1T,2}$。

如图 4.16 和图 4.17 所示别是中心区喷注器在不同节流孔径下,燃烧室一阶切向谐振频率和振幅随气喷嘴燃气通道长度的变化曲线。图中横坐标为喷注器气喷嘴燃气通道有效长度,按以下公式计算:

$$l_e = l + 0.4d_1 + 0.4d_2 \tag{4.42}$$

式中,l 为气喷嘴燃气通道长度;d_1 为氧化剂节流孔直径;d_2 为喷注器出口直径。

从图 4.16 和图 4.17 可以看出:对于相同节流孔,随着气喷嘴燃气通道有效长度的增大,模拟燃烧室内 $f_{1T,1}$ 和 $f_{1T,2}$ 对应的频率均减小,但在气喷嘴有效长度较小的区域(约小于 75 mm),$f_{1T,1}$ 减小的幅度更大;同时,在此区域,随着节流孔径的增大,频率是增大的。对于同一节流孔径,随着喷注器长度的增大,$f_{1T,1}$ 对应的幅值随喷注器长度的增大而减小,而 $f_{1T,2}$ 对应的幅值却随喷注器长度的增大而增大。相同喷注器有效长度下,有效长度小于 75 mm 时,随着喷注器节流孔径增大,$f_{1T,1}$ 对应的幅值也随节流孔直径的增大而增大,而 $f_{1T,2}$ 对应的幅值却随节流孔直径的增大而减小。

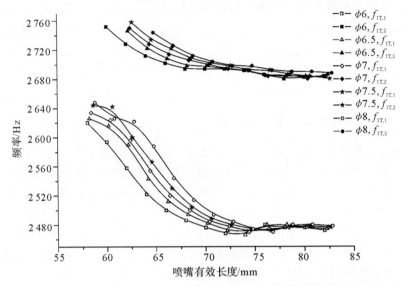

图 4.16　不同节流孔径下,一阶切向谐振频率随气喷嘴通道有效长度的关系

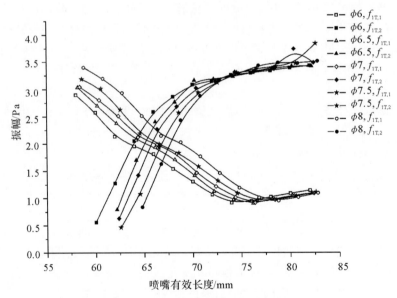

图 4.17　不同节流孔径下,一阶切向谐振振幅随气喷嘴通道有效长度的变化曲线

　　由于单喷注器模拟燃烧室在谐振频率和幅值上具有以上特性,随着气喷嘴相对有效长度的变化,不同节流孔径下,$f_{1T,1}$ 和 $f_{1T,2}$ 所对应的幅值在该变化范围内均存在着一个交点,而这些幅值最低点可以认为是存在一阶切向频率分化前提下相对最安全的。将图 4.17 转化为振

幅随气喷嘴燃气通道相对有效长度的变化曲线,如图 4.18 所示(用式(4.33)求 $\bar{l}_e$ 时,$\lambda_{in} = 127.54$ mm,$Ma_{in} \approx 0$)。

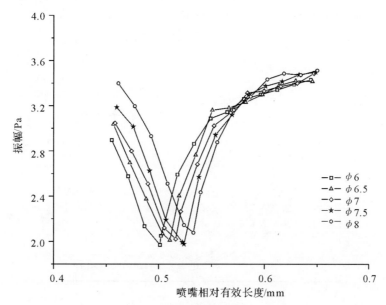

图 4.18　中心区喷注器在不同节流孔径下,燃烧室一阶切向
谐振振幅随气喷嘴相对有效长度的变化曲线

图 4.18 表明,为保证这两种一阶切向振型均有较小的振幅,存在一个最佳的相对有效长度。不同节流孔径下均有曲线的最低点,最低点对应的长度就是相应气喷注器在该节流孔径下的最佳相对有效长度。将由实验得到的中心区喷注器节流孔径(d_1)、有效长度(l_e)和相对有效长度($\bar{l}_e$)列于表 4.6。

表 4.6　中心区喷注器节流孔径和气喷嘴有效长度的最佳组合

d_1/mm	6	6.5	7	7.5	8
l_e/mm	63.88	65.09	65.80	66.80	67.93
$\bar{l}_e$/mm	0.501	0.511	0.516	0.524	0.533

从表 4.6 可以看出,对于中心区喷注器,燃烧室内的谐振振幅要有较低值,其最佳相对有效长度取值应在 0.5 左右。换句话说,对于燃烧室一阶切向振型,气喷注器燃气通道长度取其波长一半时燃烧室振幅最低,喷注器相对最稳定。

如图 4.19 和图 4.20 所示分别表示了模拟燃烧室加上边区喷注器后,不同喷注器节流孔径下,燃烧室谐振频率和振幅随气喷注器有效长度的变化曲线。分别比较图 4.16 和图 4.19 以及图 4.17 和图 4.20,可以看出,边区喷注器的频率特征和幅值特征与中心区喷注器的相同。同样,将图 4.20 转化为图 4.21,并将从图 4.20 中获得的喷注器节流孔径(d_1)和有效长度(l_e)的最佳组合列于表 4.7。从表中结果可以看出,为了使燃烧室内的谐振振幅有较低值,对于边区喷注器,其最佳相对有效长度($\bar{l}_e$)一般也在 0.5 左右,同样是半波长喷注器相对最稳定。

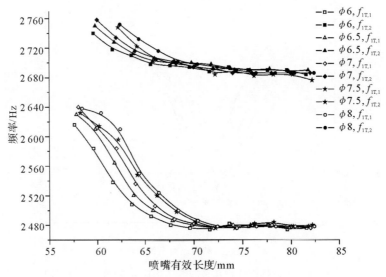

图 4.19　边区喷注器在不同节流孔径下,燃烧室一阶切向
谐振频率随气喷嘴有效长度的变化曲线

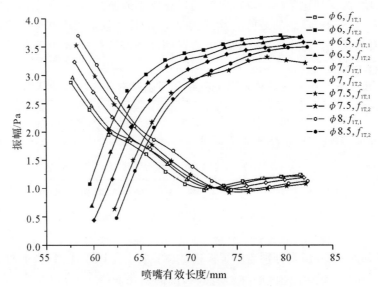

图 4.20　边区喷注器在不同节流孔径下,燃烧室一阶切向
谐振振幅随气喷嘴有效长度的变化曲线

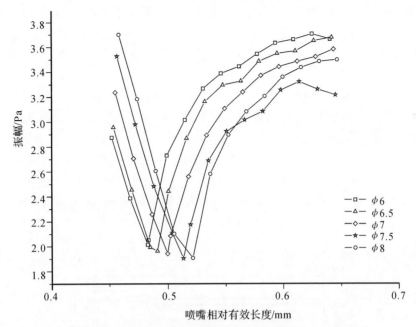

图 4.21　边区喷注器在不同节流孔径下,燃烧室一阶切向
谐振振幅随气喷嘴相对有效长度的变化曲线

表 4.7　边区喷注器节流孔径和气喷嘴有效长度的最佳组合

d_1/mm	6	6.5	7	7.5	8
l_e/mm	61.52	62.58	63.67	65.42	66.43
$\bar{l}_e$/mm	0.483	0.491	0.500	0.513	0.521

喷注器进行无吹风实验,可以得到下列主要结果:

(1) 在模拟燃烧室中出现两种一阶切向振型(特别是接近于喷注器谐振声学频率进行调整时),第一种切向振型的频率低于燃烧室的临界频率 $f_{1T,1} < f_{1T,cr}$,而第二种切向振型的频率大于燃烧室的临界频率 $f_{1T,2} > f_{1T,cr}$。气喷嘴通道有效长度 l_e 越接近声学调整长度($\bar{l}_e = l_e/\lambda = 0.5$),$f_{1T,1}$ 的频率越小,它也随着节流孔直径 d_1 的减小而降低。大于临界频率的频率 $f_{1T,2}$ 时,随着 l_e 的增大和 d_1 的减小,其变化并不明显。

(2) 确定喷注器最佳长度 $\bar{l}_e$ 和节流孔最佳直径 d_1 的组合关系,从而保证在两种分化的一阶切向振型频率下模拟燃烧室中的振幅同时最小。

(3) 在模拟混合头部内底上安装由圆筒形销钉组成的抗振隔板(用销钉模拟伸入推力室的喷注器),使燃烧室内的振荡频率 f 和振幅 A 降低,与喷注器长度和节流嘴直径不相关。

（4）气喷嘴通道无气流动时，喷注器出口的扩口不会影响到喷注器的声学调整。

（5）喷注器进口前有真实长度的燃气导管，且其中设有相对流通面积等于真实值的均流栅，当均流栅距喷注器进口的距离接近于真实值时，它们不会影响喷注器在一阶切向振荡频率下的声学调整。

声学实验时，也可用管状模拟喷注器代替真实喷注器。以 RD—120 发动机为例，取管状模拟喷注器的内径等于实际喷嘴内径真实的直径（$d_0 = 12.5$ mm），其长度为实际值，$l = 110$ mm。在这根管子外部套上内径为 $d_2 = 14.0$ mm 的另一根管子，在外面的管子进口处装上节流孔（见图 4.22），其直径为 d_1。模拟喷注器可以平缓地改变气喷嘴通道长度，保证能精确地确定最佳的气通道长度。将声学探针从节流孔处伸入模拟喷注器中间（沿轴向），声学探针外径 $d_a = 4.0$ mm。平缓移动外面的管子，模拟平缓地增大喷注器的总长度（例如，每次移动 2 mm）。喷注器初始长度 $l = 110$ mm，实验过程中喷注器长度变化范围为 $l = 112 \sim 152$ mm。

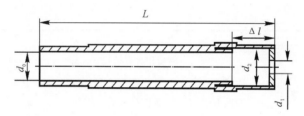

图 4.22　模拟喷注器结构示意图

由于喷注器的部分流通面积被探针占用，节流孔的当量直径应为 $d_{1e} = \sqrt{d_1^2 - d_a^2}$，而节流孔相对流通面积则为 $A_{1e} = \dfrac{d_1^2 - d_a^2}{d_0^2 - d_a^2}$。这里，$d_0$ 为喷嘴进口截面的直径。喷注器通道内无探针时（即针对真实喷注器来说），节流孔相对面积 $A_1 = \dfrac{d_1^2}{d_0^2}$。因此，$d_1 = d_0 \sqrt{A_1}$。在喷注器真实工作条件下，进口截面的直径为 d_1，则在 $A = \text{const}$ 条件下，如将声学实验的结果换算到真实条件，须有 $d_{1e} = d_1 \sqrt{A}$。管状模拟喷注器的有效长度为 $l_e = l + \Delta l$。式中，Δ 为考虑端面效应的修正值，$\Delta L = 0.4 d_2 + 0.4 d_0$

4.6.2　空气吹风时的声学特性实验

用空气吹风进行喷注器声学特性实验时，给喷注器的气喷嘴供应一定压力和流速的空气，在喷注器出口附近放置蜂窝状的扰动装置，用蜂窝状的气流扰动装置在燃烧室激起气流噪声。与扬声器的单频激励不同的是，气流激励是一种宽频激励，更接近于实际工况下的富氧燃气的流动时的激励状况。激励的方法是调节空气的流量或者供给压力，实验的测量装置和方法与扬声器激励的声学特性实验是一致的。实验可采用管状的模拟喷注器,也可采用无扩口的真实尺寸喷注器。用空气对喷注器进行吹风实验的目的在于:

(1)用于确定模拟燃烧室振幅与喷注器通道出口空气流速之间的关系。对参数(或者模拟准则)进行对比分析,以了解在哪些参数下,模拟燃烧室有燃烧和无燃烧时声学能量的释放量最大。

(2)比较喷注器结构参数(节流孔径、气喷嘴燃气通道、喷嘴直径等)对稳定性指标(如振幅 A、振荡衰减率 δT、振荡频率 f)的影响趋势。

对于本章提供的模拟燃烧室,蜂窝状扰动装置可以设计成直径约为 40 mm 的圆形件,在圆形件内安装若干个直径为 3 mm、壁厚为 0.1 mm、长度约为 15 mm 的短管。安装时,被研究的喷注器与内底齐平。空气流经模拟燃气导管进入喷注器。模拟燃气导管是一截直径为 200 mm 的短管子,管子两端完全封闭,直径为 160 mm、长为 196 mm 的模拟燃烧室安装在内底上。喷注器出口靠近燃烧室内壁。燃气导管和燃烧室的直径比为 $D_{c.m}/D_c = 1.25$ 时,燃烧室和燃气导管内的固有横向振型的谐振频率相互间充分隔开,以保证燃气导管不会明显影响到燃烧室(带有喷注器)内的谐振频率。燃烧室的侧面,靠近内底安装有麦克风。麦克风的信号传输到频谱分析仪,同时传输给示波器和微伏计。

在声学模拟装置上还可以进行一系列模拟喷注器或者真实的双组元气液喷注器的实验研究工作,评估喷注器和燃烧室结构参数对工作过程稳定性指标(振幅 A、振荡衰减率 δT 和振荡频率 f)的影响。

第5章 高频燃烧不稳定性低压燃烧模拟实验的原理

5.1 概　述

物理现象的机理通常都可以用适当的物理和数学模型来描述。单值条件把某一个个别现象从一类现象中区分出来,它包括物理条件、几何条件、时间条件及边界条件。相似准则是物理量的无量纲组合,其不变性是物理现象相似的数量特征,也是相似的判据。由单值条件给定的量组成的相似准则为确定性相似准则。

依据相似理论[53],物理现象相似的必要和充分条件包括:模型和原型的现象属于同一类,能用同一基本微分方程组描述;原型与物理模型几何相似;基本方程组的所有物理参数均相似;物理过程初始时刻所有的变数场相似;在模型和原型的对应断面上,确定性相似准则数值相等;模型与原型的边界条件相似。但自动模拟的有关准则可以不遵守这个条件。模拟实验研究首先要确定现象的相似准则。常用的确定相似准则的方法有定理分析法、方程分析法和因次分析法。定理分析法和方程分析法适用于机理比较清晰,能建立恰当物理方程的物理现象。因次分析法适用于机理尚未彻底弄清,规律也未充分掌握的复杂物理现象。因次分析法是选取正确的参量,从因次分析角度考察参量的量纲,求得与 π 定理一致的函数关系式,再据此进行相似现象研究。其优点在于只须找出某因变量与其他各自变量之间的不定函数式,通过量纲分析,以物理方程(无论确立与否)的齐次性为依据建立量纲方程。量纲方程的优点主要在于能根据正确选择的参量建立起带未知系数的、供相似分析用的物理方程,并剔除被多余考虑的物理量,减少方程的未知数目,从而使实验工作得到简化。量纲分析的主要内容是确定独立的无因次量数目。一般情况下,如有 n 个相互独立的定性量,m 个基本因次量,则可得出 $n-m$ 个独立的相似无因次量。也即在所有的无因次量中,定性的无因次量的个数等于定性参数的个数减去其中所包含的基本因次的个数。最终的关系式中,非定性无因次量表示为定性无因次量的函数。高频燃烧不稳定性是非常复杂的物理现象,至今仍有许多机理性的问题尚不清楚。进行高频燃烧不稳定性模拟实验研究,比较适合的研究方法是因次分析法。在本章研究中,基本因次量取长度量纲(L)、质量量纲(M)和时间量纲(T)。

5.2　高压补燃循环液体火箭发动机燃烧过程研究

液体火箭发动机是将推进剂化学能转化为动能的装置。依据使用的推进剂不同,液体火箭发动机可以分为可储存液体推进剂火箭发动机和低温液体推进剂火箭发动机,常用的可贮存推进剂有四氧化二氮/偏二甲肼(N_2O_4/UDMH)、过氧化氢/煤油(H_2O_2/ Ker)以及液氧/煤油(LOX/Ker)。常用的低温推进剂有液氧/液氢(LOX/LH_2)和液氧/甲烷(LOX/CH_4)。依据发动机的循环方式,发动机又可以分为燃气发生器循环液体火箭发动机(Gas Generator Cycle liquid rocket engine,也称开式循环液体火箭发动机),比较典型的发动机有美国的 F—1 和 H—1 发动机、俄罗斯的 RD—107 发动机、法国的 Vulcain 和中国长征系列火箭的一级和助推发动机;高压补燃循环液体火箭发动机(Staged Combustion Cycle Liquid Rocket Engine),比较典型的发动机有俄罗斯的 RD—120,RD180 和 RD191 液氧/煤油高压补燃循环发动机及中国研制的液氧/煤油高压补燃循环发动机;全流量循环液体火箭发动机(Full Flow Staged Combustion Cycle Liquid Rocket Engine)和膨胀循环液体火箭发动机(Expander Cycle Liquid Rocket Engine)。燃气发生器循环液体火箭发动机的燃烧室是将液体推进剂(氧化剂和燃料)供入燃烧室,氧化剂和燃料经过喷射、雾化、蒸发、混合等过程,最终产生化学反应。高压补燃循环液体火箭发动机燃烧室中氧化剂是来自燃气发生器的富氧燃气,燃烧室最大的特点是高温富氧燃气与较高温度的液体燃料进行掺混燃烧。全流量循环液体火箭发动机燃烧室中,氧化剂是来自富氧发动机的富氧燃气,燃料是来自富燃发生器的富燃燃气。燃烧室中,富氧燃气与富燃燃气进行气气燃烧。在膨胀循环液体火箭发动机中,燃料燃烧前通常被主燃烧室余热加热。当液态燃料通过在燃烧室壁里的冷却通道时,蒸发变成气态。气态燃料产生的气压差推动涡轮泵转动。从而使推进剂高速进入燃烧室燃烧产生推力。目前,液体火箭发动机燃烧室的压力和燃气温度一般均超过常用推进剂的临界压力和临界温度,燃料和氧化剂通常均是在超临界环境下进行雾化、混合和燃烧。通常,燃烧室内,推进剂要经过喷射、雾化、蒸发、混合及化学动力学等过程,先将推进剂的化学能转化为燃气的热能和势能,再通过喷管将燃气的热能和势能转换为动能。但依据发动机类型和推进剂的不同,这些过程在能量转化过程中的作用和对能量转换所起的影响也不同。高频燃烧不稳定性正是燃烧室声学振荡与喷雾、蒸发、混合及化学动力学等过程相互耦合作用的结果。因而在不同条件下,上述过程对高频燃烧不稳定性的影响和所起的作用也不同。高频燃烧不稳定性低压燃烧模拟实验首先要详细了解燃烧过程中上述过程在高频燃烧不稳定过程中的作用,并确定出起决定性作用的过程。表 5.1 给出了当前应用的部分液体火箭发动机名称、推进剂类型和燃烧室工作压力,表 5.2 给出了常用氧化剂和燃料的临界参数。

表 5.1　部分液体火箭发动机循环方式及主要参数

发动机名称	国　家	推进剂	循环方式	燃烧室室压/MPa	燃烧室温度(估算值)/K
Vulcain	法　国	LOX/LH$_2$	发生器循环	11.5	3 500
RD—120	俄罗斯	LOX/Ker	补燃循环	16.27	3 500
RD—170	俄罗斯	LOX/Ker	补燃循环	24.50	3 600
RD—180	俄罗斯	LOX/Ker	补燃循环	25.65	3 700
RD—191	俄罗斯	LOX/Ker	补燃循环	25.81	3 700
SSME	美　国	LOX/LH$_2$	发生器循环	18.94	3 500
F—1	美　国	LOX/Ker	发生器循环	7.8	3 300
YF—20	中　国	N$_2$O$_4$/UDMH	发生器循环	7.5	3 500

表 5.2　部分推进剂的临界参数

推进剂名称	临界压力/MPa	临界温度/K	临界密度/(kg·m^{-3})
液　氧	5.2	154.6	436.0
液　氢	13.2	33.0	30.0
甲　烷	46.0	191.0	163.0
丙　烷	42.5	370.0	220.0
煤　油	2.49	677.4	365.1
液　氮	3.39	126.2	

5.2.1　同轴离心式喷注器雾化和混合过程分析

推进剂的雾化和混合特性与推进剂的物性、喷注器的结构尺寸、工作参数和环境因素等密切相关。影响雾化和混合特性的物性主要有推进剂的密度、黏性和表面张力。喷注器的结构有各种形式,不同形式喷注器的雾化和混合机理及其效果是不同的。影响推进剂雾化的环境因素主要是压力、温度和环境介质的密度。推进剂的超临界状态是指推进剂的压力和温度均超过特定的临界压力和临界温度,超临界环境是指推进剂所处的环境压力和温度均超过该种推进剂特定的临界压力和临界温度。研究结果表明,在超临界环境条件下,液体推进剂会呈现出许多奇异的性质:比热容、黏性等一些物性参数会发生很大的变化;推进剂可能处于稠密气团状态,至少边缘是气团状态;射流与环境相互之间的作用过程类似于气体扩散特性。如图 5.1 所示是液氮喷入亚临界和超临界气氮中的射流雾化照片[54]。液氮的温度为 105 K,容器中气氮温度为 300 K,液氮的喷射速度为 10 m/s,喷孔直径 1.9 mm。

由图 5.1 可见,液氮射流喷入亚临界环境($P_c=2.0$ MPa)时,射流的雾化与通常见到的液体雾化(见图 2.20 和图 2.22)是一致的,一定速度的液氮射流与环境气体(氮气)相互作用,射流边缘呈现出不规则的波纹状,外缘液氮被气体剥落,形成清晰的液滴。但在超临界环境($P_c=4.0$ MPa)下,液氮射流不再有清晰的外缘,同样位置处,也不再出现液滴,而是稠密的气态物质。目前,尚没有煤油在超临界环境下的雾化资料,但依据物理现象的本质和物性分析,在超临界环境下,煤油的雾化与液氮和液氧的性质相似。

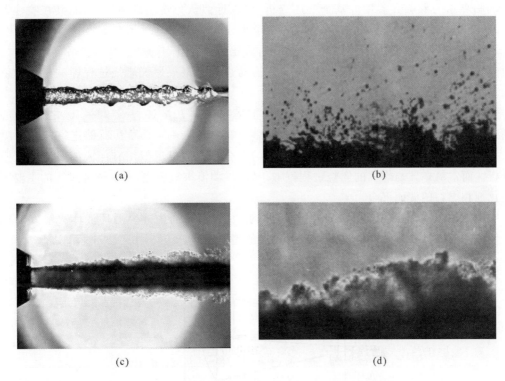

图 5.1　液氮射流在亚临界和超临界环境下的雾化照片

(a) $P_c=2.0$ MPa 液氮射流;　(b) $P_c=2.0$ MPa 液氮射流边缘;

(c) $P_c=4.0$ MPa 液氮射流;　(d) $P_c=4.0$ MPa 液氮射流边缘

高压补燃循环液氧/煤油液体火箭发动机或者低温液氧/液氢发动机燃烧室均采用气/液同轴喷注器。其中,液氧/煤油液体火箭发动机采用气/液同轴离心式喷注器,并带有缩进室。气喷嘴为直流结构,入口带有节流孔。液喷嘴为开口离心式喷嘴,煤油从切向孔进入旋流室。

燃烧室中,依据富氧燃气和煤油的流量以及混合比不同,喷注器又分为中心区喷注器、边区喷注器和隔板喷注器等。这些喷注器结构形式是一致的,差异主要是尺寸稍有区别,喷注器的结构图如图 4.15 所示。对此型喷注器用空气和水在反压环境下的雾化实验研究表明[23],喷注器出口处水已经完全雾化成微小的液滴。以 RD—120 发动机为例,在实际工作条件下,煤油流经燃烧室冷却套,冷却燃烧室内壁,到达喷注器入口时温度已经高于 440 K,喷注器出口温度更高。计算的离心式喷注器内煤油液膜厚度约为 0.3~0.7 mm。喷注器缩进室内,富氧燃气温度约为 670 K,其轴向速度是煤油速度的 5~6 倍。高温燃气对于环状薄膜煤油存在较大的加热和剪切作用。同时,煤油与富氧燃气射流存在切向速度,富氧燃气对煤油的高速剪切、扩散和加热作用大大强化了煤油与富氧燃气的掺混过程。发动机的燃烧室压力和温度远高于煤油的临界压力和临界温度。基于上述分析,可以近似认为喷注器缩进室,尤其在喷注器出口,煤油实际上是以超临界气团方式存在的,至少在射流表面呈气团状态。这样,在雾化、混合、蒸发和化学反应等燃烧过程的诸子过程中,雾化和蒸发过程的影响可以忽略。而化学反应的时间是非常快的,远小于气气混合时间,于是,对煤油与富氧燃气燃烧过程影响最大的就是煤油与富氧燃气的混合过程。

实际工作条件下,气喷嘴出口处富氧燃气雷诺数在 $3.70 \times 10^6 \sim 5.92 \times 10^6$ 之间,离心式喷嘴出口处煤油的雷诺数在 $7.07 \times 10^4 \sim 8.48 \times 10^4$ 之间。在假设喷注器缩进室内或者喷注器出口喷嘴为气体的条件下,富氧燃气与煤油的混合过程可以近似用有伴流的射流扩散模型来分析。而富氧燃气与煤油的燃烧过程近似于气/气湍流扩散燃烧,影响燃烧过程的主要因素是氧化剂和燃料的湍流混合。

基于上述分析,借鉴有伴流的射流流场结构[55],可以将高压补燃循环液体火箭发动机燃烧室使用的同轴离心式喷注器富氧空气与煤油的喷射和混合流场用图 5.2 表示。

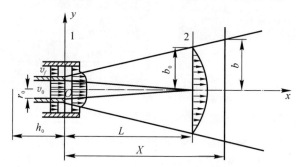

图 5.2 同轴离心式喷注器推进剂射流流场示意图

有伴流的同轴湍流射流流场大致可分为初始段(见图 5.2 的截面 1 和 2 之间)和主体段(见图 5.2 的截面 2 后)两部分,流场特性包括射流的核心长度(L)、流场的速度分布、密度分布等参数。许多文献都研究了同轴湍流射流的混合流场特性,研究表明混合流场特性取决于两射流的速度及速度比、密度比、射流直径及动量比[56-59]。实际工作条件下,本章研究的同轴离心式喷注器中,富氧燃气以 $60\sim70$ m/s 的速度以直流射流方式从中心沿轴向喷出,煤油以旋流方式进入喷注器,与富氧燃气同轴且以周向旋转的方式与富氧燃气混合。煤油的轴向速度约 $10\sim15$ m/s,切向速度约为 $20\sim30$ m/s。参照有伴流的射流流场模型[55],煤油与富氧燃气的混合流场特性可以简化为同轴、非等温和非等密度有伴流的流场混合模型。由于煤油切向速度和缩进室的存在,煤油对射流的切向剪切作用会加速煤油与富氧燃气射流外层的混合过程,这影响到射流的核心长度和速度分布。

5.2.2　低压环境下喷注器燃烧实验

为了解同轴离心式喷注器富氧燃气与煤油的燃烧状况,在低压环境(大气环境)下,用发动机中心喷注器进行了专门的燃烧实验。依据湍流射流流场的研究结果,流场特性取决于射流和伴流的喷射速度、密度、温度和射流尺寸等参数。为了尽可能接近实际状态,实验采用气态煤油、高温富氧空气和实际尺寸的喷注器。煤油温度调节到临界温度,约为 $670\sim680$ K。富氧空气温度也调节为 $670\sim680$ K,富氧空气的含氧量约为 70%,以保证实验时的化学反应速度(敏感于推进剂与初温)和反应组分(敏感于推进剂)同实际发动机的工作状态尽可能一致。此外,发动机工作条件下,喷注器缩进室内煤油与富氧燃气的密度比约为 5.6(按煤油液膜表面为超临界状态计算)或者 11.3(按高温液态煤油计算)。实验时,煤油与富氧空气的密度比约为 5.13。对于实际尺寸喷注器,在两者密度比接近的情况下,速度比相同可以推导为煤油和富氧燃气的体积流量相同。以喷注器实际工作条件下煤油的体积流量为基准,据此计算出大气环境下煤油的质量流量。依据实际条件下的煤油与富氧燃气的体积流量比,计算富氧空气的质量流量,并进行适当扩展。实验时,煤油与富氧空气的流量范围分别为 $0.2\sim0.8$ g/s 和 $1.5\sim6.0$ g/s。

采用 FLIR 公司生产的 SC—3000 红外热像仪测量火焰温度场。SC—3000 是针对液体火箭发动机燃烧场实验需要,对黑体和光学滤片进行了必要改进的红外测温设备,其所测最高燃气温度可以达到 3 000 K。在高温区域(2 000～3 000 K)的测量精度为量程的 5%。鉴于喷注器燃气黑度有不确定性等因素,实验时,先用铂铑热电偶对燃烧场特定区域进行标定和校准。首先固定一个煤油流量,连续变化富氧空气流量,观察火焰形状,测量温度及分布。然后再调节另一个煤油流量,重复进行实验。实验观察到,在煤油流量一定的条件下,随着富氧空气流量的增加,富氧空气的流速也在不断增加,火焰逐渐变长。在富氧空气与煤油的混合比较小,或者是煤油相对较多时,火焰呈黄色,而且相对较窄,说明富氧空气的引射作用不很明显(见图 5.3(a))。而在富氧空气相对较多时,火焰会出现亮色,火焰也相对较长。总流量增大,火焰的长度也变大(见图 5.3(b))。当富氧空气流量过大或流速过高时,火焰会熄灭。对实验结果的统计表明,此型喷注器的空气与煤油流速比大于 30 时,经常出现火焰熄灭现象。

红外测温结果显示,火焰的温度及分布随富氧空气与煤油的混合比变化而变化。火焰最高温度出现在火焰的中心（见图5.3(b)），其距喷注器出口位置随喷注器流量不同而不同，实验范围得到的最高温度约为2 800 K。在所有稳态火焰情况下，火焰均稳定在喷注器出口，出口温度也均高于700 K，说明在喷注器出口甚至内部已经发生了燃烧现象。

图 5.3   富氧空气与煤油蒸气燃烧

（a）视频图像（m_{ker}=0.4 g/s，m_{gas}=2.0 g/s）； （b）红外图像（m_{ker}=0.4 g/s，m_{gas}=4.0 g/s）

为了进一步研究喷注器燃烧状况，通过燃气组分判断火焰中的燃烧过程，用同轴离心式喷注器又进行了甲烷与空气的燃烧实验。甲烷的密度小于煤油密度，甲烷与空气的密度比远小于实际条件下煤油与富氧空气的密度比。因此，实验条件下的密度比无法模拟实际状况。该型喷注器中燃料与氧化剂存在较高的切向速度，混合过程主要取决于两者动量比。以实际状态煤油的体积流量为基准，计算出大气环境下甲烷的质量流量，按照实际条件下的动量比，换算出大气环境下的空气质量流量，并进行适当扩展。甲烷与空气的参数与实际条件的不完全相同，它会影响混合过程，进而影响火焰形状及分布，但相对而言还是可以反映出一些信息。实验现象与煤油蒸气和富氧空气的燃烧现象相似。值得注意的是，当甲烷与空气的动量比与实际条件下煤油与富氧燃气的动量比相近时，火焰呈现明显的花瓣状，如图5.4(a)所示。当甲烷与空气的密度比与按高温液态煤油计算的实际动量比相近时，火焰依然有分叉现象，这反映出同一喷注器结构，相同的燃料和氧化剂动量比条件下，不同燃料与氧化剂的混合状况并不完全一致。其原因主要在于，燃料与氧化剂的混合过程主要取决于两者接触面附近局部射流的速度和密度。喷注器的较佳工作状态要依据燃料和氧化剂的速度和密度进行综合考虑。当速度比接近于1.0时（此时甲烷与富氧空气的动量比大于实际状态煤油与富氧燃气的动量比），喷注器出口不再出现花瓣状的火焰（见图5.4(b)）。

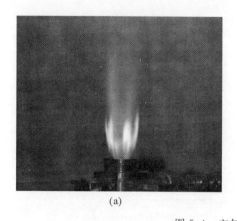

(a)　　　　　　　　　　　　　　　　(b)

图 5.4　空气与甲烷燃烧

(a) $m_{CH_4} = 0.1 g/s$, $v_{CH_4}/v_{air} \approx 0.6$;　　(b) $m_{CH_4} = 0.1 g/s$, $v_{CH_4}/v_{air} \approx 1.0$

　　实验采用 CLIF 系统[43]测量火焰中 CO_2 和 OH 的浓度分布,以分析喷注器出口附近甲烷和空气的燃烧状况。与红外测温结果类似,火焰中 CO_2 和 OH 的浓度分布也随喷注器的工作参数而变化。以 CO_2 为例说明,如图 5.5(a)和图 5.6(a)分别是同一甲烷流量,不同甲烷与空气流速比(也即不同的动量比)下喷注器火焰中组分 CO_2 的浓度分布图。图 5.5(b)和图 5.6(b)分别是沿喷注器轴线(也即中心线)的 CO_2 浓度分布。图中的横坐标对应于图 5.5(a)和图 5.6(a)中的纵向线,坐标原点位于纵向线的下起点。纵坐标是 CO_2 浓度,单位是分子数/cm^3。由图可见,CO_2 浓度最大的区域位于火焰中心(相应于彩色火焰图片的黄色区域),说明化学反应最剧烈的区域是喷注器火焰的中心。检测发现,喷注器出口处 CO_2 浓度高于周围空气中的 CO_2 浓度,说明喷注器出口已经发生了燃烧现象。

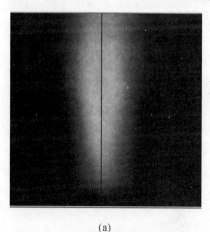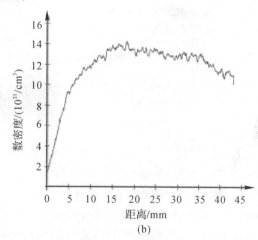

(a)　　　　　　　　　　　　　　　　(b)

图 5.5　空气和甲烷燃烧($q_{m_{CH_4}} = 0.1 g/s$, $v_{CH_4}/v_{air} = 2$)

(a)CO_2浓度图;　(b)CO_2浓度分布

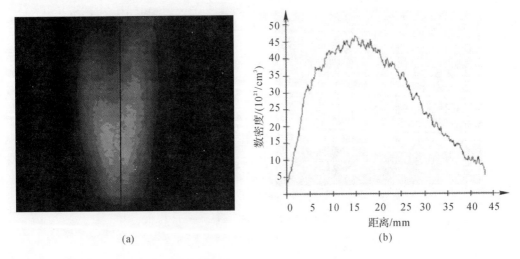

图 5.6 空气和甲烷燃烧($q_{m_{CH_4}} = 0.1 \ \text{g/s}$，$v_{CH_4}/v_{air} = 0.67$)

(a)CO_2浓度图；　(b)CO_2浓度分布

从上述富氧空气与煤油蒸气和甲烷燃烧实验可见，无论是喷注器出口的温度和CO_2浓度分布均说明，在此型喷注器的内部，至少是喷注器出口处，富氧空气和煤油或者甲烷已经开始燃烧，火焰稳定在喷注器的出口。大气环境下进行的燃烧实验不能完全代表发动机实际高压条件下的燃烧状况，大气环境与实际条件下喷注器的流量相差也很大，但依据湍流射流流场的研究结果，混合流场主要取决于射流和伴流的速度比和密度比，或者是动量比。可以推论，实际条件下，富氧空气与煤油是在喷注器内部至少是在喷注器出口开始燃烧的。实际上，高压补燃循环液体火箭发动机燃烧室喷注器的燃烧实验表明，经过热试的燃烧室喷注器出口处，喷注器材料有明显的燃烧痕迹，这也反证了此型喷注器确实是在内部或者出口处发生了燃烧现象。

5.2.3　喷注器火焰初始燃烧区对燃烧不稳定性的影响

依据瑞利原理，在有热源的系统中，系统失稳的必要条件是压力振荡和热量输入之间存在某一相位关系，并且热量输入是在压力振荡最大处。瑞利原理的定量表示形式是计算燃烧区所做的功。对于大多数有燃烧的动力系统来说，依据燃烧迟滞时间得到的准则是不稳定燃烧的必要条件，也是确定稳定边界时不稳定燃烧的充分条件。

由于存在燃烧迟滞时间，燃烧室的压力振荡(δP)和热量释放振荡(δQ)之间就会产生相位差，其大小取决于燃烧区产生的机械功。机械功为正值时会释放声能，并能产生声学自激振荡；机械功为负值时将耗散声能，振荡系统就会处于稳定区。参考文献[46]的计算表明，推进剂的气化速度(δG)沿燃烧区的扰动面与热量释放速度(δQ)沿燃烧区扰动面的位置是相近的。由于燃烧区对以不同速度沿燃烧区传播的扰动会发生响应，热量释放速度会产生扰动，燃烧区总面积会发生周期性的变化,同时也引起燃尽曲线(φ_t)发生周期性的变形。燃尽曲线是推进剂燃尽质量和推进剂在燃烧室停留时间的关系曲线。即使进入燃烧室的推进剂流量不存在振荡变化,燃烧完全程度φ_c的变化也会引起δQ的扰动。计算还表明,对于气液系统的燃烧室而言,无论有无液滴的破碎过程,压力振荡(δP)对燃烧速度的直接影响均不大。从而也说明,在我们研究的这种机理下,压力振荡可能是通过供应系统参数振荡间接影响到热量释放速度。供应系统的这些参数包括组元相互作用的速度比、湍流的强度、形成的涡流等,将这种扰动用$\delta \vartheta$表示。燃烧区的不同区段对$\delta \vartheta$扰动的敏感性是不同的。其中,燃烧区存在不长的一段,它对$\delta \vartheta$扰动的敏感性最大,沿燃烧区的行波$\delta \vartheta$会在最敏感的这一段激发出热量振荡δQ的最大值。δQ振荡激发压力振荡δp,δp又导致喷注器出口截面的$\delta \vartheta$振荡,而$\delta \vartheta$又导致δQ振荡,这样就形成了闭环系统,当相位和放大系数合适时,系统就会丧失稳定性。

　　对上述扰动最敏感的燃烧区段正是燃烧区初始段的结束点,可以把喷注器出口截面到燃烧区初始段终点作为燃烧区的特征尺寸,用这一参数近似估算迟滞时间。

　　如图5.7所示是典型的燃烧完全程度(φ_c)、燃尽速度(v_c)及燃尽速度导数($\frac{\partial v_c}{\partial x}$)与燃烧室轴向位置的示意图[46]。从图可见,燃尽速度最大值($v_{c.max}$)出现在燃烧完全程度导数为最大值的位置,即距离喷注器出口截面长度为l_2的地方,此处的燃尽速度达到最大,热量释放最为剧烈,因此热量释放振荡幅值处于较大值,对于燃烧区的扰动也最敏感。在l_2截面附近还分布着两个特征截面(l_1和l_3截面),它们与燃尽速度导数的最大(或最小)值有关,且均处在较窄的燃烧区内。当扰动作用于燃烧区时,便沿着燃烧区传播。在对扰动最敏感的小范围内会激起放热速度的振荡,继而引起压力振荡,导致喷注器出口截面处产生扰动。当上述一系列过程形成封闭循环时,如果相位合适就会出现燃烧不稳定性。高压补燃循环液体火箭发动机燃烧室中,气气燃烧的化学反应速度非常快。煤油与富氧燃气在喷注器内或者出口已经发生燃烧,火焰稳定在喷注器的出口。故有理由相信燃烧室内的工作过程中,火焰初始段释放出绝大部分的能量。高

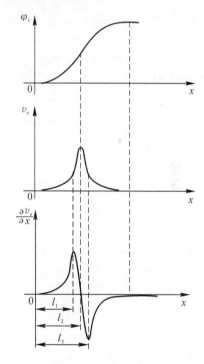

图 5.7　燃烧完全程度和燃尽速度曲线

频燃烧不稳定最容易发生在喷注器面附近,因此,不稳定的激励过程主要产生于火焰的初始段。

5.3　低压燃烧模拟实验的相似分析

依据相似理论,进行高频燃烧不稳定性低压燃烧模拟实验研究,需要保障模拟与实际条件下燃烧室流动和化学反应过程的主要动力学过程相似、声学环境相似、初始及边界条件相似。即模型与原型的几何相似、流体运动速度场相似、氧化剂和燃料初始分布相似、质量交换过程相似、化学反应过程的自动模拟、喷注器与燃烧室声学环境相似和高频燃烧不稳定性的激励条件相似。

5.3.1　几何相似

几何相似包括喷注器和燃烧室几何相似。与一般液体火箭发动机常用的液／液喷注器相比,高压补燃循环发动机燃烧室使用的同轴离心式喷注器除了承担推进剂的供应、雾化和混合的作用外,喷注器缩进室内已经发生了燃烧现象。而且,喷注器几何结构比较复杂(见图4.15),气喷嘴直径较大(约 $10 \sim 12$ mm),液喷注器的孔径,尤其是离心式喷注器的切向孔非常小,通常为 $0.6 \sim 1.2$ mm。如第4章所述,为满足几何相似条件,模拟实验选用实际喷注器比较有利,这样也能较好保证喷注器的真实稳态特性和阻抗特性。

根据几何相似,模拟燃烧室应与实际燃烧室各部分的几何尺寸成比例。由于实际发动机环境与模拟实验环境气体温度、气体常数和等熵指数存在差异,几何相似很难保证模拟燃烧室与实际燃烧室的声学振荡频率相符。高频燃烧不稳定性的特征是推进剂的燃烧速率振荡和一种或多种燃烧室的声学振型相耦合,从模拟现象与真实现象本质相同角度出发,与声学模拟实验一样,采用固有频率相等来计算模拟燃烧室的几何尺寸更为有利。因此,模拟燃烧室几何尺寸的选取依据是其声振频率 f_{sim} 与实际燃烧室固有声振频率 f_{act} 相吻合,即式(4.32)

$$f_{sim} = f_{act}$$

为保证燃烧室声学条件相似,实际燃烧室应简化为两端成声学闭端的模拟燃烧室。两端为声学闭端的模拟燃烧室纵向振荡固有频率为(与实际燃烧室计算一样,见式(4.18))

$$f_l = \frac{l}{2} \frac{C_c}{L_c}(1 - M_c^2)$$

式中, $l = 1, 2, 3, 4, \cdots$。

模拟实验时,考虑到室压和燃气排放等因素,模拟燃烧室的出口截面采用声学开端。此时,模拟燃烧室的横向振荡固有频率不会发生变化,但模拟燃烧室中纵向振荡的固有频率值会发生变化。不考虑介质流动的影响,一端封闭、另一端敞开的模拟燃烧室纵向频率计算采用同样类型的管道固有频率公式,纵向振荡固有频率[48] 为

$$f_l = \frac{l}{4} \frac{C_c}{L_c}(1 - M_c^2) \tag{5.1}$$

式中,$l = 1, 3, 5, 7, \cdots$。

要使一端为声学封闭另一端敞开的模拟燃烧室和两端封闭的与实际燃烧室声学条件相似的模拟燃烧室的纵向频率相等,须使前者的二阶振型纵向振荡频率 $f_{2.\text{L(o. sim)}}$ 在数值上与后者一阶振型纵向振荡频率 $f_{1.\text{L(c. sim)}}$ 相当,并等于实际燃烧室的一阶振型纵向振荡频率,即

$$f_{2.\text{L(o. sim)}} = \frac{3}{4} \frac{c_{\text{c}}}{L_{\text{c(o. sim)}}} (1 - M_{\text{c}}^2) \tag{5.2}$$

$$f_{1.\text{L(c. sim)}} = \frac{1}{2} \frac{c_{\text{c}}}{L_{\text{c(c. sim)}}} (1 - M_{\text{c}}^2) \tag{5.3}$$

由条件 $f_{2.\text{L(o. sim)}} = f_{1.\text{L(c. sim)}}$,可得

$$L_{\text{c(o. sim)}} = 1.5 L_{\text{c(c. sim)}} \tag{5.4}$$

因此,低压燃烧模拟实验时,一端封闭,另一端敞开的模拟燃烧室直径计算与 4.3 节所述的方法一致,但长度是两端为声学闭端模拟燃烧室的 1.5 倍。

5.3.2　流动的力学相似

流动的力学相似包括流场的几何相似、运动相似和动力相似。几何相似在前节已述。运动相似是指模型与原型的流场所有对应点上、对应时刻的流速方向相同,且流速大小比例相等,即速度场相似。动力相似是模型与原型的流场所有对应点作用在流体微团上的各种力彼此方向相同,且它们的大小比例相等,即动力场相似。各种性质的力,如重力、黏性力、压力、弹性力、表面张力等作用在流场上。但不论何种性质的力,保证两种流场相似,均须服从牛顿相似准则。重力、黏性力、压力、弹性力、表面张力相似的准则数分别为弗卢德准则、雷诺准则、欧拉准则、柯西准则和韦伯准则。要完全保证上述准则相似实际上是不可能的。例如,在动力黏性系数 μ 为常数时,雷诺数相等,则有

$$M_{\text{w}} = \frac{v'}{v} = \frac{l}{l'} = M_l^{-1} \tag{5.5}$$

式中,上标"$'$"代表模型中的物理量。同样,弗卢德准则相等,则有

$$M_{\text{w}} = \frac{v'}{v} = \sqrt{\frac{l}{l'}} = M_l^{-0.5} \tag{5.6}$$

由式(5.5)和式(5.6)可见,这两个条件相互矛盾,不可能同时实现。

实际模拟实验时,需要研究对实际流动起主导作用的因素。对于本章研究的单喷注器燃烧室高频燃烧不稳定性模拟实验,喷注器的流动属于湍流流动。根据流体力学理论,当雷诺数达到一定数值时,继续提高雷诺数,流体的紊乱程度及速度分布几乎不再变化,沿程能量损失系数也不再变化,雷诺准则已经失去判别相似的作用,此时流体运动状态处于自动模拟状态(自模化区)。自模化区内黏性的影响可以忽略不计,阻力的主要部分是紊动阻力而不是粘滞阻力,此时模拟流场和实际流场的紊动阻力之比为

$$k_F = \frac{F'}{F} = k_\rho k_l^2 k_v^2 \tag{5.7}$$

式中，$k_\rho = \rho'/\rho$，表示模型与原型的密度比；$k_l = l'/l$，表示模型与原型的几何尺度比；$k_v = v'/v$，表示模型与原型的速度比。

模拟实验与实际流动相似，则有 $k_F = 1$。模拟实验用的是实际尺寸的喷注器，即 $k_l = 1$，式(5.7) 变为

$$k_\rho k_v^2 = 1 \tag{5.8}$$

对于富氧燃气：

$$\frac{\rho_o'}{\rho_o}\left(\frac{v_o'}{v_o}\right)^2 = 1 \tag{5.9}$$

对于燃料：

$$\frac{\rho_f'}{\rho_f}\left(\frac{v_f'}{v_f}\right)^2 = 1 \tag{5.10}$$

式中，v_o 和 v_f 分别为富氧混合物和燃料的轴向速度；ρ_o 和 ρ_f 分别为富氧混合物和燃料的密度。

从式(5.9)和式(5.10)可见，只要燃料和氧化剂的动量比相同，就能保证式(5.8)，进而也保证了式(5.7)的 $k_F = 1$。

由式(5.9)和式(5.10)得

$$\frac{\rho_o'}{\rho_o}\left(\frac{v_o'}{v_o}\right)^2 = \frac{\rho_f'}{\rho_f}\left(\frac{v_f'}{v_f}\right)^2 \tag{5.11}$$

也即

$$\frac{\rho_f}{\rho_o}\left(\frac{v_f}{v_o}\right)^2 = \frac{\rho_f'}{\rho_o'}\left(\frac{v_f'}{v_o'}\right)^2 \tag{5.12}$$

由式(5.12)可见，模拟条件下，如果富氧燃气和燃料的物理参数 $(\rho'/\rho)/(v'/v)^2$ 与实际条件下的相同，则流体动力就相似，同时，也保证了速度场相似和质量交换过程相似。

如果采用实际推进剂，并使模拟状态与实际推进剂有接近的初始温度，由于燃烧温度敏感于氧化剂和燃料的混合比分布，在速度场和质量交换过程相似的条件下，也可以保证火焰初始段同一截面和相应点上的浓度与温度相似。

对式(5.12)进行变换，乘以喷注器氧化剂和燃料孔的面积 A_o' 和 A_f'(固定值)，则可得到模拟实验的确定性相似准则

$$\Pi_1 = \left(\frac{\rho_o'}{\rho_f'}\right)^{0.5}\frac{v_o'A_o'}{v_f'A_f'} = \left(\frac{\rho_o'}{\rho_f'}\right)^{0.5}\frac{q_{V.o}}{q_{V.f}} \tag{5.13}$$

式中，$q_{V.o}$，$q_{V.f}$ 分别为富氧混合物和燃料的体积流量。

5.3.3　燃烧室声学环境相似

燃烧室声学环境的相似在 4.3 节已经阐述。

为了保证模拟实验的有效性,模拟燃烧室设计时要尽量保留燃烧室中与不稳定性相关的特性。仅采用实际喷注器并让模拟燃烧室与实际燃烧室的声学频率相同是不够的,还需要保证模拟燃烧室头部的声学性能与实际燃烧室的相同,这样模拟实验时自激振荡的激发和能量耗散才能与实际情况一致。当燃烧室产生声学振荡时,声学能量的耗散有多种方式,其中很重要的一种是喷注器的气体通道对能量的耗散。喷注器对燃烧室声学能量耗散的大小与喷注器声导纳的实部成正比,而声导纳的值是喷注器无量纲有效长度的函数。因此,喷注器的声学性能与喷注器燃气通道的无量纲有效长度有很大关系。考虑燃烧室气流速度时,喷注器燃气通道的无量纲有效长度为

$$\bar{l}_{e} = \frac{l_{e}}{\lambda_{in}} \frac{1}{(1 - Ma_{in}^{2})} \tag{5.14}$$

式中,λ_{in} 为燃烧室的振荡频率为 f 时,喷注器气体通道纵向振荡的波长;M_{in} 为喷嘴内气体马赫数。

因此,在模拟实验时还需要满足声学边界条件 $\bar{l}_{e,\,sim} = \bar{l}_{e,\,act}$。

与单喷注器燃烧室声学模拟实验不同的是,低压燃烧模拟实验时,喷注器通过的富氧空气的成分和温度与实际状态富氧燃气的成分和温度很接近,两者流动的速度也几乎相等。如果模拟燃烧室按照与实际燃烧室固有频率相等设计,则可保证喷注器的燃气通道有效长度相等或者接近。这样,就保证了喷注器的声学特性与实际一致。

5.3.4　低压环境模拟实验的原理

假设燃烧室内的流动过程是等熵的,声速公式为

$$\bar{c}^{2} = \frac{k\bar{p}}{\rho} \tag{5.15}$$

绝热方程为

$$\frac{\bar{p}}{\rho^{k}} = \mathrm{const} \tag{5.16}$$

于是

$$\bar{c}^{2} = k(\mathrm{const})^{\frac{1}{k}} \bar{p}^{\frac{k-1}{k}} \tag{5.17}$$

对式(5.17)两边取微分得

$$2\bar{c}d\bar{c} = (k-1)(\mathrm{const})^{\frac{1}{k}} \bar{p}^{(-\frac{1}{k})} \mathrm{d}\bar{p} \tag{5.18}$$

式(5.18)两边分别除式(5.17)两边得

$$\frac{\mathrm{d}\bar{c}}{\bar{c}} = \left(\frac{k-1}{2k}\right) \frac{\mathrm{d}\bar{p}}{\bar{p}} \tag{5.19}$$

对式(5.19)线性化得

$$\frac{c'}{\bar{c}} = \left(\frac{k-1}{2k}\right) \frac{p'}{\bar{p}} \tag{5.20}$$

可见,声场相对参数值取决于声压振荡的相对值 $p'/\overline{p}$,平均室压 $\overline{p}$ 对声场空间参数并不产生本质影响。因此,在模拟实验时,模拟燃烧室平均压力 $\overline{p}$ 可以取的较小,甚至为一个大气压,这样产生的压力振荡的振幅 p' 也很低。由于实际发动机燃烧室燃气的温度在 3 000 K 以上,而模拟实验时燃气温度一般在 1 000 K 左右,燃气的声速差距很大,但是可以通过在压力相对幅值 $p'/\overline{p}$ 不变的条件下,保证模拟实验与实际燃烧室的声速振荡相对幅值 c'/c 不变。

5.3.5 自激振荡激励条件相似

燃烧过程中,热能变化和燃气质量(或者动能)变化都有可能激发燃烧室高频不稳定燃烧。无论应用气/液喷注方式还是气/气喷注方式,热能变化和燃气质量变化都可能发生,也均有可能激发起燃烧室的高频燃烧不稳定性。瑞利准则的定量表示形式是计算燃烧区燃气所做的功: $W = Apv\int_0^t \delta p \delta v \mathrm{d}t$。可以看出,对激励高频燃烧不稳定性来说,引起压力和速度振荡的原因不是主要因素,热量和质量对激发机械能是相同的。无论是热量激发的振荡还是燃烧区燃气流量扰动激发的振荡,总机械能不变。因此,推进剂状态的变化不会改变燃烧不稳定现象的本质。从这方面讲,模拟实验选用煤油蒸气和富氧空气有其合理性。燃烧室中其他能源,如气相中剩余燃烧、某些放热化学反应、燃烧室内的平均流动局部转化为声振能量等因素也都有可能使燃烧室声振得到增益。另一方面,发动机中也存在一系列阻尼衰减声振,消耗声能,起着抑制不稳定的作用。于是,整个燃烧室的压力振荡是减小、维持或者放大取决于声能增益和衰减之间的关系。如果声能的增益大于衰减,同时加入的能量对振荡系统做正功(相位差在 $\pm\pi/2$)内,或者说是同时满足振荡的相位激励条件,振荡就会发展放大,形成不稳定燃烧。反之,衰减大于增益,振荡就会衰减和消失。

在一个振荡周期 $T = 1/f_c$ 内,燃烧区容积 V_c 内产生的声学能量 E_{ac} 和损失的声学能量 E_{al} 可以分别表示为:

$$E_{ac} = \frac{k-1}{kp_c} \int_T \int_{V_c} Q' p' \mathrm{d}V \mathrm{d}t \qquad (5.21)$$

$$E_{al} = 2\kappa_\xi \rho_c \int_T \int_{V_c} \vartheta'^2 \mathrm{d}V \mathrm{d}t \qquad (5.22)$$

式中,$k = C_p/C_v$ 为比热容比;Q' 为单位容积振荡的热量释放速率;p' 为燃烧室脉动压力;p_c 为燃烧室压力;ϑ' 为振荡分速度;κ_ξ 为某种有效损失系数;ρ_c 为燃烧室密度的平均值。

而在振动周期内,燃烧室容积 V_c 内积存的总振荡能量 E 可以表示为

$$E = \frac{1}{kp_c} \int_T \int_{V_c} p'^2 \mathrm{d}V \mathrm{d}t \qquad (5.23)$$

高频燃烧不稳定性的产生取决于在燃烧室内产生和耗散的能量是否平衡。参考文献[48]采用波能方程作为稳定性评估准则,将波能产生和耗散是否平衡作为振荡系统稳态运动的存在准则,即稳定性准则。能量积分方程是采用波能振荡系数 $\delta_{ac} = \dfrac{E_{ac}}{2E}$ 和声学损失系数 $\delta_{al} = \dfrac{E_{al}}{2E}$

的无量纲值之差的形式,它确定了振荡衰减率 δ_T:

$$\delta_T = \delta_{al} - \delta_{ac} \tag{5.24}$$

可见,当振荡系数 δ_{ac} 与声学损失系数 δ_{al} 相等时,振荡衰减率 $\delta_T \rightarrow 0$,燃烧室的工作过程趋近于不稳定边界。将耗散的相对值和产生的相对值表示为

$$N = \frac{\delta_{ac}}{\delta_{al}} = \frac{\mid \delta_{ac} \mid}{\delta_{al}} \cos \varphi_* = N_* \cos \varphi_* \tag{5.25}$$

式中,$N_* = \mid \delta_{ac} \mid / \delta_{al}$ 是一无量纲参数,为波能振荡系数模量 $\mid \delta_{ac} \mid$ 与声学损失系数之比,而振荡系数模量值表示在最佳相位条件下(当 $\cos \varphi_* = 1.0$)燃烧区振荡加强的最大可能性。

而 $\varphi_* = \varphi_p + \varphi$ 是放热速率振荡和压力振荡间的相位差,其中 φ_p 是阻抗相位角度,而参数 φ 可以表示为

$$\varphi = 2\pi\tau f = \frac{2\pi}{\Omega} \tag{5.26}$$

或者

$$\Omega = (\tau f)^{-1} \tag{5.27}$$

式中,f 为燃烧室固有声振频率;τ 为某个有效时滞,也即燃烧特征时间(燃烧迟滞时间),当脉动压力影响到工作过程时,它决定了燃烧区过程的惯性;Ω 是与无量纲时滞成反比关系的参数。

5.3.6　其他相似

初始条件相似包括燃烧室入口氧化剂和燃料射流初始的速度、温度、密度及其分布的相似。其他还有如化学反应速率的自动模拟,氧化剂和燃料质量交换过程的相似以及火焰初始段相应截面和相应点上浓度与温度的相似等。

如果模拟实验采用全尺寸喷注器,实际或者接近实际的氧化剂和燃料及其初温,与实际状态相同的氧化剂和射流的动量比(或者等效的其他组合参数),则可以保证氧化剂和燃料射流初始速度、质量交换过程、温度及密度相似。化学反应过程相似是建立在实际推进剂成分、温度、流场和质量交换基础上的。如果采用实际推进剂,推进剂的温度与实际接近,并且氧化剂和燃料的质量交换过程相似,这样不但保证了模拟与实际条件下化学反应速率自动模拟,也保证了火焰初始段截面和相应点上浓度与温度的相似。上述相似在模拟实验时可以通过选择适当的参数予以保证。

燃烧过程的化学反应速率是表征燃烧室内燃烧特性的一个非常重要的参数,由阿累尼乌斯(Arrhenius)定律可知化学反应速率常数有如下表达式:

$$k = A\exp(-\frac{E_a}{RT}) \tag{5.28}$$

式中,A 为指前因子;k 为化学反应速率常数;E_a 为反应活化能;R 为气体常数;T 为温度。

由以上表达式可知,对于一定的化学反应而言(A 和 E_a 分别为常数),化学反应速率常数是温度的函数,与压力无关。因此,燃烧室压力的变化对化学反应速率没有影响。

5.4　低压燃烧模拟实验准则选取及结果的表述

依据前文分析,对高压补燃循环液体火箭发动机燃烧室的燃烧过程,可作如下假设或者处理:

(1)雾化、蒸发、混合、化学动力学诸过程中,混合时间是控制燃烧过程的主要因素,它对声学振荡起决定性作用。

(2)火焰稳定在喷注器的出口截面,激励条件主要源于火焰初始段的燃烧过程。

(3)实际燃烧室中,各喷注器在很大程度上是独立工作的,燃烧区是由各喷注器出口火焰组成的整体,相邻喷注器出口火焰间的相互影响较弱。燃烧区的主要特点由其初始段的燃烧过程所决定。

(4)燃烧过程接近于气/气湍流扩散燃烧,当火焰稳定在喷注器出口时,工作过程的总速率主要取决于质量交换过程的速率。

(5)模拟推进剂采用实际推进剂,并且推进剂的初始条件接近实际发动机的初始条件。

依据高压补燃循环液体火箭发动机燃烧过程分析,在上述假设的基础上,通过选择实际尺寸喷注器和与实际燃烧室有相同声学振荡频率的模拟燃烧室,应用具有相近初温的实际推进剂,采取相似的推进剂入口条件等措施,即可在低压环境下进行高频燃烧不稳定性模拟实验研究,获得实际发动机高频燃烧不稳定性的相关信息。

式(5.25)中的 N 实际上包含了两个无量纲参数:N_* 和 Ω。从参数的物理意义分析,N_* 是稳定性的能量(或幅值)准则,而 Ω 则是表征振荡相位激励条件的稳定性相位准则。在自激振荡边界:$\delta_T = 0$;$N = 1.0$;$\cos 2\pi/\Omega > 0$,$\cos\varphi_* > 0$。无量纲参数 Ω 作为非稳态过程的准则,根据相似理论,可以将它当做稳定性的被确定性准则 Π_2,而导出放大系数的无量纲模量值 N_* 则作为稳定性的综合确定性准则 Π_1。

实际上,无论是模拟工况参数的选择还是实验数据的处理,能量准则 N_* 都是很难应用的。主要原因在于:① 能量准则 N_* 中的损失系数 δ_{al} 是由一些分量叠加而成,很难准确描述这些分量,只能列举出一系列确定 N_* 的准则数;② N_* 准则中包含的损失系数 k_ξ 是系统自身产生的,它事先未知,只能由反馈信息确定。振荡计算分析结果表明[46],对于实际发动机条件和大多数模拟条件来说,燃烧室工作过程最有可能的情形是 $N_* \gg 1.0$。这样即使损失系数 δ_{al} 及其相应的确定性准则 N_* 有明显变化(例如增大 2～3 倍以上),稳定性边界被确定性准则 Ω 的变化并不明显(约 5%～15%,一般不会大于 30%)。也就是说,燃烧室在模拟工作条件下的工作过程处于准则 N_* 值的自模拟区中。因此,近似模拟时可以允许明显偏离条件 $N_* = \mathrm{const}$(即允许 $N_* \neq \mathrm{const}$),它对最终结果($\Omega = \mathrm{const}$)不会带来很大的误差。尽管如此,还是可以列出一些确定 N_* 的准则数,如氧化剂与燃料射流的速度比(λ_v)、氧化剂与燃料射流的速度比与密度比之积($\lambda_v\lambda_\rho$)、氧化剂与燃料射流的动量比($\lambda_\rho\lambda_v^2$)、喷注器的相对压降($\Delta p/p$)、米赫里松准则(τ_{ch}/τ_{mix}(这里，τ_{ch} 和 τ_{mix} 分别为化学反应时间和混合时间))等。对于我们研究的喷注器，对氧化剂和燃料混合和质量交换过程影响最大的因素是氧化剂和燃料的动量比。结合前文研究的影响射流流场特性参数和本节的流体动力相似分析，可以选择与射流动量比有等效意义的密度与体积流量组合关系式作为确定性的相似准则(式(5.13))。

这样，用无量纲时滞描述的相位准则(非稳态准则)$\Omega = (\tau f_c)^{-1}$ 就作为唯一的被确定性准则。模拟实验时，模拟燃烧室和实际燃烧室的振荡频率是一致的($f_c = \mathrm{const}$)，因而稳定性相位准则 Ω 就完全取决于对压力振荡响应比较敏感的时滞 τ。由于存在时滞，压力、温度和速度的扰动不会立即改变燃烧过程，只能在经过时滞 τ 后，燃烧过程才会对这些扰动产生响应。同样，压力 p' 波动时产生变化的物理量也会对总时滞 τ 的所有分量产生影响。于是，被确定的稳定性相位准则 Ω 可用下述关系式表示：

$$\Pi_2 = \Omega = (\tau f)^{-1} = \frac{v}{L^* f} \tag{5.27}$$

式中，L^* 是燃烧区特征长度，对于高压补燃循环发动机，燃烧室特征时间(时滞)τ 近似于混合时间 τ_{mix}。因此，燃烧区特征长度可近似取为混合区初始段的特征长度 L^*。v 是推进剂液滴在燃烧区的某一有效运动速度，它决定掺混速度。湍流扩散燃烧时随着推进剂从喷注器喷射速度的加大(在速度比为常数时，即 $\lambda_v = v_f/v_o = \mathrm{const}$)，由于这时燃烧区的特征长度不变($L^* = \mathrm{const}$)，时滞变小。

至此，在高压补燃循环液体火箭发动机燃烧室工作过程分析的基础上，通过物理过程和相似分析，确定了由工况和结构参数综合形式表示的稳定性无量纲参数准则，它们是

(1) 确定性相似准则：

$$\Pi_1 = \left(\frac{\rho_o'}{\rho_f}\right)^{0.5} \frac{q_{V.o}}{q_{V.f}} \tag{5.13}$$

(2) 被确定性相似准则：

$$\Pi_2 = \frac{v}{L^* f} \tag{5.27}$$

由上述分析还可发现，通过改变燃烧室声学特性和燃烧的相位关系可以实现或者消除高频燃烧不稳定性。而式(5.27)表明，有两种途径可以实现或者消除相位耦合关系：① 改变特征速度 v；② 改变燃烧区的特征长度 L^*。在保持氧化剂和燃料的速度比为常数的情况下，同时改变氧化剂和燃料的喷射速度可以改变燃烧区的特征速度。使氧化剂或者燃料其中之一的喷射速度保持不变，改变另一喷射速度可以同时改变燃烧区特征长度和特征速度。这就确定了模拟实验激励高频燃烧不稳定性的主要途径。

在模拟实验所有的模拟准则选定之后，通过实际燃烧室和模拟燃烧室的参数，可以将准则进行量化，并将实际燃烧室的稳定性边界用坐标形式表示。坐标系可以表示成多种形式，如稳定性被确定性准则 Π_1 和确定性准则 Π_2 之间的关系、燃烧室压力与喷注器推进剂流量关系、准则数之间的关系、燃烧室压力与流量等，通常是用工程人员比较熟悉的燃烧室压力和混合比来表示。图中横坐标和纵坐标分别为混合比 K 和燃烧室压力 P_c。将实验获得的发生高频燃烧不稳定性的工况点连接起来，可以得到一个不稳定边界。燃烧室设计工况点 d 到不稳定边

界最近点的距离 R 定义为稳定性裕量。将它用无量纲形式表示为

$$R = \sqrt{\left(\frac{\Delta P_c}{P_{c,d}}\right)^2 + \left(\frac{\Delta K}{K_d}\right)^2}$$

式中，$p_{c,d}$，K_d 分别是燃烧室设计工况的压力和混合比，如图 5.8 所示。

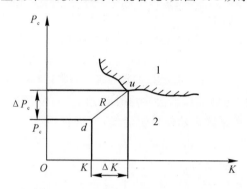

图 5.8 用室压和混合比表示的不稳定边界图

处理稳定性边界位置的热试结果参数时，所用的基本准则是相位准则

$$\Pi_2 = (\tau f)^{-1}$$

式中，$\tau = l/v$ 为燃烧迟滞时间；f 为燃烧室内的振荡频率；Π_2 准则的表达式也可以写成

$$\Pi_2 = \lambda/l$$

式中，$\lambda = v/f$，即在燃烧区传播的扰动波长，v 为特征速度，通常取喷注器中氧化剂和燃料速度更高的那一种组元的特征速度。单喷注器低压燃烧模拟时，一般取富氧燃气的速度 $v = v_0$。第 4 章已述，吹风实验时 v 取气喷嘴空气的速度 $v = v_{air}$。通过对比吹风实验，可以得到实验数据。热模拟实验也可得到实验数据。但是，综合参数 Π_2（稳定性相位准则）在有燃烧和无燃烧条件下的模拟实验对燃烧室内振荡激发条件产生的影响是不同的。

在单喷注器空气吹风声学特性模拟实验时，准则 Π_2 中包含的三个参数（v_0，L^*，f），其中，燃烧区特征长度 L^* 取喷注器中心套筒端面到蜂窝块之间的距离。而在单喷注器低压燃烧模拟实验时，L^* 是用计算方法确定的，它用燃烧区初始段的长度表征。使用单喷注器空气吹风声学特性模拟实验装置，可以进行一系列模拟喷注器或实际双组元气液喷注器的实验研究工作，以评估喷注器和燃烧室结构参数对工作过程稳定性指标（如振幅 A、振荡衰减率 δT 和振荡频率 f）的影响。在低压燃烧模拟实验调整实验阶段，也可进行冷吹风实验，"空气吹风" 实验和 "热模拟" 实验时，无量纲相位准则 $\Pi_2 = (\tau f)^{-1} = v_0/L^* f$ 有两种特征值，但两者分别得到的折算振幅 $\overline{A} = A/Ma^2$ 与准则 Π_2 的关系曲线却是相近的。

第6章 单喷注器燃烧室高频燃烧不稳定性低压燃烧模拟实验及应用

6.1 概　述

第5章介绍了高频燃烧不稳定性低压燃烧模拟实验的原理,依据相似理论研究了低压燃烧模拟实验的相似准则,以 $\Omega = (\tau f)^{-1}$ 作为模拟实验的被确定性相似准则,奠定了模拟实验的理论基础。但是,仅仅依据相似理论,尚无法进行单喷注器燃烧室和全尺寸头部燃烧室高频燃烧不稳定性低压燃烧模拟实验,必须对高压补燃循环液体火箭发动机燃烧室工作过程中的一些参数进行量化分析,将被确定性相似准则量化,以建立燃烧迟滞时间、燃烧特征长度等关键参数的计算公式或者半经验关系式。此外,还需要研究模拟实验系统、实验技术以及模拟实验参数与发动机实际工况参数之间的换算。

6.2　模拟实验的关键参数

6.2.1　燃烧迟滞时间

燃烧迟滞时间与推进剂进入燃烧室的物态、雾化的初始液滴尺寸、推进剂的物性、燃料和氧化剂混合速度、化学反应速度、燃烧室压力和温度等诸多参数相关,可以简化为推进剂雾化、蒸发、混合和化学反应时间之和,即

$$\tau = \tau_{\text{ato}} + \tau_{\text{vap}} + \tau_{\text{mix}} + \tau_{\text{che}} \tag{6.1}$$

雾化、蒸发、混合和化学反应时间在燃烧迟滞时间中所占的比重依据发动机循环方式、推进剂的物态和喷注方式而变。对于高压补燃循环液体火箭发动机,如第5章所分析的那样,燃烧室温度和压力远高于煤油的临界压力和温度,而且喷注器带有缩进室。在缩进室内,煤油已经与高温燃气相互作用,并且发生了燃烧。在雾化、蒸发、混合和化学反应时间中,相对于煤油和富氧燃气的混合时间而言,煤油的雾化时间(包括液滴的破碎时间) τ_{ato} 和蒸发时间 τ_{vap} 是可以忽略的。而气态组元的化学反应速率非常快,约为 $10^{-6} \sim 10^{-7}\text{s}$,与 τ_{mix} 相比, τ_{che} 也可以忽略。因此,正如第5章的假设条件所述,约束迟滞时间的主要因素是富氧燃气与煤油的混合时间 τ_{mix},并近似用混合时间 τ_{mix} 代替燃烧迟滞时间 τ。

影响富氧燃气与煤油混合的因素主要是喷注器的几何结构和尺寸、燃料及氧化剂的物性

参数、喷射参数以及环境参数,其中对混合时间及初始混合特性影响最大的是喷注器的几何结构和喷射参数。对于所研究的同轴离心式喷注器,煤油与富氧燃气的混合可以认为是气/气混合,至少是富氧燃气与煤油液膜表面蒸气的混合,混合时间 τ_{mix} 可以采用下式估算:

$$\tau_{\mathrm{mix}} = L^* / v \tag{6.2}$$

式中,L^* 为燃烧区纵向特征长度;v 为燃烧区有效速度,表征混合速度。

式(6.2)中的混合时间 τ_{mix} 可视为推进剂组元在喷注器火炬中的停留时间。大多数情况下,有效速度 v 的数值接近于推进剂组元中速度较快组元的轴向速度 v_{o},这里即富氧燃气的速度 v_{o}。于是,参数 τ_{mix} 的计算式只需要确定参数 L^*。

6.2.2 纵向特征长度

目前,尚不能完全依靠理论方法计算喷注器火焰在伴流中的气体动力特性,也难以评估燃烧区纵向特征长度 L^*。由于燃烧是在氧化剂和燃料混合条件下发生的,而研究的同轴离心式喷注器氧化剂与燃料的混合近似于有伴流的同轴气/气射流混合,可以用喷注器混合区初始段长度代替其火炬初始段的长度,进而近似获得燃烧区的特征长度。对于有伴流的射流而言,伴流中传播的射流边界层结束点可以认为是燃烧区初始段的结束点,喷注器出口截面到燃烧区初始段的结束点可以作为燃烧室的特征长度。在此条件下,可以采用同轴湍流射流混合流场研究成果,用半经验湍流理论方法估算燃烧区的纵向特征长度 L^*。

许多文献[56-59]都研究了同轴湍流射流的混合流场特性,研究表明射流混合流场特性主要取决于射流的初始速度、射流的密度比和速度比。依据湍流射流理论[55],湍流混合区射流宽度的纵向尺寸与混合区射流的半宽度 b 相关(见图 5.2)。

参考文献[58]提供的射流纵向长度、半宽度与射流速度 v 和密度的关系为

$$\frac{\mathrm{d}b}{\mathrm{d}x} = c_\rho \frac{v_1 - v_2}{v_1 + v_2} = c_\rho \frac{1 - \lambda_v}{1 + \lambda_v} \tag{6.3}$$

式中,c_ρ 是密度的函数,密度比为 7,1,1/7 时,c_ρ 分别为 0.51,0.38,0.28;v_1,v_2 分别为两射流的速度;λ_v 为两射流的速度比:$\lambda_v = v_2 / v_1$;射流核心长度与内射流直径之比(x/d_i)的对数与动量比(λ_I)的对数成直线关系,其斜率为 -0.5,即

$$\frac{\log(x/d_i)}{\log \lambda_I} = -\frac{1}{2}$$

或者

$$\frac{x}{d_i} = \lambda_I^{-\frac{1}{2}} \tag{6.4}$$

式(6.4)将核心长度表示为射流动量比的关系。

有燃烧和无燃烧时速度和温度最大脉动值沿轴向的分布情况是大致相同的,并且均对应于射流初始段的结束点,可以直接将射流的初始段长度与相应的射流半宽度(见图 5.2)表示为

$$L = b_0 / c \tag{6.5}$$

式中，c 为湍流系数（经验常数），可定义为 $c = c_3 \varphi_{(v,\rho)}$。其中，$c_3$ 取燃烧、等温和等速度场下不同文献研究的平均值 0.263。$\varphi_{(v,\rho)}$ 的定义见下。

许多文献研究了有速度差的自由湍流情况，其中对决定混合过程的因素看法不一，分别为射流与伴流的速度，速度比的平方和速度与密度乘积之比。对于非同轴的射流混合，广泛应用的是动量比或动量比的平方根。但对于同轴射流，函数 $\varphi_{(v,\rho)}$ 是两个独立函数的乘积，$\varphi_{(v,\rho)} = \varphi_v \varphi_\rho$。即将速度比与密度比分开考虑，$\varphi_v$ 只与喷注器内外流的速度比 λ_v 有关，φ_ρ 也只与两气流的密度比 λ_ρ 相关。对于等温射流在伴流中的传播方程，φ_v 的计算式[48] 如下：

$$\varphi_v = \frac{1 - \lambda_v}{1 + \lambda_v}, \quad \lambda_v < 1.0 \tag{6.6}$$

$$\varphi_v = \frac{\lambda_v - 1}{\lambda_v + 1}, \quad \lambda_v > 1.0 \tag{6.7}$$

而在较宽的密度变化范围内，应用下述形式的密度比函数 φ_ρ，所得到的结果与实验结果比较一致，该式为

$$\varphi_\rho = 2 \left(\frac{\lambda_\rho}{\lambda_\rho + 3} \right)^{0.5}, \quad \lambda_\rho = 26.3 \sim 0.228 \tag{6.8}$$

对于所研究的同轴离心式喷注器，由于氧化剂的射流速度大于燃料的射流速度 ($\lambda_v < 1.0$)，于是，函数 $\varphi_{(v,\rho)}$ 可以表示为

$$\varphi_{(v,\rho)} = 2 \left(\frac{\lambda_\rho}{\lambda_\rho + 3} \right)^{0.5} \frac{1 - \lambda_v}{1 + \lambda_v} \tag{6.9}$$

而 (6.5) 式可写为

$$\frac{L}{b_0} = \frac{1}{0.263 \varphi_{(v,\rho)}} = \frac{3.8}{\varphi_{(v,\rho)}} \tag{6.10}$$

需要研究的另一个问题是射流初始段结束点处射流半厚度 b_0 与射流出口孔径 r_0 之间的关系 ($\varphi_{m^*} = r_0 / b_0$)。参考文献[48] 根据射流气体动力学，当 $\lambda_v < 1.0$ 时，该处的 b_0 与 r_0 有如下关系：

$$\frac{r_0}{b_0} = 0.416 + 0.314 \lambda_v + B = B_1 + 0.134 \lambda_v \tag{6.11}$$

$$B = 0.021 \frac{1}{r_0 / b_0} (1 + 0.8 \lambda_v - 0.45 \lambda_v^2) \tag{6.12}$$

$$B_1 = 0.416 + B$$

只有 $\lambda_v = 0 \sim 0.5$ 时才会出现边界层厚度的变化，取速度比边界值 $\lambda_v = 0$ 和 $\lambda_v = 0.5$，将式 (6.12) 代入式 (6.11) 右边的第一项，求解关于 $\frac{r_0}{b_0}$ 的二次方程，再将求得的 $\frac{r}{b}$ 代入式 (6.11) 右边的第二项，得出 B_1

$$B_1 \approx 0.464 \pm 0.003$$

从而

$$\frac{r_0}{b_0} = 0.464 + 0.134\lambda_v = \varphi_{m^*} \tag{6.13}$$

喷注器出口富氧空气的通道直径为 d_o，则

$$b_0 = 0.5d_0/\varphi_{m^*} \tag{6.14}$$

这样，得到的射流初始段长度 L（以取代未知的燃烧区特征长度 L^*）的最终表达式为

$$L = 1.9\frac{d_0}{\varphi_{m^*}}\frac{1}{\varphi_{v,\rho}} = 1.9\frac{d_0}{\varphi_{m^*}}\frac{1}{\varphi_v\varphi_\rho} \tag{6.15}$$

模拟实验时可以观察到，在单喷注器燃烧过程中，喷注器的高温气流运动会将周围空气吸入到火焰附近。加上模拟燃烧室之后，随着喷注器工作参数的变化，喷注器火焰可以充满燃烧室，也可以占据燃烧室的一部分。当火焰充满燃烧室时（见图 6.1），火焰周围的气体温度基本上就是火焰的温度，但不是火焰中心区的温度；当火焰不充满燃烧室时（见图 6.2），周围气体依然会被吸入，但温度比较高。模拟实验采用的是煤油蒸气和加热的富氧燃气，两者的温度均在 $600 \sim 700$ K 之间，非常接近，可以认为是等温气流混合。式(6.15)可以不考虑修正问题。

图 6.1　火焰充满燃烧室

实际发动机中，喷注器按照一定的要求排列在燃烧室头部，喷注器之间有一定的间距（见图 6.6）。气喷嘴供应的是来自燃气发生器的高温气体。煤油须先流经推力室冷却通道，再进入到燃烧室头部的集液腔。在推力室冷却通道中，煤油与高温的燃烧室壁面进行换热，温度迅速升高，在喷注器入口处时，其压力远高于它的临界压力，温度在 $441 \sim 460$ K 之间。煤油在离心式喷嘴中形成旋转的液膜，并与中心的高温燃气相互作用。喷注器出口外侧是煤油蒸气或者是富煤油蒸气的混合气。分析燃烧室头部的结构不难发现，喷注器之间空隙处的气体是相邻喷注器出口带来的富煤油气体，气体的煤油含量高于喷注器中心的火焰区，富煤油气体的温度与火焰温度不同，密度与中心气体的密度也有差异。也就是说，在实际燃烧室环境下，喷

注器中心气流密度、外侧煤油气体的密度和周围介质密度存在差异,而且混合过程是非等温的。这样,就需要对式(6.15)进行修正。考虑环境介质密度 ρ_∞ 和射流初始段核心密度 ρ_{cen} 的差异,取 $\lambda_{\rho_\infty} = \rho_\infty / \rho_{cen}$,修正系数 $\varphi_{\rho r}$ 的表达式为[48]

$$\varphi_{\rho r} = 2 \left(\frac{\lambda_{\rho_\infty}}{\lambda_{\rho_\infty} + 3} \right)^{0.5} \tag{6.16}$$

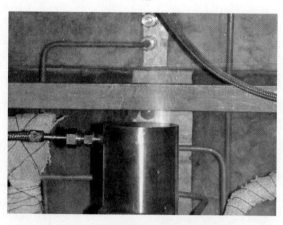

图 6.2　火焰没有充满燃烧室

对同轴喷注器来说,密度 ρ_{cen} 可取喷注器富氧燃气密度,而 ρ_∞ 需要依据燃烧室的工况参数由外侧煤油蒸气与燃烧室燃气综合加权的方法求得。因此,考虑周围环境密度修正后的射流核心特征长度的计算公式应为

$$L = \frac{1.9 d_0}{\varphi_{m^*} \varphi_v \varphi_\rho \varphi_{\rho r}} \tag{6.17}$$

式中,φ_{m^*},φ_v,φ_ρ 和 $\varphi_{\rho r}$ 分别按式(6.13),式(6.6),式(6.8)和式(6.16)计算。

式(6.17)适用的速度比变化范围为 $\lambda_v \leqslant 0.5$ 和 $\lambda_v \geqslant 2.0$。当 $(0.5 \sim 0.6) \leqslant \lambda_v \leqslant (1.5 \sim 2.0)$,即速度相近的射流同轴混合时,速度差引起的湍流度将大致等同于混合前射流的初始湍流度。因此,混合特性将取决于两者的密度比。

总之,对于同轴喷注器,在假设喷注器火炬初始段的长度等同于混合区初始段长度,伴流中传播的射流边界层结束点就是火炬初始段结束点的情况下,可用射流核心长度 L 估算并近似喷注器的燃烧区特征长度 L^*。于是,稳定性被确定性相似准则 $\Omega = (\tau f)^{-1}$ 即为

$$\Pi_2 = (\tau f)^{-1} = \frac{v}{L f}$$

或者

$$\Pi_2 = (\tau f)^{-1} = \frac{v}{f} \frac{\varphi_{m^*} \varphi_v \varphi_\rho \varphi_{\rho r}}{1.9 d_0} \tag{6.18}$$

6.3　喷注器和燃烧室参数换算

6.3.1　喷注器模拟工况计算

1. 实验介质

发动机实际工作条件下,大量的液氧与少量的煤油在发生器中燃烧,产生具有一定温度和较高氧含量的富氧燃气。富氧燃气驱动涡轮,而后通过燃气导管进入喷注器的气喷嘴。从本质上讲,进入气喷嘴的富氧燃气可以认为是氧气中混入了惰性气体的混合气,混合气中的氧气由发生器燃烧剩余的液氧蒸发而成,其质量是剩余的液氧量。而惰性气体质量可以认为是燃气发生器中煤油与液氧燃烧生成的燃气,其质量是液氧与煤油在当量化学混合比 K_{th} 下燃烧生成的气体质量。因此富氧燃气中氧的质量含量应为

$$\lambda_{O_2} = \frac{q_{m.o_2.gg} - q_{m.f.gg}K_{th}}{q_{m.o_2.gg} + q_{m.f.gg}} = \frac{K_{gg} - K_{th}}{K_{gg} + 1} \tag{6.19}$$

式中,$q_{m.o_2.gg}$,$q_{m.f.gg}$ 分别是发生器中液氧和煤油的质量流量;K_{gg} 是发生器中液氧与煤油的混合比。

模拟实验条件下,气喷嘴的实验介质可以采用高温富氧空气,其温度与实际发动机气喷嘴前富氧燃气的温度接近,并尽可能保持与富氧燃气接近的氧质量含量,以保证很高的化学反应速率,并自动模拟化学动力学过程。

前文已经分析,如果实际条件下到达离心式喷嘴的煤油已经有较高的温度,在喷注器的缩进室内,与富氧燃气相互作用的实际上是气态煤油,或者是液膜表面覆盖的气态煤油。为了保证模拟实验与实际状态喷注器中富氧燃气与煤油的混合过程相似,并保证化学反应过程相似,模拟实验采用煤油蒸气,且煤油加热到超临界点附近,温度约为 $670 \sim 690$ K。

2. 模拟条件下喷注器的工作参数

模拟实验采用空气与氧气的混合气,设混合气中空气和纯氧气的流量比为

$$\lambda_{a.o} = \frac{q_{m.air}}{q_{m.o_2}} \tag{6.20}$$

式中,$q_{m.air}$,$q_{m.o_2}$ 分别是模拟实验时空气与氧气的质量流量。

设空气中氧气的质量含量为 23%,则混合气中氧气质量含量为

$$\lambda_{o_2} = \frac{q_{m.o_2} + 0.23q_{m.air}}{q_{m.o_2} + q_{m.air}} = \frac{1 + 0.23\lambda_{a.o}}{1 + \lambda_{a.o}} \tag{6.21}$$

模拟实验时,混合气中总的氧气质量流量为纯氧流量与空气中氧气流量之和,即

$$q_{m.\sum o_2} = q_{m.o_2} + 0.23q_{m.air} = q_{m.o_2}(1 + 0.23\lambda_{a.o}) \tag{6.22}$$

即有

$$q_{m.\mathrm{o}_2} = \frac{q_{m.\sum\mathrm{o}_2}}{1 + 0.23\lambda_{a.o}} \tag{6.23}$$

模拟实验应保证与实际工况的确定性相似准则相同,即

$$\Pi_{1.\mathrm{sim}} = \lambda_{v.\mathrm{sim}}\left(\frac{\rho_\mathrm{o}}{\rho_\mathrm{f}}\right)_{\mathrm{sim}}^{0.5} = \lambda_{v.\mathrm{act}}\left(\frac{\rho_\mathrm{o}}{\rho_\mathrm{f}}\right)_{\mathrm{act}}^{0.5} = \Pi_{1.\mathrm{act}} \tag{6.24}$$

对准则 Π_1 进行变换如下:

$$\Pi_{1.\mathrm{sim}} = \frac{q_{v.\mathrm{o}}}{q_{v.\mathrm{f}}}\left(\frac{\rho_\mathrm{o}}{\rho_\mathrm{f}}\right)^{0.5} = \frac{q_{m.\mathrm{air}} + q_{m.\mathrm{o}_2}}{q_{m.\mathrm{f}}}\left(\frac{\rho_\mathrm{f}}{\rho_\mathrm{o}}\right)^{0.5} = \frac{q_{m.\mathrm{o}_2}}{q_{m.\mathrm{f}}}(1 + \lambda_{a.o})\left(\frac{\rho_\mathrm{f}}{\rho_\mathrm{o}}\right)^{0.5} =$$

$$\frac{q_{m.\sum\mathrm{o}_2}}{q_{m.\mathrm{f}}}\frac{1 + \lambda_{a.o}}{1 + 0.23\lambda_{a.o}}\left(\frac{\rho_\mathrm{f}}{\rho_\mathrm{o}}\right)^{0.5} = K_{\mathrm{f.i}}\frac{1 + \lambda_{a.o}}{1 + 0.23\lambda_{a.o}}\left(\frac{\rho_\mathrm{f}}{\rho_\mathrm{o}}\right)^{0.5} \tag{6.25}$$

式中 $K_{\mathrm{f.i}} = \dfrac{q_{m.\Sigma.\mathrm{o}_2}}{q_{m.\mathrm{f}}}$ 是喷注器火焰中氧气与煤油的质量比,即喷注器的混合比。

大多数情况下,由于采用近似实际的推进剂及温度,模拟条件的富氧空气与煤油蒸气的密度比和实际条件的富氧燃气与煤油的密度比是相同或很接近的(后面将证明)。因此,模拟准则可以简化为喷注器的氧化剂体积流量 $q_{V.\mathrm{o}}$ 和燃料体积流量 $q_{V.\mathrm{f}}$ 之比相同,即

$$\lambda_{V.\mathrm{act}} = \frac{q_{V.\mathrm{o}}}{q_{V.\mathrm{f}}} = \lambda_{V.\mathrm{sim}} \tag{6.26}$$

模拟实验采用实际尺寸的喷注器,上式又可以简化为保证富氧燃气轴向速度 v_o 与燃料轴向速度 v_f 之比相同,即

$$\left(\frac{v_\mathrm{o}}{v_\mathrm{f}}\right)_{\mathrm{act}} = \left(\frac{v_\mathrm{o}}{v_\mathrm{f}}\right)_{\mathrm{sim}} \tag{6.27}$$

对于空气与氧气的混合物,近似取其密度为氧气密度,进行变换,即

$$\frac{v_\mathrm{o}}{v_\mathrm{f}} = \frac{q_{V.\mathrm{o}}}{q_{V.\mathrm{f}}} = \frac{q_{m.\mathrm{o}_2} + q_{m.\mathrm{air}}}{q_{m.\mathrm{f}}}\frac{\rho_\mathrm{f}}{\rho_\mathrm{o}} = K_{\mathrm{f.i}}\left(\frac{1 + \lambda_{a.o}}{1 + 0.23\lambda_{a.o}}\right)\frac{\rho_\mathrm{f}}{\rho_\mathrm{o}} \tag{6.28}$$

模拟实验时,可以首先依据实际发动机燃烧室和喷注器的工作参数,计算喷注器火焰的实际混合比、富氧燃气与煤油的密度比及体积流量比,进而求出实际状态下的模拟准则 Π_1(式(6.24));再计算出模拟条件下富氧空气混合气和煤油蒸气的密度比,并将模拟条件下喷注器火焰的混合比和实际状态的混合比取为一致,再按相似准则数相等原则,从式(6.25)确定空气与氧气的质量比 $\lambda_{a.o}$;再从式(6.21)求出混合气中的含氧量 λ_{o_2}。

模拟实验时,煤油的体积流量保持不变,即有

$$q_{V.\mathrm{f.act}} = q_{V.\mathrm{f.sim}} = \mathrm{const} \tag{6.29}$$

所以,模拟实验时煤油喷注器的质量流量为

$$q_{m.\mathrm{f.sim}} = q_{V.\mathrm{f.sim}}\rho_{\mathrm{f.sim}} = q_{V.\mathrm{f.cat}}\rho_{\mathrm{f.sim}} \tag{6.30}$$

空气与氧气混合物的质量流量为

$$q_{m.\mathrm{air.o}_2} = K_{\mathrm{sim}}q_{m.\mathrm{f}} = K_{\mathrm{f.i}}\left(\frac{1 + \lambda_{a.o}}{1 + 0.23\lambda_{a.o}}\right)q_{m.\mathrm{f.sim}} \tag{6.31}$$

纯氧气质量：

$$q_{m.\,o_2} = K_{f.\,i}\left(\frac{1}{1 + 0.23\lambda_{a.\,o}}\right)q_{m.\,f.\,sim} \tag{6.32}$$

空气质量流量：

$$q_{m.\,air} = K_{f.\,i}\left(\frac{1}{1 + 0.23\lambda_{a.\,o}}\right)q_{m.\,f.\,sim}\lambda_{a.\,o} \tag{6.33}$$

依据以上方法，计算模拟实验喷注器的参数。实验时将设计工况计算量缩小一半和放大3倍作为实验范围的界限值。

6.3.2 模拟燃烧室参数换算

1. 模拟燃烧室几何参数

模拟燃烧室相当于有特定固有声学振荡频率 f 的声学谐振器，其固有频率等同于实际燃烧室的固有频率。由于模拟实验采用实际尺寸的喷注器（$l_e = \mathrm{const}$），并且主要模拟一阶切向频率。因此，须保证如下的边界条件：

$$\bar{l}_e = l_e/\lambda_{in} = \mathrm{const} \tag{6.34}$$

式中，l_e 为喷注器有效长度；$\lambda_{in} = c_{in}/f_{1.T}$ 是燃烧室一阶切向频率 $f_{1.T}$ 下喷注器燃气通道的波长。

喷注器燃气通道中燃气的声速 c_i 为 $\sqrt{kRT}$。由于富氧空气与富氧燃气的温度接近，两者的比热容比 k 和摩尔气体常数 R 的乘积也接近。因此，模拟和实际条件下喷注器燃气通道的声速接近。同时，模拟实验需要保证与实际条件下喷注器相同的体积流量，因此喷注器内的气流速度基本相同，模拟实验时可以近似保证 $\bar{l}_e = \mathrm{const}$。

研究表明，大多数的声能和高频燃烧不稳定性导致的燃烧室结构件的破坏都集中在喷注器附近，而横向振型振荡频率主要取决于喷注器面附近的声速。模拟实验时，喷注器的工况在不断变化。同时，火焰可能充满模拟燃烧室（见图6.1），也可能不充满模拟燃烧室（见图6.2）。大多数情况下，模拟燃烧室内气体分布属于非等温、非匀质的状态，这导致模拟燃烧室内的声速分布是不均匀的。为使模拟实验尽可能合理，模拟燃烧室的声速按喷注器附近的声速计算比较合理。

与声学特性实验一样，首先依据实际燃烧室和喷注器的几何和工作参数，先算出燃烧室内的气流速度和声速，进而求出燃烧室气流的马赫数，再从式（4.17）计算出实际燃烧室的一阶切向频率，然后计算出模拟燃烧室的声速（即大气中的声速），再按照模拟准则式（4.32），以此固有频率从式（4.17）反算出模拟燃烧室的直径。与声学模拟实验不同的是，为简化模拟实验条件，低压燃烧模拟燃烧室的出口截面选取声学开端。此时模拟燃烧室的横向振荡固有频率不变，纵向频率却有变化。为此，如5.3.1节所述，模拟燃烧室的长度应取声学闭端燃烧室长度的1.5倍，也即声学开端燃烧室的二阶纵向振荡频率在数值上与声学闭端燃烧室的一阶纵向频率相等。由此,可从式(4.18)计算模拟燃烧室的长度。

2. 体积流量

将模拟准则式(6.18)展开,分别用气喷嘴和离心式喷嘴表示,可得到两个准则关系式,即

$$\Pi_{2.1} = (\tau f)^{-1} = \frac{v_o}{L_o f} \tag{6.35}$$

$$\Pi_{2.2} = (\tau f)^{-1} = \frac{v_f}{L_f f} \tag{6.36}$$

准则 $\Pi_{2.1}$ 是速度为 v_o 的富氧燃气在燃烧区混气形成过程中无量纲迟滞时间 τ_o 的倒数,也可以看做是速度为 v_o 的富氧燃气脉动在长度为 L_o 燃烧区内传播的某个传递迟滞时间,它决定了燃烧室振荡激发的相位条件。这里,用喷注器的混合长度 L 代替,它是被确定性相似准则。准则 $\Pi_{2.2}$ 是离心式喷嘴旋流室中燃料膜扰动传播的无量纲特征时间的倒数。L_f 为喷嘴纵向特征尺寸,可取扰流室长度,对给定喷嘴它是确定值。准则 $\Pi_{2.2}$ 决定着喷注器离心级的动力学特性,它可以看成确定性相似准则。模拟实验用的是实际喷注器,离心式喷嘴的纵向特征尺寸与实际一致,燃烧室的振荡频率与实际的一致。因而,准则 $\Pi_{2.2}$ 可用与其成正比例关系的喷注器切向孔的燃料体积流量来代替。即 $\Pi_{2.2} = \mathrm{const}$ 可以替换为

$$q_{V.f.act} = \mathrm{const}$$

这就意味着,在换算为实际条件时,单个喷注器的 $q_{V.f.act}$ 值计算时不需要采用修正系数。

由准则 $\Pi_{2.1}$ 和 $\Pi_{2.2}$(见式(6.18)),还可推导出一个新的相似准则 $\overline{\Pi}_{2*}$:

$$\overline{\Pi}_2^* = \Pi_{2.1}/\Pi_{2.2} = v_o \varphi_{m^*} \varphi_V \varphi_\rho \varphi_{\rho r} \tag{6.37}$$

也即

$$\overline{\Pi}_2^* = \Pi_{2.1}\Big/\Pi_{2.2} = \frac{v_o}{v_f} \frac{L_f}{L_o} = \frac{1}{\lambda_v} \frac{L_f}{L_o} \tag{6.38}$$

将速度比 $\lambda_v = \dfrac{v_f}{v_o}$ 用体积流量比 $\lambda_V = q_{V.o}/q_{V.f}$ 及喷注器出口氧化剂和燃料的有效流通面积比 $\lambda_A = A_o/A_f$ 来代替,则含有参数 λ_v 的系数可写成下列形式:

$$\lambda_v = \frac{v_f}{v_o} = \frac{q_{V.f}}{q_{V.o}} \frac{A_o}{A_f} = \frac{\lambda_A}{\lambda_V}$$

同样

$$\varphi_v = \frac{1-\lambda_v}{1+\lambda_v} = \frac{1-\dfrac{\lambda_A}{\lambda_V}}{1+\dfrac{\lambda_A}{\lambda_V}} = \frac{\lambda_V - \lambda_A}{\lambda_V + \lambda_A} \tag{6.39}$$

而

$$\varphi_{m^*} = 0.464 + 0.134\frac{\lambda_A}{\lambda_V} \tag{6.40}$$

将这些表达式代入式(6.38)，并考虑式(6.17)，得

$$\overline{\Pi}_{2^*} = \frac{\lambda_V}{\lambda_A} \frac{L_f}{1.9 d_o} \varphi_{m^*} \varphi_\rho \varphi_v \varphi_{\rho.r} =$$

$$\frac{2.0 L_f}{1.9 d_0} \left(0.464 \frac{\lambda_V}{\lambda_A} + 0.134\right) \frac{\lambda_V - \lambda_A}{\lambda_V + \lambda_A} \left(\frac{\lambda_\rho}{\lambda_\rho + 3}\right)^{0.5} \varphi_{\rho r}$$

消去常数系数，就可得到与准则 $\overline{\Pi}_{2^*}$ 成正比例关系的 Π_{2^*} 式

$$\Pi_{2^*} = \left(0.464 \frac{\lambda_V}{\lambda_A} + 0.134\right) \frac{\lambda_V - \lambda_A}{\lambda_V + \lambda_A} \left(\frac{\lambda_\rho}{\lambda_\rho + 3}\right)^{0.5} \varphi_{\rho r} \tag{6.41}$$

对模拟实验，取 $\varphi_{\rho r} = 1.0$。而实际条件下的 $\varphi_{\rho r}$ 值要由燃烧室工作参数计算，然后将 $\lambda_{\rho.\infty}$ 整理成喷注器火炬中余氧系数 α 的关系式.

$$\lambda_{\rho.\infty} = f(\alpha) \tag{6.42}$$

令 $\Pi_{2^*} \left/ \left(\left(\frac{\lambda_\rho}{\lambda_\rho + 3}\right)^{0.5} \varphi_{\rho.r}\right) = \Pi_T\right.$，则有

$$\Pi_T = \left(0.464 \frac{\lambda}{\lambda_A} + 0.134\right) \frac{\lambda_V - \lambda_A}{\lambda_V + \lambda_A} \tag{6.43}$$

从上式可以得到体积流量比 λ_V 的二次方程

$$0.464 \lambda_V^2 - (0.33 + \Pi_T) \lambda_A \lambda_V - (0.134 + \Pi_T) \lambda_A^2 = 0 \tag{6.44}$$

方程的解为

$$\lambda_V = \frac{(0.33 + \Pi_T) \lambda_A \pm \left[(0.33 \lambda_A + \Pi_T \lambda_A)^2 + 1.856(0.134 + \Pi_T) \lambda_A^2\right]^{0.5}}{0.928} \tag{6.45}$$

3. 实际燃烧室压力 p_c

发动机工作时燃烧室压力 p_c:

$$p_c = \frac{q_{m.\Sigma} \beta}{A_{cr}} \tag{6.46}$$

式中，A_{cr} 为实际喷管的临界截面积；β 为综合流量系数；$q_{m.\Sigma}$ 为推进剂质量流量。

将燃烧室设计工况和任意工况相比，则有

$$p_c = q_{m.\Sigma} \beta \frac{p_{c.d}}{q_{m.d} \beta_d} \tag{6.47}$$

这里

$$\frac{p_{c.d}}{q_{m.d} \beta_d} = A_{c.r}^{-1} = \mathrm{const}$$

式中，$q_{m.d} = q_{m.O_2.d} + q_{m.f.d}$ 为设计状态经过单个同轴气液喷注器的富氧燃气和燃料总质量流量；$q_{m.\Sigma}$ 是由模拟燃烧室推进剂体积流量换算得出的经单个同轴喷注器的总质量流量。

由于 β 主要与余氧系数 α 有关，与压力关系不大。近似地，可认为 β 值主要取决于 α 值。对于特定的发动机，根据热力计算结果，可以将 β 表示成 α 的关系式

$$\beta = f(\alpha) \tag{6.48}$$

由式(6.47)可以看出,要确定实际燃烧室的预估室压,首先需求出经单个同轴气液喷注器的组元总质量流量

$$q_{m.\Sigma} = q_{m.\sum f.i}(K_{f.i} + 1) \tag{6.49}$$

式中,$q_{m.\Sigma f.i}$ 为经单个同轴气液喷注器的总燃料流量;$K_{f.i}$ 为喷注器火焰的组元比。

进入单个气液同轴喷注器的燃料包括燃烧室中从燃料喷嘴进入的燃料和富氧燃气中包含的在发生器中已经燃烧的燃料。设后一部分燃料占单个喷注器总燃料的比例为 ξ_f,则有

$$\xi_f = \frac{q_{m.f.gg}}{q_{m.f.gg} + q_{m.f.i}} = 1 - \frac{q_{m.f.i}}{q_{m.\Sigma f.i}} \tag{6.50}$$

式中,$q_{m.f.gg}$ 为单个喷注器中来自发生器的燃料流量;$q_{m.f.i}$ 为经单个喷注器的离心式喷嘴进入燃烧室的燃料流量;$q_{m.\Sigma f.i}$ 为经单个喷注器进入燃烧室的燃料总流量。单个气/液同轴喷注器中燃料总流量:

$$q_{m.\Sigma f.i} = q_{m.f.i}/(1 - \xi_f) \tag{6.51}$$

由于通过喷注器的氧化剂就是来自发生器的富氧燃气,燃烧室不再有氧化剂输入,对式(6.50)进行变换,则有

$$\xi_f = \frac{\dfrac{q_{m.f.gg}}{q_{m.o.gg}}}{\dfrac{q_{m.f.gg} + q_{m.f.i}}{q_{m.o.gg}}} = \frac{K_{f.i}}{K_{gg}} \tag{6.52}$$

也即,ξ_f 实际上也是喷注器混合比与富氧燃气发生器混合比之比。

如果燃烧室采用燃料进行液膜冷却,燃烧室中的燃料流量还包括冷却液膜流量。因此,燃烧室实际的混合比与单个同轴离心式喷注器的混合比有一定差异。设燃烧室混合比与单个同轴离心式喷注器混合比的修正系数为 k_r,则有

$$K_c = K_{f.i}k_r, \quad k_r < 1 \tag{6.53}$$

式中,k_r 为考虑冷却带燃料流量的修正,对中心区及边区喷注器 k_r 是不同的。所以(6.52)式变为

$$\xi_f = \frac{K_{f.i}}{K_{gg}} = \frac{K_c}{K_{gg}k_r} = \frac{\alpha K_{th}}{K_{gg}k_r} \tag{6.54}$$

燃烧室的余氧系数:

$$\alpha = \frac{K_c}{K_{th}} = \frac{K_{f.i}k_r}{K_{th}}$$

即

$$K_{f.i} = \frac{\alpha K_{th}}{k_r} \tag{6.55}$$

将式(6.51)、式(6.54)和式(6.55)代入式(6.49),可得

$$q_{m.\Sigma} = q_{m.f.i} \frac{\alpha K_{th}/k_r + 1}{1 - \xi_f} = q_{m.f.i} \frac{\frac{K_{th}}{k_r}\alpha + 1}{1 - \alpha \frac{K_{th}}{k_r K_{gg}}} \tag{6.56}$$

模拟实验时,喷注器中燃料的体积流量与实际状态相同,即 $q_{V.f.sim} = q_{V.f.act}$,因此

$$q_{m.f.i} = q_{V.f.i}\rho_{f.i}$$

式中,$\rho_{f.i}$ 是喷注器进口处液态燃料的密度。

预估的实际燃烧室压力:

$$p_c = q_{V.f.act}\rho_{f.i} \frac{p_{c.d}}{q_{m.d}} \frac{\beta}{\beta_d} \frac{\frac{K_{th}}{k_r}\alpha + 1}{1 - \alpha \frac{K_{th}}{k_r K_{gg}}} \tag{6.57}$$

式中,α 为燃烧室余氧系数的预计值。

4. 模拟工况与发动机实际工况参数之间的换算

进行单喷注器燃烧室高频燃烧不稳定性低压燃烧模拟实验的主要目的在于,获得低压环境下发生高频燃烧不稳定性时的工况参数,按照模拟准则,通过一定的换算关系,得到发动机实际工作条件下可能发生高频燃烧不稳定性的工况点,进而获得发生不稳定燃烧的范围,为发动机提供设计和使用的依据。模拟工况参数主要有喷注器富氧燃气和煤油蒸气的流量、温度和密度等。模拟工况与发动机实际工况的主要区别在于模拟实验与实际环境的压力不同,质量流量不同,喷注器的混合比与燃烧室混合比有一定的差异。进行模拟实验时,有大量的工况参数需要测量,以便于模拟工况与实际工况的换算、模拟实验状态的检测分析及实验系统的分析等。模拟实验时,需要测量的与模拟和实际工况换算有关的缓变参数包括:实验系统喷注器前的空气流量 $q_{m.air}$、压力 p_{air} 和温度 T_{air};喷注器前的氧气流量 $q_{m.o_2}$、压力 p_{o_2} 和温度 T_{o_2};喷注器前的空气与氧气混合气流量 $q_{m.o}$、压力 p_o 和温度 T_o;喷注器前的煤油流量 $q_{m.f}$、压力 p_f 和温度 T_f。需要检测的速变参数主要是模拟燃烧室振荡声压和频率。上述缓变参数的测量速率为 1 点 /s,每个参数均取 50 s 测量的平均值:

$$\overline{X} = \sum_{i=1}^{50} X/50$$

这里,X 分别代表 $q_{m.air}$,p_{air},T_{air},$q_{m.o_2}$,p_{o_2},T_{o_2},$q_{m.o}$,p_o,T_o,$q_{m.f}$,p_f,T_f 等。

通过上述推导,将模拟工况换算为发动机实际工况的具体步骤如下:

(1) 依据氧化剂和燃料的物性参数、燃烧室压力、氧化剂和燃料的混合比进行大范围的热力计算,获得不同压力下余氧系数与燃烧室综合参数,并整理出综合参数与余氧系数的关系式。

(2) 计算喷注器参数。氧化剂喷嘴(气喷嘴)出口面积:

$$A_o = \frac{\pi}{4}d_{e.o}^2 \tag{6.58}$$

燃料喷注器(离心式喷注器) 出口面积:

$$A_f = \varphi_i \frac{\pi}{4} d_{e.f}^2 \tag{6.59}$$

或者
$$A_f = \mu_f n \frac{\pi}{4} d_{e.i}^2$$

式中,$d_{e.o}$ 为氧化剂喷嘴出口直径,即喷注器直管段直径;$d_{e.f}$ 为燃料喷注器出口直径;φ_i 为燃料喷注器的有效截面系数;$d_{e.i}$ 为燃料喷注器切向孔直径;μ_f 为燃料喷注器切向孔流量系数;n 为燃料喷注器切向孔数。

氧化剂喷嘴与燃料喷注器出口的面积比 $\lambda_A = \dfrac{A_o}{A_f}$。

(3) 依据发动机实际工作参数和燃烧室热力计算结果,将喷注器射流中心密度和温度取富氧燃气参数,环境取煤油参数,计算燃烧室密度修正值 $\varphi_{\rho r}$,并整理出相应的关系式。

(4) 由式(6.20)计算模拟实验空气与氧气的质量流量比 $\lambda_{a.o}$。

(5) 由式(6.21)计算混合气中氧气的质量含量 λ_{o_2}。

(6) 计算模拟实验时喷注器火焰的余氧系数 $\alpha_{f.i}$:

$$\alpha_{f.i} = \frac{q_{m.\Sigma o_2}}{q_{m.f}} \frac{1}{K_{th}} = \frac{0.23 q_{m.air} + q_{m.o_2}}{q_{m.f}} \frac{1}{K_{th}} \tag{6.60}$$

(7) 计算空气与氧气混合气密度 ρ_o:

$$\rho_o = \frac{p_o}{8\,314 T_o} \mu_{a.o} = 3.849 \frac{1 + \lambda_{a.o}}{1 + 1.105 \lambda_{a.o}} \frac{P_o}{T_o} 10^{-3} \tag{6.61}$$

式中,$\mu_{a.o}$ 为混合气的摩尔质量,由下式计算:

$$\mu_{a.o} = \mu_{o_2} \frac{1 + \lambda_{a.o}}{1 + \lambda_{a.o} \dfrac{\mu_{o_2}}{\mu_{air}}}$$

(8) 计算煤油蒸气密度 ρ_f:

$$\rho_f = \frac{p_f}{R_f T_f} \tag{6.62}$$

(9) 煤油蒸气与混合气密度之比 λ_ρ:

$$\lambda_\rho = \frac{\rho_f}{\rho_o}$$

(10) 模拟实验时气喷嘴混合气体积流量 $q_{V.o}$:

$$q_{V.o} = \frac{q_{m.air} + q_{m.o_2}}{\rho_o}$$

(11) 模拟实验离心式喷嘴体积流量 $q_{V.f}$:

$$q_{V.f} = \frac{q_{m.f}}{\rho_f}$$

（12）计算气喷嘴与离心式喷嘴的体积流量比 λ_V。

（13）分别计算气喷嘴混合气和离心式喷嘴煤油蒸气的流速：

$$v_o = \frac{q_{V.o}}{A_o}, \quad v_f = \frac{q_{V.f}}{A_f}$$

（14）由式（6.6）计算速度函数 φ_v。

（15）由式（6.8）计算密度函数 φ_ρ。

（16）由式（6.13）计算射流特征参数 φ_m^*。

（17）计算氧化剂出口截面马赫数：

$$Ma_{o.e} = \frac{v_{o.e}}{\sqrt{kRT}}$$

（18）计算喷注器的有效长度 l_e：

$$l_e = l + 0.4d_1 + 0.4d_2 \tag{6.63}$$

（19）计算实际状态下燃烧室与喷注器混合比的修正系数：

$$k_r = \frac{K_{th}}{K_{f.i}}$$

式中，k_r 为考虑液膜冷却（冷却环带）的燃料流量时，燃烧室氧化剂与燃料混合比 K_c 与喷注器火焰中氧化剂与燃料混合比 $K_{f.i}$ 之比。燃烧室不存在液膜冷却时，$k_r = 1.0$。显然，中心区喷注器与边区喷注器的 k_r 值是不同的。

（20）由式（6.15）计算燃烧区特征长度 L。

（21）由式（6.37）计算综合参数：

$$\overline{\Pi}_{2^*} = v_o \varphi_{m^*} \varphi_v \varphi_\rho \varphi_{\rho r}$$

（22）计算模拟工况和实际工况下经过喷注器切向孔的燃料体积流量，两者是相等的，即

$$q_{V.f.act} = q_{V.f.sim}$$

（23）由式（6.41）计算模拟工况下的准则参数（取 $\varphi_{\rho r} = 1.0$）Π_{2}^*：

$$\Pi_{2^*.sim}^* = \Pi_{2^*.act}^* = \left(\frac{0.464\lambda_V}{\lambda_A} + 0.134\right)\left(\frac{\lambda_V - \lambda_A}{\lambda_V + \lambda_A}\right)_{sim} \left(\frac{\lambda_\rho}{\lambda_\rho + 3}\right)_{sim}^{0.5}$$

式中，$\lambda_V = \frac{q_{V.o}}{q_{V.f}}$，$\lambda_\rho = \frac{\rho_f}{\rho_o}$，$\lambda_A = \frac{A_o}{A_f}$。

（24）给定一个任意的实际余氧系数，由下述形式的拟合公式计算实际燃烧室的综合流量系数 β（见式（6.67））：

$$\beta_{act} = n_1 e^{n_2 \alpha}$$

（25）由式（6.57）计算实际燃烧室的压力。

（26）计算实际燃烧室火焰周围介质密度 ρ_∞ 与射流初始段密度（即富氧气体密度）$\rho_{o.a}$ 之比：

$$\lambda_{\rho.\infty} = \frac{\rho_\infty}{\rho_{o.a}}$$

相应的关系式为 $\lambda_{\rho.\infty} = f(\alpha)$。

(27) 计算实际燃烧室的 Π_T 值：

$$\Pi_T = \frac{\Pi_2^{**\cdot sim}}{2\left(\frac{\lambda_\rho}{\lambda_\rho+3}\right)_{act}^{0.5}\left(\frac{\lambda_{\rho\cdot\infty}}{\lambda_{\rho\cdot\infty}+3}\right)_{act}^{0.5}}$$

(28) 计算实际燃烧室的体积流量比 λ_V：

$$\lambda_V = \begin{cases} \lambda_{V.1}, & \lambda_V > 0 \\ \lambda_{V.2}, & \lambda_V < 0 \end{cases}$$

式中　　$\lambda_{V.1} = \frac{\lambda_A}{0.928}\left(0.33 + \Pi_T + \sqrt{(0.33+\Pi_T)^2 + 1.856(0.134+\Pi_T)}\right)$

$$\lambda_{V.2} = \frac{\lambda_A}{0.928}\left(0.33 + \Pi_T - \sqrt{(0.33+\Pi_T)^2 + 1.856(0.134+\Pi_T)}\right)$$

(29) 计算实际燃烧室余氧系数的计算值 α_{act}。

实际燃烧室的余氧系数：

$$\alpha_{act} = \frac{K_c}{K_{th}} = \frac{K_{f.i}k_r}{K_{th}}$$

而喷注器的混合比：

$$r_{f.i} = \frac{q_{m.o.i}}{q_{m.f.i}} = \frac{q_{m.\Sigma.o}}{q_{f.in}}\left(\frac{K_{gg}-K_{th}}{K_{gg}+1}\right) = \frac{p_c\lambda_V}{R_o T_o \rho_f}\left(\frac{K_{gg}-K_{th}}{K_{gg}+1}\right)$$

式中，$q_{m.o.i}$ 为喷注器中的纯氧流量；$q_{m.\Sigma.o}$ 为喷注器富氧燃气流量；$q_{m.f.i}$ 为喷注器离心式喷嘴煤油流量，即

$$\alpha_{act} = \frac{k_r}{K_{th}}\frac{p_c\lambda_V}{R_o T_o \rho_f}\frac{K_{gg}-K_{th}}{K_{gg}+1} \tag{6.64}$$

式(6.64) 也可由喷注器气喷嘴富氧燃气中氧流量、煤油流量和离心式喷嘴煤油流量的关系式推导出：

$$\alpha_{act} = \frac{k_r}{K_{th}}\frac{K_{gg}}{1 + \frac{R_o T_o \rho_f}{p_c\lambda_V}(K_{gg}+1)} \tag{6.65}$$

式(6.64) 和式(6.65) 是相同的。式中，R_o，T_o 均取富氧燃气参数，λ_V 为体积流量比，ρ_f 取喷注器进口处煤油的密度，P_c 为燃烧室压力（取第(25) 步计算值）。

(30) 按照以上求解步骤，编制程序。迭代计算开始时，任意假设一个 α 值（一般取 $\alpha=1$），求出 α_{act} 后，计算假设的 α 与 α_{act} 值之间的差：

$$\varepsilon = \alpha - \alpha_{act}$$

如果计算误差大或小于预先假定的误差允许值 ε_*（通常取 $\varepsilon_* = 0.000\ 1$，有时也取 $\varepsilon_* =$

0.000 01),将第(24)步任意给定的 α 值减小 δ 量,重新进行第(25)～(30)步的计算,直到 $\varepsilon \leqslant \varepsilon_*$ 为止。

(31) 实际燃烧室的混合比:

$$K_{\mathrm{c,act}} = \alpha_{\mathrm{act}} K_{\mathrm{th}}$$ (6.66)

式中,K_c 为燃料的理论混合比。

6.4 模拟实验系统和方法

6.4.1 实验系统

单喷注器燃烧室高频燃烧不稳定性低压燃烧模拟实验系统的设计首先要满足上述模拟实验条件。整套实验系统包括空气、甲烷、氧气和挤压式煤油供应系统,空气甲烷加热器,蛇形管式煤油和富氧空气换热器,空气与氧气混合装置,空气、氧气、富氧空气和煤油的流量控制及测量系统,一端封闭一端开口的模拟燃烧室,实际尺寸的喷注器,模拟燃烧室脉动压力测量系统,实验参数采集和处理系统,模拟燃烧室、被试喷注器内底和集合器冷却水供应及控制系统等(见图 6.3)[60]。作为实验系统,还有进行实验调试及吹除等后处理的工艺氮气供应系统。参数测量系统主要包括各种压力(尤其是脉动压力)、温度与流量等参数的测量仪器。采用声学探针测量燃烧室的脉动压力。由于声学探针不能承受高温,用一个直径为 4 mm 的金属管,将管口插入靠近单喷注器燃烧室混合头部内底室壁的孔中。设计专门的测量段,将非冷却的压电式压力传感器安装在测量段上,测量段后连接与金属管直径相同的螺旋长管,以避免声波经过传感器薄膜片和测量段时产生反射。探针的声学特性平稳地处于 10 kHz 以下的频带。燃烧室是在大气压下工作的,在不加抗脉动隔板时,模拟燃烧室可在模拟系统混合头部内底的平板上自由移动,以保证在燃烧实验时使喷嘴出口的火炬处于燃烧室声场的不同点,评估不同声学振型下燃烧室工作过程产生自激振荡的趋势。为了直接测量喷注器前的气态煤油和空气氧气混合物的温度,在煤油集液器和混合器导管上均安装温度传感器。

低压燃烧模拟实验台的工作照片如图 6.4(a) 所示,发生高频燃烧不稳定性时模拟燃烧室压力振荡图如图 6.4(b) 所示,模拟实验数采系统界面如图 6.5 所示。

6.4.2 实验方法

改变特征速度和燃烧区的特征长度均可实现或者消除相位耦合关系。若使氧化剂或者燃料其中之一的喷射速度不变,改变另一组元的喷射速度,则可同时改变燃烧区的特征长度和特征速度,从而调节燃烧室声学振荡和燃烧脉动之间的相位关系,激励起燃烧室高频不稳定燃烧。依此原理,实验时,首先固定煤油流量,通过氧化剂流量调节器,不断改变富氧空气流量,从而改变富氧空气的喷射速度(同时也改变了喷注器氧化剂与燃料的混合比)。

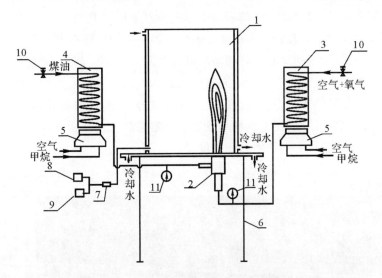

图 6.3　低压燃烧模拟实验系统原理图

1—模拟燃烧室；　2—实际喷注器；　3—富氧空气换热器；　4—煤油换热器；

5—加热器；　6—实验平台；　7—脉动压力传感器；　8—示波器；

9—数采系统；　10—流量调节阀；　11—温度传感器

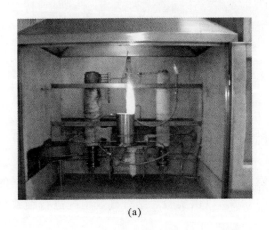

(a)

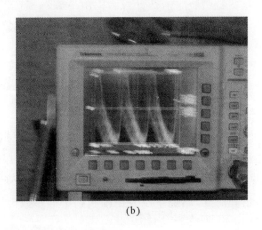

(b)

图 6.4　实验照片

(a)实验台照片；　(b)发生高频燃烧不稳定性时的室压振荡图

　　对液体火箭发动机而言,危害最大的是燃烧室的一阶切向振荡,它很容易破坏燃烧室的近壁面燃气层,使燃烧室内表面处于恶劣的高温燃烧环境中而出现严重烧蚀。因此,模拟实验主要研究一阶切向振荡。依据第 4 章燃烧室声学特性的研究结果,一阶切向振荡在燃烧室壁附近振幅最大。同时,相对于高阶频率,一阶频率也容易被激发。模拟燃烧时,随着富氧燃气与煤油混合比的变化,模拟燃烧室中的声速实际上是在不断变化的。这导致发生高频燃烧不稳定性时的一阶切向频率与理论计算的实际燃烧室的一阶切向频率之间有一定的差异。而实际实验时,模拟燃烧室出现的又是一阶切向与纵向的复合频率。所以,进行数据分析时,需要将所有与理论计算和实际燃烧室一阶切向频率接近的点均作为发生高频燃烧不稳定性工况。这样处理的结果对实际燃烧室是偏安全的。实验调试过程中,先将喷注器放置在模拟燃烧室的壁面附近,并且适当移动位置,在现场示波器上观察燃烧室的压力振荡状况,确定出能激励最大振幅,但不至于使燃烧室壁烧蚀的适当位置。

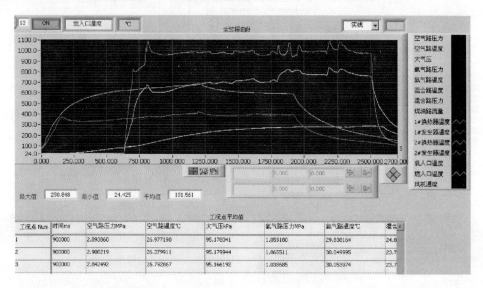

图 6.5　低压燃烧模拟实验系统数据采集系统界面

实验时,不断变化富氧空气的流量,当模拟燃烧室压力出现大幅振荡,而且频率与计算的燃烧室一阶切向、一阶切向与纵向复合频率相近时,可初步认为是发生了高频燃烧不稳定性(见图 6.4(b))。采用高速数据采集系统,记录发生高频燃烧不稳定性时煤油、空气和氧气的流量和温度,燃烧室压力振幅和频率等参数(见图 6.5),以供实验后结合现场情况进行细致分析用。

一般情况下,燃烧室高频燃烧不稳定性测量所用压力传感器的声学脉动频率范围应在 5 Hz ~ 20 kHz 之间。采用传感器记录燃烧室内腔的压力振荡,宽频带放大器放大所采集的信号,示波器目视观测振幅和振型,高速数据采集系统记录燃烧室压力振荡的频率和振幅。实验时,首先考察逐渐接近不稳定区的工况,即逐渐增大确定性模拟准则 Π。富氧燃气流量小于某一特定值($\Pi < \Pi_1$)时,压力脉动的振幅并不大,其频谱中有一个或数个突峰,这些突峰在背景(噪声)谱中突出的高度也不明显。如果在频谱图中存在此突峰,可按危险频率(产生高频

不稳定性的那种频率)的谐振峰宽度计算振荡衰减率。由相应的燃烧工况声音判断这种频率脉动,可以看做是湍流噪声。

当富氧燃气流量增加到某一特定值(Π 与 Π_1 接近)时,振幅有所增大,在频谱图背景谱中明显出现危险频率的突峰。由现场观察示波器屏幕或者数采系统计算机屏幕上室压振荡曲线可知,这些曲线常常接近于正弦曲线。而由声音判断的话,这种燃烧工况相当于噪声中夹杂着不大的尖哨声,此时出现了小幅振荡。

继续增加富氧燃气流量,到某一特定值($\Pi = \Pi_1$)时,振幅急剧增大,频谱图中出现了背景谱几乎为零的一个或两个尖峰,同时,燃烧区发出刺耳的尖哨声。此时的流量点可视为大幅振荡高频不稳定燃烧区的边界点。

实际操作中,保持煤油流量不变,平缓改变富氧空气的流量,观察脉动过程,注意其出现的实质性变化。综合燃烧室压力振荡的振幅变化(由示波器屏幕可以观察到),燃烧噪声中出现的尖哨声大小(听声音),以及与背景谱相比危险频率的频谱突峰增大情况(在计算机屏幕上可以清晰地看到这种现象),即可逐点确定自激振荡的不稳定边界。

6.5　实际燃烧室模拟实验

高压补燃液氧／煤油发动机燃烧室通常采用同轴离心式喷注器,再生冷却与液膜冷却复合冷却方式,燃烧室压力较高。头部使用了中心区主喷注器、边区主喷注器、中心区隔板喷注器、边区隔板喷注器和中心喷注器等不同喷注器,这些喷注器的几何尺寸均有差异。隔板喷注器伸出头部一定高度,形成隔板以抑制高频燃烧不稳定性。RD—120 发动机燃烧室头部结构如图 6.6[52] 所示。

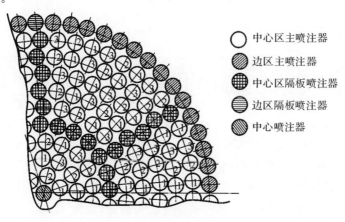

中心区主喷注器

边区主喷注器

中心区隔板喷注器

边区隔板喷注器

中心喷注器

图 6.6　液氧／煤油发动机燃烧室头部结构示意图

RD—120 液氧／煤油发动机[52]用煤油进行再生冷却和液膜冷却,冷却结构如图 6.7 所示。煤油分为两路:① 煤油从燃烧室喉部前(截面 4)进入,首先冷却燃烧室喉部、喷管 1 段和 2 段。然后,煤油在喷管出口处沿喷管 2 段冷却通道另一侧回流至喷管外壁 1 和 2 段结合处(截面 5)的环行集合器,再通过发动机外设管路到达第 2 和 3 冷却环带(截面 3)前的集合器。在集合器汇流后,煤油第二次进入燃烧室,冷却燃烧室圆柱段,在第 1 冷却环带(截面 2)处汇集,并分出第 1 冷却环带流量,其余进入燃烧室头部的燃料集液腔,由同轴喷注器中的离心式喷嘴进入燃烧室。② 煤油由一级燃料泵增压,供给到第 2 和 3 冷却环带(截面 3 和 4)的集液器中。通过集液器分流后,煤油形成燃烧室的第 2 和 3 环带,直接进入燃烧室产生冷却液膜,冷却燃烧室内壁。

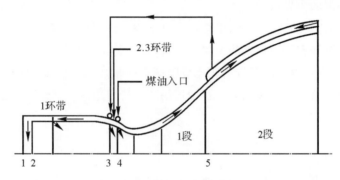

图 6.7   推力室煤油冷却流路示意图

发动机燃料为煤油,相对分子量为 165.103,临界温度为 677.5 K,临界压力为 2.495 MPa,临界密度为 0.365 1 g/cm³。发动机推力室的传热计算结果表明:煤油在发动机推力室冷却段出口(即喷注器入口)的温度大于 463 K。

6.5.1   燃烧室概况

模拟燃烧室是按一阶切向频率与实际燃烧室相等设计的。这里,模拟燃烧室的声速选取非常重要。实验时,模拟燃烧室的工况需要不断变化,燃烧室内燃气和空气混合气的温度和气体成分在不断变化,模拟燃烧室内的声速也在变化。同时,模拟燃烧室的横截面气体成分和温度是不均匀的。这些因素导致模拟燃烧室的频率在变化,并且很难准确计算。实验前,需要对系统进行预调试,同时对模拟燃烧室进行分析,测量模拟燃烧室内接近底板附近的燃气温度。调试实验发现,在大多数的实验范围内,液氧／煤油发动机模拟燃烧室内部是充满火焰的。分析认为,相对于模拟燃烧室而言,喷注器尺寸相对过大。在实验范围内,模拟燃烧室内底附近的温度大致在 600 ～ 1 000 K 左右。参照富氧空气的成分、流量等因素,将模拟燃烧室底部测量区域的气体成分按 80% 氧气和 20% 空气的混合气处理,将模拟燃烧室内底的温度分别按 $T_1 = 600$ K 和 $T_2 = 1 000$ K 考虑,由此分别估算的模拟燃烧室频率见表 6.1。同时,为了比较,计算的液氧/煤油发动机燃烧室参数也列在表 6.1 中。

表 6.1　液氧/煤油发动机燃烧室相关参数

序 号	参数名称	单位	实际燃烧室	模拟燃烧室	
				$T_1 = 600 \text{ K}$	$T_2 = 1\,000 \text{ K}$
1	燃烧室气流速度	m/s	233.78		
2	燃烧室理论声速	m/s	1225.4		
3	燃烧室实际声速	m/s	1 176.4		
4	燃烧室气流马赫数		0.2		
5	燃烧室有效长度	m	0.328		
6	f_{1T}	Hz	3 754.4	~ 3 700	~ 4 780
7	f_{1R}	Hz	7 816.8	~ 7 706	~ 9 955
8	f_{1L}	Hz	1 721.6	~ 568	~ 734
9	f_{2T}	Hz	6 228.1	~ 6 140	~ 7 930
10	f_{2R}	Hz	14 308.0	~ 14 105	~ 18 222
11	f_{2L}	Hz	3 443.1	~ 1 704	~ 2 210
12	f_{3T}	Hz	8 567.2	~ 8 446	~ 10 910
13	f_{3R}	Hz	20 748.0	~ 20 454	~ 26 424
14	f_{3L}	Hz	5 164.7	~ 2 840	~ 3 670
15	$f_{1T,1L}$	Hz	4 130.3	~ 3 743	~ 4 837
16	$f_{2T,1L}$	Hz	6 461.7	~ 6 166	~ 7 964
17	$f_{1T,2L}$	Hz	5 094.1	~ 4 074	~ 5 266
18	$f_{2T,2L}$	Hz	7 116.5	~ 6 372	~ 8 232
19	$f_{1R,1L}$	Hz	8 004.1	~ 7 727	~ 9 982
20	$f_{1R,2L}$	Hz	8 541.5	~ 7 892	~ 10 197

低压燃烧模拟实验过程中,因为模拟燃烧室是一端开口一端封闭的,加上燃烧温度不断变化等因素,实际上由实验无法获得与实际燃烧室相一致的纯一阶切向频率。此时,测得的是一阶切向和一阶纵向谐振的复合频率。由表 6.1 可见,模拟燃烧室的一阶切向和纵向复合频率与实际燃烧室的一阶切向频率最接近。依据模拟燃烧室温度估算的一阶切向和纵向复合频率范围内,有可能包含部分一阶切向和二阶纵向复合频率和部分一阶切向频率。

6.5.2 喷注器实验参数

为了研究喷注器燃气通道长度、节流孔直径和缩进长度对燃烧室高频燃烧不稳定性的影响,设计了一组喷注器进行低压燃烧模拟实验。喷注器结构尺寸与声学模拟实验所用的一致,结构尺寸及代号见表6.2。表中所列的中心区喷注器和边区喷注器除了长度、节流孔径和缩进长度不同外,气喷嘴和喷注器的出口直径也不同。

表6.2 喷注器实验件尺寸 单位:mm

编　号	喷注器长度	节流孔径	缩进长度	备　注
20	58.0	6.5	10.0	
20A	58.0	6.5	8.0	
20B	58.0	6.5	12.0	
20F	58.0	7.0	10.0	
20H	58.0	6.5	9.0	中心区喷注器
20C	56.0	7.0	10.0	
20E	56.0	6.5	10.0	
20D	61.0	6.5	10.0	
20G	54.0	6.5	10.0	
30	58.0	6.5	10.0	
30A	58.0	6.5	8.0	边区喷注器
30B	58.0	6.5	11.0	

略去其他气体,将空气中氧气和氮气的含量分别按23%和77%考虑。按照第5章所述方法和公式,计算液氧/煤油发动机燃烧室喷注器设计工况下的模拟实验参数。实际实验时,将设计工况计算的参数缩小和放大3倍作为参数的调节范围。于是,模拟实验时煤油质量流量范围为0.1~1.2 g/s,富氧空气质量流量范围为1.0~9.0 g/s。

6.5.3 模拟实验结果及分析

1. 模拟实验

模拟实验时,由实验系统直接测量的缓变参数包括空气流量、氧气流量、混合气流量、煤油流量、喷注器氧化剂入口温度、喷注器燃料入口温度等。其中空气、氧气、氧气-空气混和气的流量均采用声速孔板进行测量,孔板预先用空气通过质量流量计进行标定,得出流量与孔板前压力的关系,并将标定系数换算到实际气体。实际气体流量由声速孔板前测得的气体压力和温度来确定。液态煤油流量采用节流孔板和差压传感器进行测量,孔板预先用煤油进行标定,得出流量与压差间的关系。

实验时,首先将煤油流量固定在最小流量(0.1 g/s),并保持不变。富氧空气流量从最小流量(1.0 g/s)开始平缓增大。同时,在现场示波器和实验系统测控计算机显示屏上观察模拟燃烧室内脉动压力变化情况。典型的实验过程是,当富氧空气流量增大到某一值时,模拟燃烧室开始出现尖啸声,示波器和计算机上显示的模拟燃烧室脉动压力在某一频率附近幅值升高,模拟燃烧室出现小振幅的振荡。随着富氧空气流量的进一步增大,模拟燃烧室发出刺耳的尖啸声,脉动压力出现大幅度的变化,模拟燃烧室进入大振幅的燃烧不稳定性区域。在本文的实验系统中,发生尖啸时,燃烧室脉动压力幅值一般在 50~1 000 Pa 左右认为是小幅振荡。而发生刺耳的尖啸时,燃烧室脉动压力幅值一般大于 1 000 Pa,这种情况认为是大幅振荡。究竟是大幅还是小幅振荡需要依靠尖啸声和脉动压力幅值综合判断。记录上述工况的煤油流量、富氧空气流量、模拟燃烧室内脉动压力的频率与振幅等参数。实验发现,不同的喷注器发生大幅或者小幅振荡的燃烧室脉动压力幅值不完全一致。发生不稳定燃烧时模拟燃烧室脉动压力典型的时域与频域曲线如图 6.8 所示,相应的频谱曲线如图 6.9 所示。随着富氧空气流量再进一步增大,模拟燃烧室的尖啸声将降低或消失。此时,喷注器的工况脱离不稳定区域。继续增大富氧空气的流量进行试验,直至流量增大到最大值 9.0 g/s。然后,再将富氧空气流量逐步减小,当富氧空气流量减小到某一流量时,模拟燃烧室又会出现尖啸声,说明喷注器工况进入到不稳定燃烧区域。同样,记录此时的煤油流量、富氧空气流量、模拟燃烧室内脉动压力的频率与振幅等参数。进一步减小富氧空气的流量,继续实验,直至流量减小到最小值 1.0 g/s。

然后,将煤油流量增大到另一值(一般的增大步长为 0.05 g/s),重复上述步骤进行实验,直至煤油流量增到最大值 1.2 g/s。

由于多种因素的影响,实验时模拟燃烧室经常突然出现大幅尖啸的情况,而在大幅尖啸前并没有小幅度尖啸声出现,造成小幅振荡很难判断。实验还发现,同一煤油流量下,在富氧空气流量从较小值增大和从较大值减小时,出现不稳定燃烧所对应的两个流量值并不同。这种现象可能的原因在于:燃烧室中,高频燃烧不稳定性的根本原因是燃烧释热过程与声学过程的耦合,而声学特性与燃烧室温度密切相关,喷注器流量的变化会导致燃烧室温度发生变化,喷注器的工作状况也发生变化。实验中,富氧空气的流量是连续变化的,时滞的存在导致温度与流量的变化不同步。这同样也说明了高频燃烧不稳定性的复杂性。

实验时,模拟燃烧室的温度较高,如 6.5.1 节所述,脉动压力传感器无法直接安装在燃烧室的壁面上,而是安装在蛇形导管与燃烧室之间的测量段上(见图 6.10)。由于导管的衰减作用,在蛇形导管的直线段处测量的压力与模拟燃烧室的压力幅值是不同的。实验时,模拟燃烧室是否出现高频燃烧不稳定性主要依靠现场研究人员的判断,判断的依据是模拟燃烧室是否出现尖啸声,并考虑出现尖啸声时现场计算机屏幕上显示的脉动压力振荡频率,如图 6.8 所示。

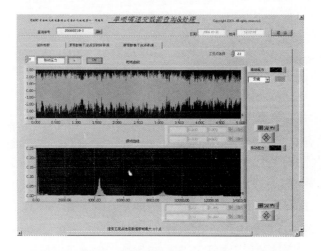

图 6.8　20A 喷注器燃烧室脉动压力的时域与频域曲线

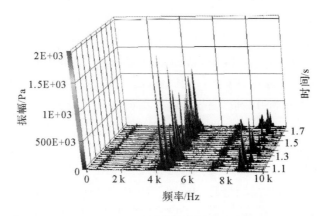

图 6.9　20A 喷注器燃烧室脉动压力频谱图

实验中经常出现频率值约 0.7 kHz 和 4.0 kHz 的谐振(见图 6.9)。液氧/煤油发动机模拟燃烧室与喷注器尺寸不太协调,喷注器尺寸相对于燃烧室尺寸而言偏大,致使实验时喷注器火焰经常充满燃烧室,燃烧室燃气温度比较高,燃烧室内声速也较高。表 6.1 计算的模拟燃烧室一阶纵向频率在 568 ～ 734 Hz 之间,实验经常出现的 0.7 kHz 可以认为是模拟燃烧室的一阶纵向频率。实际燃烧室的一阶切向频率为 3 754.4 Hz。表 6.4 计算的模拟燃烧室的一阶切向频率最小值(对应于 $T_1 = 600$ K)和一阶切向与纵向复合频率的最大值(对应于 $T_2 = 1 000$ K)范围处于 3 700 ～ 4 780 Hz 之间。在实验数据处理时,将此范围内的所有的点均视为模拟实验时发生高频燃烧不稳定性的工况点。这样处理有可能将个别一阶切向和二阶纵向复合频率也考虑在内,但处理结果对实际燃烧室是偏安全的。

图 6.10　脉动压力传感器安装图

2. 模拟实验参数的处理

(1) 燃烧室综合参数与余氧系数的关系。如 6.3.2 节所述,将模拟实验参数换算到发动机实际工况,需要首先知道燃烧室的综合参数与余氧系数之间的关系。为此,对液氧／煤油推进剂在大范围内的余氧系数和燃烧室压力下进行热力计算,得到余氧系数(α)、室压和综合参数(β)的关系曲线,如图 6.11 所示。

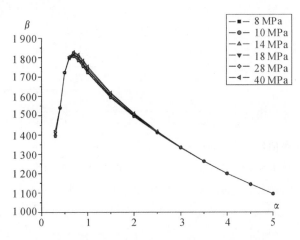

图 6.11　燃烧室综合参数与室压和余氧系数的关系

从图 6.11 可见,燃烧室压力对综合参数的影响并不显著。为了简化,将综合参数 β 与余氧

系数 α 拟合成如下公式：

$$\left.\begin{aligned}\beta &= 1\ 123.77\mathrm{e}^{0.762\ 6\alpha}, \quad \alpha < 0.7\\ \beta &= 1\ 925.8\mathrm{e}^{-0.119\ 58\alpha}, \quad \alpha \geqslant 0.7\end{aligned}\right\} \tag{6.67}$$

(2)密度修正。在燃烧室头部，喷注器与喷注器间隙之间的气体是富煤油蒸气，其温度和气体常数可以由喷注器出口处煤油蒸气与燃烧室燃气参数加权处理。近似认为燃气与煤油蒸气所占比重分别为30%和70%。于是，相应的富煤油蒸气混合气的温度和气体常数可分别表示如下：

$$\left.\begin{aligned}T_{\infty} &= 0.3T_{\mathrm{c}} + 0.7T_{\mathrm{ker}}\\ R_{\infty} &= 0.3R_{\mathrm{c}} + 0.7R_{\mathrm{ker}}\end{aligned}\right\} \tag{6.68}$$

煤油在喷注器进口处的压力已经超过其临界压力，计算表明煤油温度约为 463 K。喷注器缩进室内，667 K 的富氧燃气与煤油相互作用，并已经产生了燃烧现象。考虑到这些因素，可以认为喷注器出口壁面外测处的煤油处于蒸气状态。依据煤油的物性，近似取其温度为 700 K。此时，煤油的气体常数为 50.36 J/kg·K。在 10 MPa 压力下，选取不同的余氧系数 (α)，进行燃烧室热力参数计算，获得燃烧室气体温度 (T_{c}) 和气体常数 (R_{c}) (见表 6.3)。此外，由式 (6.68) 式计算的喷注器周围环境气体的温度 (T_{∞})、气体常数 (R_{∞})，进而计算的喷注器中心气流密度比 ($\lambda_{\rho\mu}$) 和修正系数 ($\varphi_{\rho r}$) 也一同列在表 6.3 中。

表 6.3 液氧/煤油的热力参数(10.0 MPa)

序号	α	$T_{\mathrm{c}}/\mathrm{K}$	R_{c}	T_{∞}/K	R_{∞}	$\lambda_{\rho,\infty}$	$\varphi_{\rho r}$
1	0.25	1 523.1	495.2	946.93	183.812	1.004 0	1.001 5
2	0.30	1 630.9	512.3	979.27	188.942	0.944 5	0.978 7
3	0.33	1 705.4	519.2	1 001.6	191.012	0.913 4	0.966 2
4	0.40	2 189.4	492.1	1 146.8	182.882	0.833 2	0.932 4
5	0.45	2 594.3	460.1	1 268.3	173.282	0.795 1	0.915 5
6	0.50	2 934.9	432.2	1 370.5	164.912	0.773 2	0.905 4
7	0.55	3 220.6	409	1 456.8	157.952	0.759 8	0.899 1
8	0.60	3 417.4	390.6	1 515.3	152.432	0.756 6	0.897 6
9	0.65	3 434.4	374.6	1 520.3	147.632	0.778 6	0.907 9
10	0.70	3 647.5	363.2	1 584.3	144.212	0.764 9	0.901 5
11	0.80	3 723.7	344.7	1 607.1	138.662	0.784 2	0.910 4
12	0.90	3 734.6	3 31.2	1 610.5	134.612	0.806 1	0.920 4
13	1.00	3 717.8	320.6	1 605.3	131.432	0.828 2	0.930 3
14	1.50	3 522.8	289.6	1 546.8	122.132	0.925 0	0.970 9

续　表

序号	α	T_c/K	R_c	T_∞/K	R_∞	$\lambda_{\rho \cdot \infty}$	$\varphi_{\rho r}$
15	2.00	3 287.4	275.2	1 476.2	117.812	1.004 8	1.001 8
16	2.50	3 041.9	267.8	1 402.6	115.592	1.077 9	1.028 2
17	3.00	2 794.8	264.1	1 328.4	114.482	1.149 0	1.052 5
18	3.50	2 557.4	262.4	1 257.2	113.972	1.219 6	1.075 2
19	4.00	2 340.4	261.6	1 192.1	113.732	1.288 9	1.096 4
20	4.50	2 148.6	261.2	1 134.6	113.612	1.355 7	1.115 8
21	5.00	1 981.5	261	1 084.5	113.552	1.419 1	1.133 4

将表 6.3 中的密度比 $\lambda_{\rho \cdot \infty}$ 与燃烧室余氧系数 α 整理成计算公式如下：

$$\lambda_{\rho \cdot \infty} = \begin{cases} 0.140\alpha + 0.718 & \alpha > 1.0 \\ -1.844\alpha^3 + 4.584\alpha^2 - 3.556\alpha + 1.636, & \alpha \leqslant 1.0 \end{cases} \tag{6.69}$$

实际工况下,流经单个中心区喷注器的推进剂流量为 478.6 g/s,边区喷注器为 461.6 g/s,富氧燃气的混合比 $r_{gg}=54.86$,煤油与氧气的理论混合比(化学当量比)为 3.377。依据6.3.2节所述的方法和公式计算的中心区喷注器和边区喷注器的混合比修正系数(燃烧室混合比与喷注器火焰中混合比之比)分别为 0.877 和 0.765。

(3) 实际燃烧室高频燃烧不稳定性边界和稳定性裕量。实验获得的发生尖啸声的工况点参数包括富氧空气和煤油流量、在喷注器入口处的温度、燃烧室压力振荡的频率和相对振幅(因为测量段的衰减)等。应用本章所述的方法和公式,将这些工况点的煤油和氧气与空气混合气的流量等参数换算到发动机的实际工况,得到燃烧室实际压力和混合比。如前所述,判断实验点是否是发生高频燃烧不稳定性的工况点,主要是研究人员依靠模拟燃烧室出现尖啸声的大小和计算机屏幕展示的脉动压力的频率。如果频率与一阶切向与纵向复合频率相符,尖啸声较小则判定为小振幅点。频率相符且尖啸声大则为大振幅工况点。将发生高频燃烧不稳定性的这些点连接起来,有时,可分别得到小振幅和大振幅边界和区域。燃烧室的设计工况点距离不稳定边界最近的距离 R 定义为稳定性裕量(见图 5.8)。实验得到的液氧/煤油发动机燃烧室 9 种喷注器中 3 种的高频燃烧不稳定性边界及稳定性裕量分别如图 6.12 至图 6.14 所示。图中横坐标为换算得到的燃烧室实际工况下的混合比,纵坐标为燃烧室实际压力,图中的点均是实验记录的工况点,也是发生尖啸声的工况点。实验的参数变化范围较大,有一部分实验点换算得到的实际混合比远大于6,因为这些点对于实际发动机已经没有意义,故不再在图中反映。所有与模拟燃烧室一阶切向和纵向复合频率接近的点均表示在图中,并注明频率值,箭头向右表示该点是在富氧空气流量增大时获得的不稳定点,箭头向左表示该点是在富氧空气流量减小时获得的。然后用直线将这些点连接起来,由这些点组成的区域就是燃烧不稳定区域。

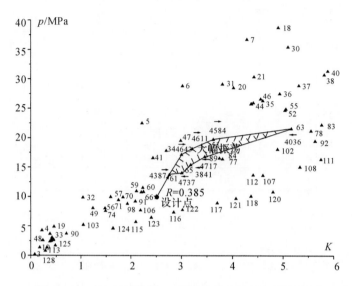

图 6.12　中心区喷注器 20 的不稳定边界和稳定性裕量

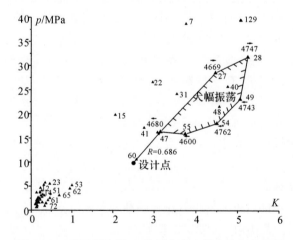

图 6.13　边区喷注器 30 的不稳定边界和稳定性裕量

3．实验结果分析

（1）缩进长度的影响。从实验获得的喷注器不稳定性边界和稳定性裕量结果可知，缩进长度对喷注器燃烧不稳定性有影响，而且影响比较大。缩进长度不同，燃烧不稳定性的区域相差不是太大，但位置会发生变化，导致稳定性裕量有较大的变化。将 4 个喷注器的主要参数及稳定性裕量列在表 6.4 中。

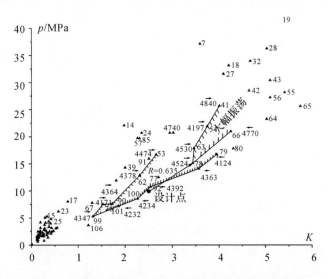

图 6.14　边区喷注器 30B 的不稳定边界和稳定性裕量

表 6.4　缩进长度对稳定性的影响(中心区喷注器)

编　号	喷注器长度 L/mm	节流孔径 d_1/mm	缩进长度 h/mm	稳定性裕量 $R_{大}$
20A	58.0	6.5	8.0	0.195
20H	58.0	6.5	9.0	0.363
20	58.0	6.5	10.0	0.385
20B	58.0	6.5	12.0	0.161

从表 6.4 可见,其他结构参数相同的条件下,缩进长度从 8.0 mm 增加到 10.0 mm,燃烧室的高频燃烧稳定性裕量是增加的。但当缩进长度进一步增加到 12.0 mm 时,稳定性裕量反而减小。

缩进长度的影响在边区喷注器上也有反映。30,30A 和 30B 的主要区别在于气喷嘴的缩进长度不同。这 3 个边区喷注器的缩进长度和稳定性裕量列在表 6.5 中。

表 6.5　缩进长度对稳定性的影响(边区喷注器)

编　号	喷注器长度 L/mm	节流孔直径 d_1/mm	缩进长度 h/mm	稳定性裕量 $R_{人}$
30A	58.0	6.5	8.0	0.137
30	58.0	6.5	10.0	0.686
30B	58.0	6.5	11.0	0.635

从表6.5可以看出,缩进长度从8.0 mm增加到10.0 mm,稳定性裕量是增加的。但缩进长度为11.0 mm时,稳定性裕量又减小了。

中心区喷注器和边区喷注器均反映出喷注器的缩进长度对燃烧室高频燃烧不稳定性有较大的影响,也反映出可能存在一个较佳的缩进长度。但10.0 mm是否为中心区喷注器和边区喷注器的最佳缩进长度,目前的实验数据尚不充足,这里不能给出定论,还有待今后进行深入研究。从本章得到的相对结果来看,缩进长度10.0 mm是较佳的。因此,发动机喷注器的缩进室长度采用10.0 mm。

(2)气喷嘴燃气通道长度的影响。20C喷注器与20D喷注器的区别在于节流孔径和燃气通道长度不同,20D与20仅燃气通道长度不同。20C喷注器实验中,出现了明显的小啸声区域和大啸声区域,两者的频率范围均在模拟燃烧室一阶切向和纵向复合频率的范围内,但啸声大小和燃烧室脉动压力的振幅明显不同。将小啸声区域和大啸声区域分别连接起来,可以得到小振幅区域和大振幅区域。如果从小振幅区域分析,则20C喷注器处于不稳定性区域。如果按大振幅区域分析,则20C喷注器的稳定性裕量为0.596。将20C与20喷注器相比较,可以发现,喷注器燃气通道长度对稳定性的影响非常大。将20C和20D的参数及大幅振荡区的稳定性裕量列在表6.6中。由表可见,节流孔径和燃气通道长度对稳定性裕量均有影响。

表6.6   喷注器长度对稳定性的影响(中心区喷注器)

编 号	喷注器长度 L/mm	节流孔径 d_1/mm	缩进长度 h/mm	稳定性裕量 R
20C	56.0	7.0	10.0	0.596
20D	61.0	6.5	10.0	0.461

在第4章中,通过单喷注器燃烧室声学特性实验方法研究了喷注器长度和节流孔径对燃烧室稳定性的影响。在节流孔径一定时,改变喷注器长度,可以获得较好的稳定性。如图4.16所示,每一种喷注器长度都有可能激起一高一低两种频率的一阶切向谐振。如图4.17所示,高频率谐振的幅值随喷注器长度的增加而增加,低频率谐振的幅值则随喷注器长度的增加而减小。幅值的大小对应于谐振产生的能量,幅值越大其破坏性也越强,为了得到较小的幅值,需要选择一个合适的喷注器长度。从图4.17可以看出,就同一节流孔径所对应的两条振幅曲线而言,除了曲线的交点外,其余各处的喷注器长度均对应两个谐振振幅,一个振幅较小,一个振幅较大,也即有可能很稳定也有可能很不稳定。如前所述,为了稳妥起见,"保守"地选择了图4.18中曲线交点所对应的喷注器长度。该长度对应的振幅不是发生振荡时的最高振幅,这就是声学实验中喷注器长度选择所采取的折中原则。依据此原则,中心区喷注器在节流孔径为6.5 mm时,最佳喷注器长度为58.0 mm。低压燃烧模拟实验的结果表明,燃气通道长度为58.0 mm时,可以获得相对好的稳定性。这表明低压燃烧模拟实验和声学实验的结果是相符的。将20,20C和20D三种喷注器相比较,可以发现,燃气通道长度对稳定性的影响较大。

令人不解的是,20C 和 20D 喷注器实验中发现的小振幅区域均是在富氧空气流量增大时出现的,而大振幅区域在富氧空气流量增大和减小时均出现。第 4 章的研究表明,喷注器的燃气通道长度和节流孔径有一定的匹配关系。本章的研究表明,喷注器的相对有效长度(和燃气通道长度相关)与燃烧室的声学特性有关。小振幅区域是否出现与喷注器燃气通道与节流孔径的不协调有关,并与燃烧室声学特性的匹配与否相关,尚待以后深入研究。

6.6　声学特性模拟实验与低压燃烧模拟实验的关系

　　单喷注器燃烧室声学特性模拟实验与低压燃烧模拟实验的原理基本一致,虽然低压燃烧模拟实验与实际发动机的工作状况更为接近,但声学特性模拟实验也有其自身的特点,两者可互补。其他比较如下:

　　(1) 从与实际物理过程相似角度出发,低压燃烧模拟实验采用实际的喷注器、与实际燃烧室一阶切向频率相等的模拟燃烧室、接近实际的推进剂和更接近实际的高频燃烧不稳定性的激励方法,因此更能满足物理过程相似的条件。

　　(2) 两者均采用实际喷注器进行实验,但模拟燃烧室设计有所差异。声学实验采用两端封闭的模拟燃烧室,但由于模拟燃烧室的温度和实际发动机相差很大,声速也不相同,这造成模拟实验的结果只能是相对的。而低压燃烧模拟实验采用一端为声学开端,一端为声学闭端的模拟燃烧室,这造成模拟燃烧室的纵向频率与实际燃烧室的不符,从而影响振荡激励与参数的分析。从实际燃烧室的声场模拟来讲,相对而言,用低燃烧模拟更为可靠。

　　(3) 低压燃烧模拟实验的边界条件更为接近实际发动机,不仅模拟了实际燃烧室的横向和纵向频率,同时也保证了喷注器和燃烧室头部的声学阻抗更接近实际。而声学特性模拟实验无法同时保证燃烧室固有频率和喷注器无量纲长度相似。

　　(4) 从激励条件和实验结果应用方面考虑,低压燃烧模拟实验与实际状况更为接近,而且参数换算也比较准确。

　　(5) 相比较而言,声学实验更为简便。

　　(6) 两者在进行喷注器几何尺寸对燃烧室高频燃烧不稳定性影响方面的研究结果是一致的,说明两种模拟实验的基本原理和实施方法是相似的。

　　总之,声学实验可以为低压燃烧模拟实验提供一些参数设计依据,即单喷注器燃烧室高频燃烧不稳定性声学特性实验和低压燃烧模拟实验之间存在着直接的对应关系,而低压燃烧模拟实验又与实际发动机直接对应,所得结果更便于指导燃烧室头部喷注器的设计。

第7章 全尺寸头部燃烧室高频燃烧不稳定性低压燃烧模拟实验及应用

7.1 概　　述

在液体火箭发动机燃烧室中,燃烧室结构和喷注器排列方式对燃烧稳定性有非常大的影响,这其中喷注器排列方式的影响尤为突出。喷注器在燃烧室头部的排列方式主要影响燃烧室流强分布,氧化剂与燃料的混合比分布,造成燃烧室内部释热的不均匀,进而影响燃烧室内温度场的分布,成为激发燃烧不稳定性的因素之一。当燃烧室发生不稳定燃烧时,首先想到的解决办法就是改变喷注器的排列方式或在喷注器上加装隔板等装置。但是,改进的措施和方法是否有效,需要实验进行验证。全尺寸燃烧室热试车无疑是最有效、最值得信赖的方法。但其主要问题是耗资大,危险性高,且对机理分析的帮助有限。在发动机研制初期,有时无法进行全尺寸热试车,但是又必须对喷注器排列方式的设计方案进行选择。这时就需要用模拟实验方法来确定设计方案的燃烧稳定性裕度,或者进行方案的相对优劣评估。

单喷注器燃烧室高频燃烧不稳定性低压燃烧模拟实验是在大气环境下,通过改变喷注器中氧化剂与燃料的动量比,进而改变氧化剂与燃料的混合过程,以激发燃烧室高频燃烧不稳定性。实验时,通常依据出现一阶切向频率耦合点来确定发生燃烧不稳定性的工况。然后,依据相似准则,将实验工况换算到发动机实际工况,确定出被试单喷注器和燃烧室的工作边界及稳定性裕度。低压燃烧模拟实验可以用于研究燃烧过程及诸子过程相互之间的影响,研究火焰长度、火焰的初始段、噪声、燃烧速率、喷注器几何尺寸及工况参数、喷注器燃气通道长度和隔板高度等对高频燃烧稳定性的影响,研究喷嘴燃气通道内自激声学振荡的效应,研究燃料射流在氧化剂中传播的周期性撞击以及喷注器边缘火焰稳定条件不一致引起的声学不稳定性机理,研究供给系统引起的燃烧室压力谐振的影响,研究噪声趋于稳定性边界时衰减率和振幅的变化关系等。单喷注器燃烧室高频燃烧不稳定性模拟实验的主要作用在于研究给定燃烧室结构条件下喷注器结构和尺寸对燃烧室高频燃烧不稳定性的影响。从第5章单喷注器燃烧室低压燃烧模拟实验原理分析可知,模拟实验最基本的一个假设是燃烧室中喷注器是独立工作的,喷注器之间相互不影响。实际上,液体火箭发动机燃烧室中的喷注器相互之间不可能没有任何影响。单喷注器燃烧室中燃烧与实际燃烧室发生的燃烧状况存在较大差异,实际情况下,大部分氧化剂与燃料的化学反应发生在燃烧室中,而且喷注器在燃烧室头部的排列方式也是影响燃烧室高频燃烧不稳定性的主要因素之一。因此,在实际燃烧室结构条件下,进行高频燃烧不稳定性的模拟实验更接近实际。本章就介绍全尺寸头部燃烧室高频燃烧不稳定性模拟实验系统及其应用。

7.2　模拟实验的原理[61]

依据相似理论,燃烧室高频燃烧不稳定性模拟实验应与发动机实际状态保持几何相似、燃烧室声场相似、燃烧室气流流动的力学相似和高频燃烧不稳定性的激励相似。模拟实验采用实际尺寸燃烧室,几何相似自然满足。低压模拟的原理已在第 5 章进行了阐述。

1. 燃烧室声场相似

声学研究表明,要保证低压工况与高压工况下燃烧室声学特性的一致性,必须满足如下准则[51]:

$$2\pi f D / c = \mathrm{const} \tag{7.1}$$

$$(D_{\mathrm{cr}} / D)^2 = \mathrm{const} \tag{7.2}$$

$$(l / D) = \mathrm{const} \tag{7.3}$$

$$(L / D) = \mathrm{const} \tag{7.4}$$

式中,f 为振荡频率;D 为燃烧室圆柱段直径;D_{cr} 为喷管临界截面直径;L 为燃烧室圆柱段长度;l 为喷管亚声速段长度;c 为燃烧室中的声速。

燃烧室声场相似包括燃烧室固有声学频率相同、头部声学特性相似、固体壁面和燃烧室声学开端。模拟实验采用全尺寸燃烧室和实际喷注器,确保了固体壁面和燃烧室的声学开端。如果在模拟实验条件下燃烧室中燃气温度和成分与实际接近,气流声速与实际状态相等或者非常接近,喷注器中气流的温度、速度以及燃气成分也与实际接近,则不仅保证了燃烧室声场的相似,也使得喷注器的燃气通道有效长度相等或者接近,从而也保证了燃烧室固有声学频率和头部声场条件相似。上述条件可以在模拟实验时通过参数选择予以保证。

2. 燃烧室气流的力学相似

燃烧室气体流动的力学相似包括流场的几何相似、运动相似和动力相似。与第 5 章论述的单喷注器燃烧室低压燃烧模拟实验原理相同,对于高压补燃循环液体火箭发动机,保持模拟条件下喷注器出口氧化剂和燃料的动量比与实际参数相等,即 $(\rho_{\mathrm{o}} / \rho_{\mathrm{f}}) / (v_{\mathrm{o}} / v_{\mathrm{f}})^2 = \mathrm{const}$,则模拟与实际条件下的流体动力就是相似的。

通过喷注器的气体流量:

$$q_m = \mu A \sqrt{\frac{2k}{k-1} p_1 \rho_1 \left[\left(\frac{p_2}{p_1} \right)^{2/k} - \left(\frac{p_2}{p_1} \right)^{\frac{k+1}{k}} \right]} \tag{7.5}$$

将喷嘴前后的压力表示为:

$$\left(\frac{p_2}{p_1}\right) = \left(\frac{p_1 - \Delta p}{p_1}\right)$$

一般条件下,喷嘴前的压力远大于喷嘴的压降,即

$$\frac{\Delta p}{p_1} \ll 1$$

将式(7.5)中根号下的两项用泰勒展开:

$$\left(\frac{p_2}{p_1}\right)^{2/k} = \left(\frac{p_1 - \Delta p}{p_1}\right)^{2/k} \approx 1 - \left(\frac{\Delta p}{p_1}\right)^{2/k} = 1 - \frac{\Delta p}{p_1}\frac{2}{k}$$

$$\left(\frac{p_2}{p_1}\right)^{\frac{K+1}{K}} = \left(\frac{p_1 - \Delta p}{p_1}\right)^{\frac{K+1}{K}} \approx 1 - \left(\frac{\Delta p}{p_1}\right)^{\frac{k+1}{k}} = 1 - \frac{\Delta p}{p_1}\frac{k+1}{k}$$

将上两式代入式(7.5),可得

$$q_m = \mu A \sqrt{2\rho_1 \Delta p} \tag{7.6}$$

于是,喷注器的动量比可以表示为

$$\frac{\rho_1 v_1^2}{\rho_2 v_2^2} = \frac{\rho_1 \left(\dfrac{q_{m_1}}{\rho_1 A_1}\right)^2}{\rho_2 \left(\dfrac{q_{m_2}}{\rho_2 A_2}\right)^2} = \frac{\Delta p_1}{\Delta p_2} \tag{7.7}$$

于是,气体喷注器的动量比相似可以进一步简化为喷注器氧化剂与燃料喷嘴的压降比相似。模拟实验采用实际燃烧室,与实际状态接近的氧化剂和射流的动量比(或者等效的其他组合参数),实际或者接近实际的氧化剂和燃料及其推进剂初温。上述条件保证了模拟燃烧室及其喷注器与实际燃烧室和喷注器有相同的声场特性;而氧化剂和燃料射流初始的速度、质量交换过程以及温度相似保证了燃烧室工作过程的初始边界相似。化学反应过程相似是建立在与实际推进剂成分、温度和化学反应过程相似的模拟推进剂基础上的。如果忽略燃烧室压力对燃烧过程的影响,就可以保证火焰初始段截面和相应点上浓度与温度的相似。

如果采用实际推进剂或者化学成分与实际推进剂相似的推进剂,并使模拟状态与实际推进剂有接近的初始温度,由于燃烧温度敏感于氧化剂和燃料的混合比分布,因此在速度场和质量交换过程相似的条件下,也可以保证火焰初始段同一截面和相应点上的浓度与温度相似。

3. 燃烧室的相对流强相等

在研究高频燃烧不稳定性过程中,全尺寸头部燃烧室低压模拟实验选用相对流强表征燃烧室内流动状态的相似,相对流强 $\bar{q}$ 表示为

$$\bar{q} = \frac{q_m}{A_c p_c} \tag{7.8}$$

式中,q_m,A_c 和 p_c 分别表示燃烧室燃气质量流量、燃烧室截面积和燃烧室压力。依据气体状态方程,$p_c = \rho RT$。也即燃烧室相对流强代表了燃烧室内推进剂组元的流速。如果模拟实验时,

模拟燃烧室与实际燃烧室的燃气温度相等或者接近，气体常数也接近，则相对流强相等就表示燃烧室内推进剂组元的流速相等。这样，也保证了燃烧室在上述工作条件下，喷注器通道内的富氧燃气流速大致相等。

4. 高频燃烧不稳定性的激励相似

液体火箭发动机常用的推进剂组元有偏二甲肼、四氧化二氮、液氢、液氧和煤油，这些推进剂组元的临界压力均较低，大约为 $2.0 \sim 10.0$ MPa(或 $20 \sim 100$ atm)。如果推进剂的压力和温度均高于其临界值，那么它的性质就接近于稠密气体的性质。对于高压燃烧室，在推进剂的雾化、蒸发、混合和化学反应诸过程中，雾化和蒸发的过程能很快完成，化学反应速率非常快，氧化剂与燃料的混合过程是影响燃烧过程的主要过程。燃烧过程中，热能变化和燃气质量(或者动能)变化都有可能激发燃烧室高频不稳定燃烧。无论应用气/液喷注方式还是气/气喷注方式，热能变化和燃气质量(或者动能)变化都可能发生，它们均有可能激发起燃烧室的高频燃烧不稳定性。瑞利准则的定量表示形式是计算燃烧区所做的功：

$$W = Apv \int_o^t \delta p \delta v \mathrm{d}t$$

式中，A 为燃烧室横截面积；p 为燃烧室平均压力；v 为燃烧区出口燃气速度；δp 和 δv 分别为压力振荡和速度振荡；t 为振荡周期。可以看出，对激励高频燃烧不稳定性来说，引起压力和速度振荡的原因不是主要因素。无论是热量激发的振荡还是燃烧区燃气流量扰动激发的振荡，总机械能不变。这样，推进剂状态的变化就不会改变燃烧不稳定现象的本质。高频燃烧不稳定性发生与否取决于燃烧室内产生和耗散的能量是否平衡以及两者的相位关系。

这样，与单喷注器燃烧室一样，用无量纲时滞描述的相位准则(非稳态准则)$\Omega = (\tau f)^{-1}$ 同样可以作为唯一的被确定性准则。模拟实验时，模拟燃烧室和实际燃烧室的振荡频率是一致的($f = \mathrm{const}$)。因而，稳定性相位准则 Ω 就完全取决于对压力振荡响应比较敏感的时滞 τ。由于存在时滞，压力、温度和速度的扰动不会立即改变燃烧过程，只能在经过时滞 τ 后，燃烧过程才会对这些扰动产生响应。同样，压力 p' 波动时产生变化的物理量也会对总时滞 τ 的所有分量产生影响。于是，被确定的稳定性相位准则 Ω 可用下述关系式表示：

$$\Pi_2 = \Omega = (\tau f)^{-1} = \frac{v}{L^* f} \tag{7.9}$$

式中，L^* 是燃烧区特征长度。对于高压补燃循环发动机，燃烧室特征时间(时滞)τ 近似于混合时间 τ_{mix}。因此，燃烧区特征长度可近似取为混合区初始段的特征长度 L。v 是推进剂液滴在燃烧区的某一有效运动速度，它决定掺混速度。湍流扩散燃烧时随着推进剂从喷注器喷射速度的加大(在速度比为常数，即 $\lambda_v = v_\mathrm{f}/v_\mathrm{o} = \mathrm{const}$ 时)，由于这时燃烧区的特征长度不变($L^* = \mathrm{const}$)，时滞变小。

至此，在对高压补燃循环液体火箭发动机燃烧室工作过程分析的基础上，通过物理过程和

相似分析,确定的由工况和结构参数综合形式表示的稳定性无量纲参数准则,它们是

(1)确定性相似准则:

$$\Pi_1 = \frac{\rho_o}{\rho_f} \left(\frac{v_o}{v_f} \right)^2 = \frac{\Delta p_o}{\Delta p_f} \tag{7.10}$$

(2)被确定性相似准则:

$$\Pi_2 = \frac{v}{L^* f} \tag{7.11}$$

同样可以发现,改变特征速度 v 和燃烧区的特征长度 L^* 可以改变被确定性准则。在保持氧化剂和燃料的速度比为常数的情况下,同时改变氧化剂和燃料的喷射速度可以改变燃烧区的特征速度;使氧化剂或者燃料其中之一的喷射速度保持不变,改变另一喷射速度可以同时改变燃烧区特征长度和特征速度。同时,也改变了燃烧室的混合比。值得注意的是,与单喷注器燃烧室低压燃烧模拟实验不同之处在于,这里论述的模拟实验采用了全尺寸的燃烧室,其重要性在于燃烧室带有喉部,且由轴向尺寸确定的燃烧室纵向频率与实际燃烧室一致。因此,如果改变燃烧室的临界面积,即调节喉部尺寸,则同样也改变了燃烧室中燃气的流速,从而也改变了燃烧室燃烧区的特征长度。另外,在保证燃烧室混合比等参数不变的条件下,如果仅改变进口空气的温度,则会提高燃烧室的化学反应速度,同样也达到改变燃烧室燃烧区特征长度的目的。于是,由此确定的模拟实验激励高频燃烧不稳定性的主要途径如下:

(1)调节进口空气温度;

(2)改变氧化剂或者燃料的喷射速度(即改变燃烧室混合比);

(3)调节喉部面积。

7.3　模拟实验系统及方法

如前所述,模拟实验系统主要是为模拟实验创造必要的实验环境。对于液氧/煤油高压补燃循环液体火箭发动机,模拟燃烧室的氧化剂是来自富氧空气加热器中的富氧燃气,燃料是接近气态的煤油。模拟实验的主要方法是改变富氧空气与煤油的混合比。因此,模拟实验的主要出发点就在于创造这样的条件。

7.3.1　模拟实验系统

模拟实验系统按照主要部件功能可以分为模拟燃烧室及喉部调节系统,燃烧室高温空气供应及控制系统,燃烧室燃料蒸气供应和控制系统,测试与控制系统,高速数据采集与处理系统,高压冷却水系统,燃气、介质的收集、处理和排放系统等辅助系统。按照介质供应与控制又可以分为空气供应系统、氮气供应系统、酒精供应系统、点火氧化剂和点火燃料供应系统、水供应系统、测试和控制系统以及辅助系统。模拟实验系统的核心是模拟燃烧室,其他系统的作用是为实验装置的正常运行提供符合要求的介质及其工作状态,获取实验参数和确保实验装置能够安全、有效的运行。如图 7.1 所示是模拟实验系统原理图。

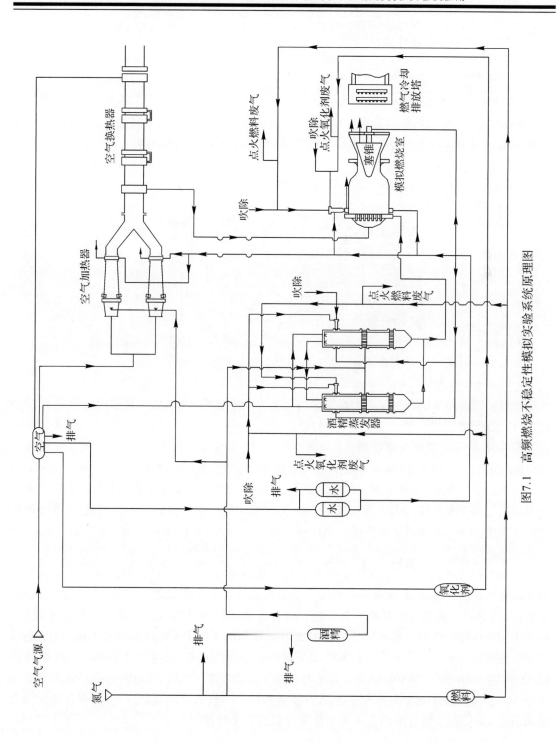

图7.1　高频燃烧不稳定性模拟实验系统原理图

7.3.2　系统主要部件功能

1. 模拟燃烧室及冷却水供应系统

模拟燃烧室是模拟实验系统最关键的部件之一。模拟燃烧室及燃烧室水冷系统由氧化剂供应管路(热空气)、燃料供应管路(酒精蒸气)、被试燃烧室、塞锥、化学点火器、实验参数测量装置(图中未表示)以及冷却水供应管路等组成,其示意图如图7.2所示。

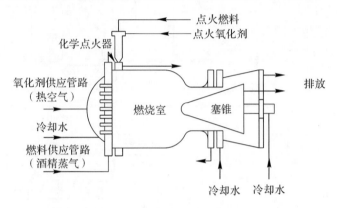

图 7.2　模拟实验燃烧室示意图

模拟实验过程采用的喷注器和燃烧室与真实发动机完全一致,由于模拟实验只是针对燃烧室内的燃烧稳定性开展研究工作。因此,实验件仅是燃烧室身部和头部,不包括喉部和喷管。实验时,燃烧室温度变化范围为 2 000～2 500 K,燃烧室压力为 0.3～1.0 MPa。燃烧室出口装有带水冷却的塞锥,调节塞锥的轴向位置,可改变燃烧室喉部面积,从而调节燃烧室的室压。依据研究需要,在燃烧室身部安装有高频压力传感器、温度传感器和振动传感器。水冷却系统主要用于冷却被试燃烧室和塞锥,还可对燃烧室的冷却方案进行实验研究,以选择最佳的冷却方式。冷却水来自模拟实验的高压冷却水供应系统,它包括水储箱、空气增压系统、供应及控制系统等(见图7.1)。

模拟实验时,氧化剂采用热空气,燃料选用气态酒精,两者分别来自模拟实验系统的换热器和酒精蒸发器。实验时,通过改变热空气的温度或者燃烧室内氧化剂与燃料的混合比(余氧系数)等方法产生燃烧室的自激振荡。热空气的温度通过改变空气加热器的燃气温度控制,流量则通过换热器冷空气供应管路上的流量调节阀调节。酒精蒸汽的流量和温度是通过酒精蒸发器的酒精和空气供应管路上的两个流量调节阀控制。通过调节塞锥位置改变模拟燃烧室喉部面积的大小,进而改变燃烧室内的压力和燃气特征速度。同时,通过调节临界截面积使燃烧室点火过程不出现分离燃烧的现象,保证点火成功。燃烧室采用化学点火器,点火剂为三乙胺和硝酸 AK—27。燃烧室的点火及工作时序如图7.3所示。

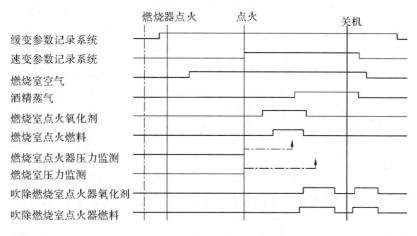

图 7.3　燃烧室工作时序

模拟实验时,首先要启动模拟实验系统中的空气加热器,用空气加热器出来的燃气对换热器中的空气进行加热,要检测换热器出口处的空气温度,当空气温度接近预定值时,启动系统酒精加热器,同样,也要检测酒精蒸气的温度。当热空气和酒精蒸气均达到预定温度和流量时,可以进行模拟燃烧室的实验。系统控制程序按照如图 7.3 所示的时序启动燃烧室点火器,为确保模拟燃烧室点火一次成功,采用化学点火器,点火剂为硝酸 AK—27 和三乙胺。点火器工况为富氧燃烧,首先通入硝酸 AK—27,而按点火时序通入三乙胺。为了监测点火器和燃烧室点火是否成功,需要实时监测点火器和燃烧室的压力。点火器工作持续约 4 s,在切断供应点火剂阀门之前首先要对点火器进行吹除,防止吹除气体的压力波动引发不稳定燃烧。

在燃烧室特定位置安装压力传感器、脉动压力传感器和温度传感器等,以便于实时监测和测量燃烧室内的燃烧稳定性状况,通过监测脉动压力的大小来判断燃烧室是否发生不稳定燃烧。实验过程中为了保证实验装置的安全,采用高压冷却水对喷注器头部法兰、燃烧室、喉部和塞锥等进行冷却,燃烧室燃气则经过冷却排放塔进行降温与消声处理。

2. 高温空气供应及控制系统

该系统包括高压空气、空气 / 酒精空气加热器、空气换热器、酒精及空气储箱、气液管路、控制阀门及测量装置。一般情况下,空气 / 酒精空气加热器的工质为酒精和空气,工作压力为 $3 \sim 5$ MPa,温度约为 $1\,200 \sim 1\,400$ K。空气换热器需将常温空气加热到 $600 \sim 800$ K。控制阀门和节流装置用于调节进入燃烧室的空气温度和流量。其示意图如图 7.4 所示。

整个实验过程中,空气加热器和换热器的作用就是为燃烧室制备满足一定流量和温度要求的热空气。

空气加热器由两台空气酒精燃烧器及燃气通道组成,可依据实验对高温富氧燃气流量的需要,选择两台燃烧器并联工作或一台燃烧器单独工作。空气加热器采用两级点火方式,以确保系统安全可靠,它工作于富氧工况。在燃烧器的空气管路上安装有节流孔板。实验时,按照预定的点火工况,用系统中的空气流量调节阀调节进入燃烧室的空气流量。空气流量是通过节流孔板前的压力和温度以及孔板面积进行计算的,压力和温度的反馈信号会实时传输到控制系统。随后开启酒精供应管路阀门,按照预定点火工况给燃烧器供应酒精,由相应的酒精流量调节阀进行调节和控制,并通过流量计测量,同样将信号实时反馈到控制系统。酒精供应管路在进入燃烧器之前分为两路,一路流量较小(用于点火工况),它向燃烧器供应点火酒精,较小的流量须保证与空气流量匹配,可靠点火且火焰不被吹灭。另一路为主酒精供应管路,点火成功后空气和酒精流量同时向主工况转级。燃烧器的点火装置为脉冲电火花点火器,每台燃烧器安装两个点火器,单个点火能量为 12 J。电火花点火器具有安全、简单、方便的优点,能够满足燃烧器的点火要求。根据燃烧器的工作特点制定了燃烧器工作时序,如图 7.5 所示。

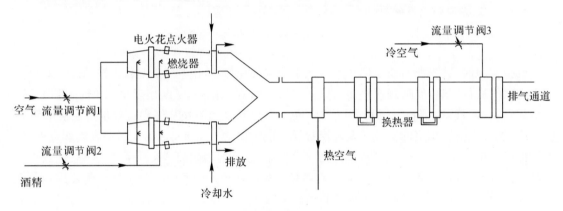

图 7.4　空气加热器及换热器示意图

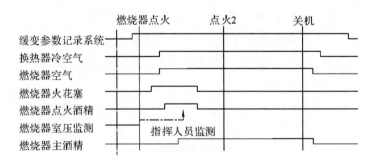

图 7.5　空气加热器燃烧器工作时序

空气加热器(见图 7.4)是整个实验系统中最先点火的实验装置。模拟实验时,在所有实验准备工作完成之后,首先启动空气加热器点火指令。先给火花塞通电,而后将加热器入口空气和空气换热器的冷空气阀门同时打开,0.3 s 后通入点火酒精。由于燃烧器是富氧空气加热器,因此必须首先通入空气,以防止点火瞬间温度过高。随后,燃烧器空气供应管路和酒精供应管路上的流量调节阀同时动作,向主级工况调节。同时,要监测空气加热器中燃烧器的室压和温度实时变化情况,如果发现在点火指令下达约 7 s 后燃烧器的室压未达到额定值,则表明点火失败。控制程序将在点火指令下达 10 s 后自动切断点火器电源和点火酒精的供应。

在空气酒精加热器的出口处装有节流圈(见图 7.4),以调整加热器内的燃气压力。通过节流圈的富氧燃气温度较高,为确保节流圈不被烧蚀,须对它进行冷却。节流圈的冷却水来自模拟实验的高压冷却水系统(见图 7.1)。

燃气/空气换热器为间壁式换热器,它由三个独立的换热器串联而成(见图 7.1)。燃烧器产生的高温燃气经节流圈和燃气导管后进入换热器,作为换热器的热源。为提高换热器的换热效率,被加热的冷空气从换热器的另一端进入,与高温燃气以反方向运动。换热器的出口安装有格栅孔板,用于调节换热器燃气通道内的空气压力,同时还起到增强换热效果的作用。冷空气的流量由设置在冷空气管路上的流量调节阀进行控制,根据冷空气管路上孔板前的压力和温度进行计算。同样,测量参数和反馈信号会实时传输到控制系统。高温燃气经过换热器后将热量传递给冷空气,最终经过格栅孔板后由排气通道排到室外。而冷空气经过换热器后温度升高到设定值,再经过导管送入燃烧室,用作模拟实际发动机的氧化剂。

显然,实时、准确并有效地控制进入空气酒精燃烧器的空气和酒精流量与温度,控制进入加热器的冷空气流量和温度是整个实验系统工作过程中至关重要的问题,其调节过程主要通过设置的在系统空气供应管路、酒精供应管路和冷空气供应管路上的三个流量调节阀来实现的。

3. 燃料蒸气供应和控制系统

高频燃烧不稳定性模拟实验可采用多种燃料与氧化剂进行组合。通常,高压补燃循环液氧/煤油发动机燃烧室的燃料为煤油,模拟实验时最好使用煤油。但煤油在富燃条件下极易结焦,给实验系统带来很大的污染,也使得实验结果失去可信性。因此,采用与煤油成分接近的酒精。燃料蒸发器的主要作用在于为燃烧室产生温度约 $300 \sim 500\,^\circ\!\text{C}$ 的蒸气燃料。实验时,须根据实际燃烧室工况计算出模拟实验时蒸气燃料的流量和温度,通过改变酒精蒸发器的温度和燃料流量调节蒸气燃料的温度和流量。

酒精蒸气供应系统包括两台双区酒精蒸发器、空气供应管路、酒精供应管路、流量调节阀、化学点火器、酒精蒸气输出管路以及冷却管路和测量装置等部件组成,其示意图如图 7.6 所示。

酒精蒸发器的作用就是将液态酒精汽化成一定温度的气态酒精,并将气态酒精送入燃烧室,用来模拟实际发动机中的燃料。该装置主要是针对高压补燃循环发动机和燃烧室为气/气喷注形式的发动机来进行模拟实验的。以液氧煤油高压补燃循环发动机为例,在实际工况中燃烧室压力很高,而且当燃料经过冷却环带并与富氧燃气相互作用后温度进一步升高,此时煤油已达到超临界状态,其物理特性已经具有气体的性质。在这种情况下,燃料的雾化效果非常好,为了模拟实际工况中气态形式的燃料推进剂,必须对酒精进行汽化。

为满足不同工况和不同推力量级发动机的实验需求,实验系统配置了两台结构完全相同的酒精蒸发器。当所需酒精蒸气的流量较小时,可使用其中一台酒精蒸发器;当所需酒精蒸气的流量较大时,则将两台酒精蒸发器并联工作。每个酒精蒸发器依据功能或者结构又可以分为上、下两个区。上区为燃烧区,下区为酒精汽化区,化学点火器位于酒精汽化区上部(见7.6)。当酒精蒸发器工作时,首先启动点火器,然后打开酒精和空气阀门,空气全部进入酒精蒸发器的燃烧区,酒精分成两路分别进入燃烧区和汽化区。进入燃烧区的酒精流量较小,而进入汽化区的流量较大。为了使酒精蒸发器能较好工作,需要通过调节酒精蒸发器酒精供应路上的孔板,保证燃烧区内空气与酒精按照在理论混合比附近充分燃烧,并产生高温燃气。在酒精汽化区内,大量酒精通过喷嘴后雾化成小液滴,液滴与燃烧区内的高温燃气混合后迅速汽化成酒精蒸汽,酒精蒸汽的温度一般控制在 600℃ 以内,主要由酒精蒸发器内的混合比决定。根据不同的实验工况选取不同的混合比和空气流量,从而得到不同温度和流量的酒精蒸气。

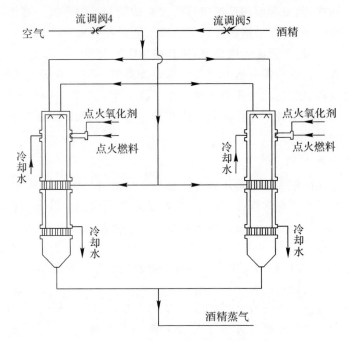

图 7.6　酒精蒸气供应系统示意图

实验过程中,依据燃烧室模拟实验的需要,酒精蒸气的温度和流量是在变化的。这主要是通过安装在酒精蒸发器的空气和酒精供应管路上的流量调节阀来实施。在实验之前,首先通过冷调实验确定流量调节阀的初始位置,将流量调节阀调节到第一种实验工况的开度,当实验开始时,流量调节阀并不需要动作,即可按照酒精蒸发器的第一种工况工作。在实验过程中,当酒精蒸发器从一种工况调节到下一种工况时,流量调节阀会按照预先设定的流量同步调节空气和酒精。酒精蒸发器在一次实验过程中最多可实现五种工况的调节。

酒精蒸发器的点火器是化学点火器,使用自燃点火剂硝酸 AK—27 和三乙胺。因此,酒精蒸发器的点火和工作过程更为复杂。在实验过程中,当下达第二次点火指令时控制程序将按照如下时序进行工作,如图 7.7 所示。

当空气加热器将冷空气加热到满足实验要求的温度后,进行酒精蒸发器和燃烧室的点火。当启动点火时序后,控制程序将按照如图 7.7 所示的时序顺序开启阀门,先保证点火器的正常点火。由于酒精蒸发器是富燃发生器,因此应首先通入三乙胺,再通入硝酸 AK—27。与此同时,必须监测点火器的压力,确保点火器自身工作正常。点火器工作持续 4 s,在关闭点火器燃料和氧化剂阀门之前,要先对点火器进行吹除。当吹除阀开启后,将点火剂供应管路的阀门相继断开。在点火器启动后,酒精供应管路上的气动阀开启,酒精分两路分别进入酒精蒸发器的燃烧区和汽化区。而后,空气供应管路上的气动阀开启,空气进入酒精蒸发器。在燃烧区酒精和空气开始燃烧,并对汽化区的酒精进行加热。同样,为了解酒精蒸发器内酒精和空气点火状况,需要对酒精蒸发器进行压力监测,以确定汽化器是否正常工作。

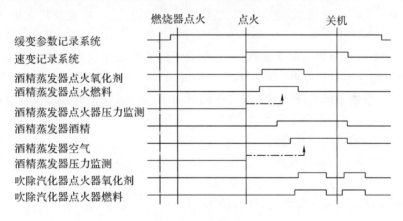

图 7.7　酒精蒸发器工作时序

经过汽化后的酒精蒸气由供应管路送入燃烧室,用来模拟燃烧室内的燃料。在酒精蒸发器工作过程中,将会在燃烧区产生高温燃气,为了保护蒸发器不被烧毁,采用高压冷却水对其进行冷却,以保证酒精蒸发器的正常工作。

4. 其他

空气供应系统为整个实验过程提供空气供应,主要分为五部分:① 作为高压水箱的增压气;② 作为点火氧化剂储箱增压气;③ 作为酒精蒸发器的氧化剂;④ 作为空气加热器的氧化剂;⑤ 模拟燃烧室的氧化剂。这部分空气首先经过换热器,被加热到一定温度后再通入燃烧室。

实验系统中的氮气来源于氮气供应系统。氮气的作用如下：① 作为惰性气体，用于燃料的增压，保证安全性和介质的纯净度。② 用于酒精蒸发器和燃烧室化学点火器及其他管路的吹除，防止二次点火时出现爆燃。③ 为控制活门箱，用于实验装置中气动截止阀、控制实验台系统中气动阀及传感器的检查用气。④ 为实验台提供一定压力的氮气，用于消防灭火。

酒精供应系统包括设计压力 20 MPa、容积 2 m³ 的储箱和相关管路，主要为空气加热器和酒精蒸发器供应酒精，储箱用氮气增压。

模拟实验系统中酒精蒸发器和燃烧室头部的点火器均采用化学点火器，点火剂为三乙胺和硝酸 AK—27，两者的储箱容积均为 0.007 5 m³，燃料用氮气增压，氧化剂用空气增压。

水供应系统由低压消防、冷却水和高压冷却水两部分组成。低压消防、冷却水以自来水为水源，主要用于高压冷却水箱加注和消防喷淋。喷淋装置布置在空气加热器、酒精蒸发器、燃烧室及各种推进剂储箱的上方，一旦出现异常情况即可对这些装置进行喷淋灭火和冷却。另外，在燃烧室燃气排放通道也设置了喷淋装置，用于对排放燃气进行冷却、降噪。高压冷却水主要作用是为实验系统中需要进行冷却的装置提供一定压力和流量的冷却水，它由两个 4 m³ 的高压水箱并联组成，并用空气增压。高压冷却水冷却的范围涵盖酒精蒸发器的燃烧区和汽化区腔道、燃烧室头腔和身部、燃烧室喉道、燃烧室的化学点火器、塞锥及其支架、部分传感器和节流孔板。

测试和控制系统主要包括缓变参数、速变参数测试系统及操纵指令控制系统。缓变参数测试系统主要针对实验过程中各子系统和实验装置的缓变参数进行测量和记录，包括压力、温度、流量等。速变参数测试系统是对燃烧室内的脉动压力和燃烧室的振动参数进行测量和记录。操作指令控制系统主要用于实验台上的气动阀门的开启和关闭，5 台流量调节器的控制，点火、关机及工况参数的调节和控制。

辅助系统包括废气中和处理系统、录像系统等。硝酸 AK—27 和三乙胺均是腐蚀性强的有毒物质，管路内残存的点火剂必须经过处理。为此，设立专门的点火氧化剂回收储箱和点火燃料回收储箱，对吹除的废气分别进行中和处理以达到无污染排放。

7.3.3　实验方法

要模拟燃烧室内的主要工作过程，合理、正确地选择燃烧室工况参数是决定模拟实验结果是否真实可信的重要因素。因此，实验参数的选择是非常重要的。从模拟实验的确定性准则可知，改变燃烧室特征速度和燃烧区的特征长度均可以实现或者消除燃烧室中燃烧过程燃烧速度振荡与燃烧室压力振荡之间的相位耦合关系，即调整了燃烧区的放大系数[6]。使氧化剂或者燃料其中之一的喷射速度不变，改变另一组元的喷射速度，则可同时改变燃烧区的特征长度和特征速度，从而也调节了燃烧室压力振荡和燃烧速度振荡的相位关系，激励起燃烧室高频不稳定性燃烧。依此原理，实验时，只要改变氧化剂管路或者燃料管路的气体喷射速度就可以达到激励的目的。

模拟实验过程主要通过三种方法来激发燃烧室的自激振荡。

(1)调节热空气的温度(改变燃烧室特征时间)。热空气用来模拟真实工况下的富氧燃气。在发动机实际工作过程中,富氧燃气的温度往往会发生变化,而温度的变化将导致燃烧室内化学反应速率的变化,从而对化学动力学过程有明显的影响。因此,富氧燃气温度的变化往往是激发燃烧室产生自激振荡的一个原因。于是,热空气温度的调节可用作激励源。

(2)调节燃烧室内的余氧系数(与改变热空气温度有相同性质)。发动机在启动和工况调节过程中会改变燃烧室内的余氧系数。余氧系数是影响燃烧稳定性的一个重要因素。真实工况下,燃烧室内余氧系数的变化会改变燃烧室的声学特性,从而使燃烧过程与燃烧室声学特性耦合,产生燃烧不稳定性。同时,余氧系数的改变也会激发燃烧室的自激振荡。所以,模拟实验主要是通过改变燃烧室的余氧系数来激发燃烧不稳定性。在实验过程中可以通过单独改变热空气的流量或酒精蒸气的流量来实现,也可以同时改变两者流量来实现。

(3)改变模拟燃烧室喉部的临界截面积。在工况参数不变的情况下,改变燃烧室喉部的临界截面积将导致相对流强发生变化,这将改变掺混过程的特征速度,由此影响燃烧过程进而激发燃烧室内的自激振荡。

发生高频燃烧不稳定性时,燃烧室中的一阶切向振荡对液体火箭发动机危害最大,它很容易破坏燃烧室的近壁面燃气层,使燃烧室内表面处于恶劣的高温燃烧环境中而出现严重烧蚀。因此,模拟实验主要研究一阶切向振荡。模拟燃烧时,随着富氧燃气与酒精混合比的变化,模拟燃烧室中的声速实际上是在不断变化的。这导致发生高频燃烧不稳定性时的一阶切向频率与理论计算的实际燃烧室的一阶切向频率之间有一定的差异。所以,进行数据分析时,需要将所有与理论计算和实际燃烧室一阶切向频率接近的点均作为发生高频燃烧不稳定性工况。这样处理的结果对实际燃烧室是偏安全的。实验调试过程中,依据模拟燃烧室的计算压力,分别调节好塞锥和调节空气流量调节器的位置,在现场示波器上观察燃烧室的压力振荡状况,看是否出能激励出最大振幅。实验过程中,当氧化剂路或燃料路气体流量或者速度发生变化,模拟燃烧室压力出现大幅振荡,而且频率与计算的燃烧室一阶切向、一阶切向与纵向复合频率相近时,可初步认为是发生了高频燃烧不稳定性。采用高速数据采集系统,记录发生高频燃烧不稳定性时酒精、空气和氧气的流量和温度,燃烧室压力振幅和频率等参数,供实验后结合现场情况进行细致分析。一般情况下,燃烧室高频燃烧不稳定性测量所用压力传感器的声学脉动频率范围应在 5 Hz～20 kHz 之间。采用传感器记录燃烧室内腔的压力振荡,宽频带放大器放大所采集的信号,示波器目视观测振幅和振型,高速数据采集系统记录燃烧室压力振荡的频率和振幅。实验时,首先考察逐渐接近不稳定区的工况,即逐渐增大确定性模拟准则 π。高温空气流量小于某一特定值时,压力脉动的振幅并不大,其频谱中有一个或数个突峰,这些突峰在背景(噪声)谱中突出的高度并不一定非常明显。如果在频谱图中存在这种突峰,可按危险频率(产生高频不稳定性的那种频率)的谐振峰宽度计算振荡衰减率。由相应的燃烧工况声音判断这种频率脉动,可以视为湍流噪声。当高温空气流量增加到某一特定值时,振幅有所增大,在频谱图背景谱中明显出现危险频率的突峰。由现场观察示波器屏幕或者数采系统计算机屏幕上室压振荡曲线可知,这些曲线常常接近于正弦曲线。如由声音判断,这种燃烧工况相当于噪声中夹杂着不大的尖啸声,此时出现了小幅振荡。继续增加高温空气流量,到某一特定值时,振幅急剧增大,频谱图中出现了背景谱几乎为零的一个或两个尖峰,同时,燃烧区发出刺耳的尖哨声。此时的流量点可视为大幅振荡高频不稳定燃烧区的边界点。实际操作中,保持酒精蒸气流量不变,平缓改变高温空气的流量,观察脉动过程,注意其出现的实质性变化。综合燃烧室压力振荡的振幅变化(从示波器屏幕可以观察到),燃烧噪声中出现的尖哨声大小(听声音),以及与背景谱相比危险频率的频谱突峰增大情况(在计算机屏幕上可以清晰看到这种现象),即可逐点确定自激振荡的不稳定边界。模拟实验时,由实验系统直接测量的缓变参数包括实验系统不同位置处的空气流量和酒精流量。其中空气流量用声速孔板进行测量,孔板预先用空气通过质量流量计进行标定,得出流量与孔板前压力的关系,并将标定系数换算到实际气体。实际气体流量由声速孔板前测得的气体压力和温度来确定。酒精流量采用流量计直接测量。

模拟实验方法的其他情况 6.4.2 节类似,这里不再赘述。但以某发动机实验结构为例,说明燃烧室频率及发生不稳定性时刻的确定方法。

如图 7.8 所示是某型发动机进行全尺寸头部燃烧室低压燃烧模拟实验是燃烧室一处位置脉动压力的测量结果。模拟实验时,模拟燃烧室的室压为大气压(0.1033 MPa),高频脉动压力传感器安装在燃烧室头部附近,测量的是表压值。

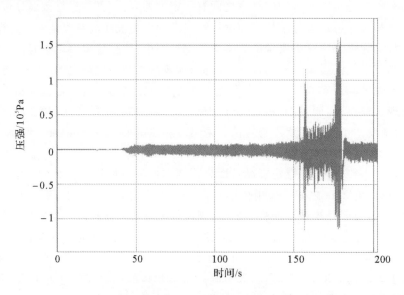

图 7.8　脉动压力图

　　通常,用燃烧室的相对脉动压力(p'/p)来表征燃烧室内是否产生高频振荡,其中 p' 是燃烧室内的脉动压力,p 是燃烧室内的静压。当相对脉动压力 $p'/p \geqslant 10\%$ 时,认为燃烧室内发生不稳定燃烧。从如图 7.8 所示的曲线,可以求出各时刻相对脉动压力的大小,进而判断发生不稳定燃烧的时刻。由该图可知,在 154 s 和 156.5 s 两个时刻出现了脉动压力峰,通过分析认为,154 s 的压力峰为电信号扰动,156.5 s 的压力峰是由燃烧室内化学点火器工作过程所导致的瞬时压力波动。由脉动压力及燃烧室静压计算可得,在 177.4 s 时刻相对脉动压力达到 7.32%,并维持这一数值约 1 s。在 178.5 s 时刻,相对脉动压力达到 8.82%,随后脉动压力出现陡增,相对脉动压力迅速超过 10%。根据判断准则认为燃烧室在 178.5 s 出现高频不稳定燃烧。在 178.5 s 后脉动压力持续增大,并听到刺耳的啸叫声。在 179.5 s 相对脉动压力达到最大值的 20.7%,随即实行手动关机。

　　图 7.9 是 176～179.5 s 时间段内对脉动压力进行傅里叶变换得到的幅频特性图。从图可知,在 2 075 Hz 的频率值处出现了最大的峰值(0.1241 MPa),相对幅值为 20.7%。同时,在 962 Hz 和 4 175 Hz 处也分别出现了较高的峰值,峰值分别为 0.037 5 MPa 和 0.033 7 MPa,相对幅值分别为 6.25% 和 5.6%,其余频率的相对幅值均小于 5%。通过与计算值比较可知,962 Hz 为一阶纵向振型,2 075 Hz 为一阶切向振型,4 175 Hz 为一阶径向振型。计算值与实验值的比较见表 7.1。

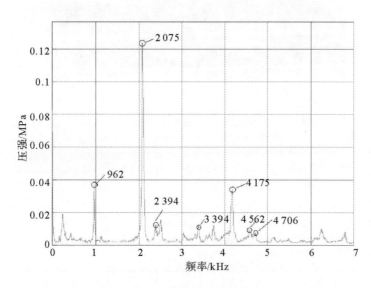

图 7.9　脉动压力幅频特性

表 7.1　振荡频率的计算值与实验值的对比($T=1\ 650\ \text{K}$)

振　型	1L	1T	1R	2T	1L1T	1L1R	1T1R
计算值/Hz	949	2 131	4 436	3 536	2 332	4 536	4 912
实验值/Hz	962	2 075	4 175	3 394	2 394	4 562	4 706
误差/(%)	1.37	2.63	5.88	4.02	2.66	0.57	4.19

　　由图 7.9 和表 7.1 可知,燃烧室内主要激发了一阶切向振型的不稳定燃烧。如图 7.10 所示是脉动压力三维瀑布图,它表示了频率、时间和脉动压力幅值的关系。如图 7.11 所示是脉动压力瀑布图的切片图,图(a)是频率为 2 075 Hz 的时间-幅值图,由图可以看到该频率的脉动幅值变化情况,可见,在约 179.5 s 时,幅值上升到 10%。即,可从此确定发生高频振荡的时刻。图(b)为频率-幅值图,表示了相对脉动压力最大时刻各振荡频率的振荡幅值。

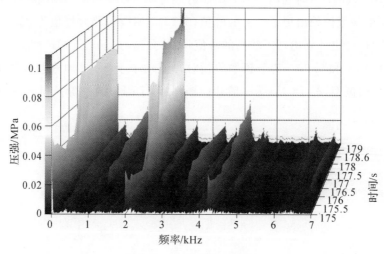

图 7.10　脉动压力瀑布图

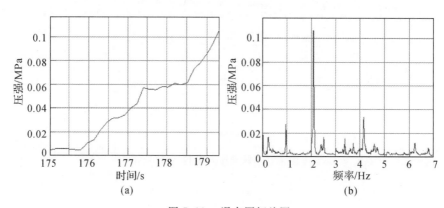

(a)　　　　　　　　　　　　　　(b)

图 7.11　瀑布图切片图

7.4 模拟实验参数及处理

模拟实验时,首先要依据实际发动机燃烧室和喷注器的工作参数,计算燃烧室的压力、流量、温度、混合比、氧化剂喷注器和燃料喷注器的动量比、燃烧室相对流强及燃烧室的各阶固有频率等参数。

7.4.1 模拟燃烧室参数计算模型

如图 7.1 所示,如以下标 c,air,ah 和 al 分别表示燃烧室、热空气、空气加热器和酒精蒸发器参数,以 o,f 和 th 分别代表相应的氧化剂、燃料和理论值;以下标"1"和"2"分别表示空气加热器路的空气和酒精参数,以下标"3"和"4"分别表示酒精蒸发器的空气和酒精参数。以模拟燃烧室、空气加热器、酒精蒸发器及其管路为对象建立模型,则有

(1)燃烧室的质量守恒

$$q_{m.c} = q_{m.air} + q_{m.al.o} + q_{m.al.f} \tag{7.12}$$

(2)燃烧室内氧化剂与燃料的余氧系数

$$\alpha_c = \frac{q_{m.air} + q_{m.al.o}}{q_{m.al.f}} \frac{1}{K_{c.th}} \tag{7.13}$$

(3)空气加热器内氧化剂与燃料的余氧系数

$$\alpha_{ah} = \frac{q_{m.ah.o}}{q_{m.ah.f}} \frac{1}{K_{ar.th}} \tag{7.14}$$

(4)酒精蒸发器内氧化剂与燃料的余氧系数

$$\alpha_{al} = \frac{q_{m.al.o}}{q_{m.al.f}} \frac{1}{K_{al.th}} \tag{7.15}$$

(5)喷注器流量

$$q_{m.c.o} = \mu_1 A_o \sqrt{\frac{2k_1}{k_1-1} p_o \rho_{air} \left[\left(\frac{p_{air}}{p_c}\right)^{\frac{2}{k_1}} - \left(\frac{p_{air}}{p_c}\right)^{\frac{k_1+1}{k_1}} \right]} = \mu_1 A_o \sqrt{2\rho_{air}\Delta p_1} \tag{7.16}$$

$$q_{m.c.f} = \mu A_f \sqrt{\frac{2k_2}{k_2-1} p_f \rho_f \left[\left(\frac{p_{al}}{p_c}\right)^{\frac{2}{k_2}} - \left(\frac{p_{al}}{p_c}\right)^{\frac{k_2+1}{k_2}} \right]} = \mu_2 A_f \sqrt{2\rho_f\Delta p_2} \tag{7.17}$$

(7)燃烧室相对流强相等

$$\overline{q}_{c.sim} = \frac{q_{m.c}}{A_c p_c} = \overline{q}_{c.act} \tag{7.18}$$

(7)喷注器动量比相等

$$\frac{\rho_o}{\rho_f} \left(\frac{v_o}{v_f}\right)^2 = \frac{\Delta p_o}{\Delta p_f} = \mathrm{const} \tag{7.19}$$

（8）辅助方程

$$c^* = \frac{A_{cr} p_c}{q_{c.m}} \tag{7.20}$$

$$a_c = \sqrt{k_1 R T_c} \tag{7.21}$$

$$T_{ah} = f(\alpha_{ah}) \tag{7.22}$$

$$T_{al} = f(\alpha_{al}) \tag{7.23}$$

7.4.2 模拟实验参数确定方法

与单喷注器低压燃烧模拟实验相比，全尺寸头部燃烧室模拟实验的参数换算较为简单。

1. 模拟实验燃烧室参数

（1）相对流强。全尺寸头部燃烧室低压模拟实验相对流强与实际发动机相对流强相同。

$$\bar{q}_{c.sim} = \frac{q_{m.c.sim}}{A_c p_{c.sim}} = \frac{q_{m.c.act}}{A_c p_{c.act}} = \bar{q}_{c.act} \tag{7.24}$$

模拟实验时，如果模拟燃烧室与实际燃烧室燃气温度相等或者接近，气体常数也接近，则相对流强相等就表示燃烧室内推进剂组元的流速相等。这样，也保证了燃烧室在上述工作条件下，喷注器通道内的富氧燃气流速大致相等。

$\bar{q}_c$ 可以在一个相当宽的范围内变化，只要保证模拟实验条件下点火过程不出现分离即可。一般情况下，$\bar{q}_c$ 取 $(0.8 \sim 1.1) \times 10^{-3}$。

（2）模拟燃烧室压力 $p_{c.sim}$。燃烧室压力 $p_{c.sim}$ 一般取为 $0.3 \sim 1.0$ MPa。

（3）模拟燃烧室推进剂组元流量。

$$q_{m.c.sim} = p_{c.sim} A_c \bar{q}_{c.sim} \tag{7.25}$$

（4）模拟燃烧室临界截面积 $A_{cr.c.sim}$。

$$A_{cr.c.sim} = \frac{q_{m.c.sim} C^*}{p_{c.sim}} \tag{7.26}$$

式中，C^* 为燃烧室特征速度，主要取决于推进剂的特性。如果模拟实验选取的推进剂特性与实际发动机推进剂特性相似，则两者取值可近似相同。

2. 酒精蒸发器参数

（1）酒精蒸发器室压。一般，酒精蒸发器室压为 $3 \sim 6$ MPa。

（2）酒精蒸发器混合比。

$$K_{al} = K_{al.th} \alpha_{al} \tag{7.27}$$

式中，K_{al}，$K_{al.th}$，α_{al} 分别为酒精蒸发器中空气与酒精的混合比、理论混合比和余氧系数。其中，余氧系数按蒸发器出口所要求的燃气温度确定。

（3）酒精蒸发器中燃料流量（也即进入到燃烧室的燃料流量）。

$$q_{m.\,al.\,f} = \frac{q_{m.\,al}}{1 + K_{al.\,th}\alpha_{al}} \qquad (7.28)$$

（4）酒精蒸发器中氧化剂流量。

$$q_{m.\,al.\,o} = q_{m.\,al.\,f}K_{al} \qquad (7.29)$$

（5）酒精蒸发器的推进剂总流量。

$$q_{m.\,al} = q_{m.\,al.\,o} + q_{m.\,al.\,f} \qquad (7.30)$$

（6）酒精蒸发器临界截面积。

$$A_{al.\,cr} = \frac{q_{m.\,al}C_{al}^*}{p_{al}} \qquad (7.31)$$

模拟实验时，先确定模拟燃烧室的压力。模拟燃烧室与实际燃烧室的相对流强相同（见式（7.18）），由公式（7.24）算出模拟实验时燃烧室的流量，并由依据式（7.26）确定模拟燃烧室的喉部面积。再依据燃烧室声学特性相似，预估模拟燃烧室的温度（式（7.21）），进而依据所用的推进剂由式（7.22）确定模拟燃烧室的余氧系数。然后，参照实际发动机燃烧室的氧化剂入口温度，大致确定出热空气温度，进而算出热空气的密度。再借助于系统中燃烧室气体的质量守恒式（7.12）、模拟燃烧室的混合比或余氧系数方程（式（7.13））、喷注器流量公式及动量比相等条件（见式（7.16），式（7.17）和式（7.19））联合计算确定热空气流量、酒精蒸发器中空气和酒精流量、热空气和酒精路的压降等参数以及空气加热器和燃料蒸发器的工作参数。酒精蒸气的特征速度可由式（7.20）求得。

针对不同实验，酒精蒸发器需在不同工况下工作，相应地，余氧系数会发生变化。一般要对酒精蒸发器内部气化后的蒸气温度进行数值计算，预估温度与余氧系数的依从关系。热力计算式中的假设如下：

（1）蒸发器壁面为绝热壁面，蒸发过程与外界没有热交换；

（2）少量空气和大量酒精燃烧后的产物仅为二氧化碳和水蒸气，剩余的酒精均被汽化成酒精蒸气，且汽化产物具有理想气体的性质；

（3）燃烧及汽化过程为等压过程，忽略生成产物的流速；

（4）汽化产物温度均匀，忽略压力变化对汽化产物温度的影响。

实验中，为避免高温燃气对酒精蒸发器的烧蚀，需要用高压冷却水对酒精蒸发器的燃烧区和气化区进行冷却，这将导致酒精蒸气的大量热量被冷却水带走，出口的蒸气温度要比数值计算得到的蒸气温度低（依据蒸发器不同，有所差别，如图7.6所示的系统约低200 K）。为此，须对酒精蒸发器进行调试，通过实验确定蒸发器的实际特征速度、混合比和温度的关系。然后，对计算的蒸发器空气流量和燃料流量进行修正。如图7.12所示是本章所示实验系统酒精蒸发器温度与余氧系数（α）的理论与实验值对比图。

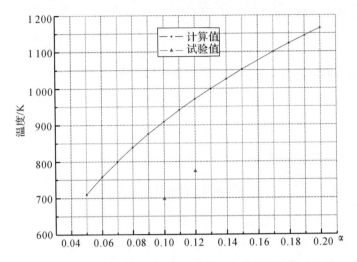

图 7.12　酒精蒸发器出口蒸气温度理论值与实验值对比图

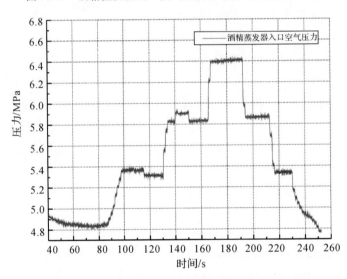

图 7.13　酒精蒸发器入口空气压力随时间变化关系图

　　事实上,在实验过程中,通过改变酒精蒸发器出口的酒精蒸气流量来改变燃烧室的余氧系数是激发燃烧室高频不稳定燃烧的一种方法,也是研究者希望模拟的过程。因此,酒精蒸发器入口的酒精和空气流量需要依据实验工况进行调节。酒精的调节是借助酒精供应管路上的流量调节阀,流量调节阀位置如图 7.6 所示。在通入蒸发器的空气管路上设置一个节流孔板,通过控制节流孔板前的压力即可起到调节空气流量的作用。如图 7.13 和图 7.14 所示分别是本章所示实验系统酒精蒸发器在冷态调节过程中节流孔板前的空气压力和温度随时间的变化关系。如图 7.15 所示则是酒精蒸发器入口空气流量与设定的空气目标流量比较。空气目标流量设定了四个工况,分别为 0.45 kg/s,0.5 kg/s,0.55 kg/s 和 0.6 kg/s,各工况通过控制系统进行切换。调节过程中控制程序根据节流孔板前空气压力和温度的信号进行实时计算并与设定的目标流量进行比较,以确定流量调节阀开度的增大或减小,当计算流量与目标流量差值小于设定值时,流量调节阀停止动作。

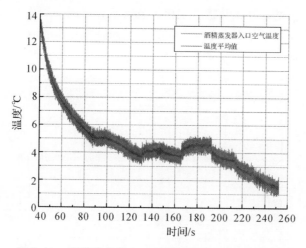

图 7.14　酒精蒸发器入口空气温度随时间变化关系图

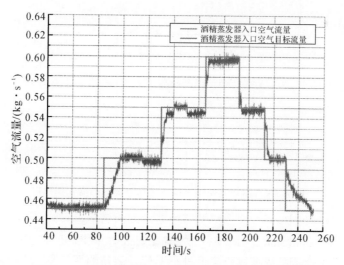

图 7.15　酒精蒸发器入口空气流量随时间变化关系图

　　在酒精蒸发器的实际工作过程中,空气和酒精流量的调节并不是独立完成的,两者的调节过程相互关联。根据实验工况可以确定空气流量及酒精蒸发器内的余氧系数,籍此,先调节空气参数,再相应的调节酒精流量。这样,可以保证空气和酒精调节过程的同步进行,以免空气和酒精单独调试时出现气、液两路调节时差而导致汽化器内余氧系数瞬时波动太大的现象。如图 7.16 和图 7.17 所示分别为酒精蒸发器空气和酒精联合调试过程中酒精蒸发器入口空气压力和温度测量值随时间的变化关系。如图 7.18 所示是根据酒精蒸发器入口空气压力和温度计算得到的空气流量和实测的酒精流量随时间的变化关系。在联合调试过程中,空气流量保持不变,而使汽化器内的余氧系数进行变化。余氧系数的调节顺序为 0.11 → 0.13 → 0.11 → 0.13 → 0.15。根据空气流量和余氧系数可以得到酒精蒸发器的酒精目标流量,流量调节阀以此为目标进行调节。

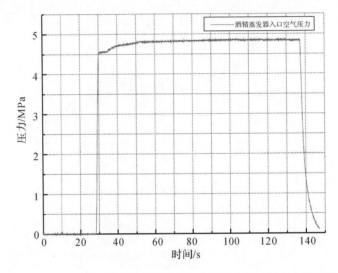

图 7.16　联合调试中酒精蒸发器入口空气压力随时间变化关系图

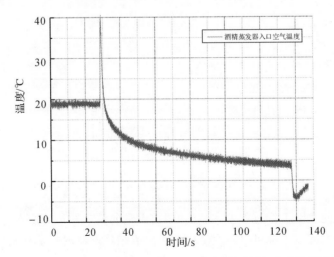

图 7.17　联合调试中酒精蒸发器入口空气温度随时间的变化关系图

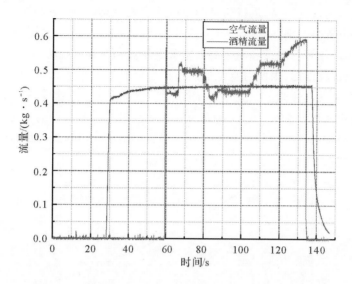

图 7.18　联合调试中空气和酒精流量随时间的变化关系图

3. 空气换热器参数

对于高压补燃循环液氧／煤油发动机而言,液氧首先与少量煤油在燃气发生器中燃烧产生富氧燃气,富氧燃气推动涡轮做功,而后进入燃烧室与燃料进行补燃。因此,模拟实验过程中,使用换热器对空气加热来模拟富氧燃气。为了保证空气组分不变,加热过程采用间接加热法,即采用间壁式换热器进行加热。热源由空气加热器中酒精和空气燃烧生成的高温燃气提供,燃气通过换热器将热量传递给需要加热的空气,之后经排气管道排到外界。对于间壁式换热器而言,为了提高换热器的换热效果,要使高温燃气与冷空气的流动方向相反,因此将冷空气从换热器的另一端通入,以保证换热过程高温燃气与空气的温差最大,从而使得换热效果最佳。结合模拟实验的工况要求,将空气的加热温度与实际发动机的氧化剂入口温度相接近(如某型高压补燃循环液氧煤油发动机氧化剂入口温度约 450℃)。在冷空气流量恒定的情况下,经过换热器后的热空气温度主要取决于高温燃气的温度和流量。又为保证:

(1) 空气的加热温度。加热温度由燃烧室进口温度确定,一般在 400 ～ 450℃。

(2) 换热器的空气流量。空气流量,即进入燃烧室的氧化剂路的热空气流量。

$$q_{m,\delta} = q_{m,\delta} - q_{m,al} \tag{7.32}$$

工程上,空气加热器设计完成后,需要进行调试实验,最终参数由调试实验确定。

4. 空气加热器参数

实验时,需针对具体情况,依据需要的热空气流量、温度和实验得到的换热器换热效率,计算加热器所需的燃气温度和流量,进而确定空气加热器内酒精、空气的流量(或余氧系数)。此时,主要要考虑加热的持续时间,进行流量和温度的匹配,以保证制备出的热空气满足实验工况的要求,并保证设备的安全。

空气加热器热力计算的假设和前述的酒精蒸发器相仿。事实上,空气加热器的燃烧产物温度必定低于理论计算温度,为此对空气加热器在五个工况下进行了实验,将实际测量的燃气温度与理论计算的燃气温度进行比较。如图 7.19 所示是本章系统中加热器的计算与实验结果。

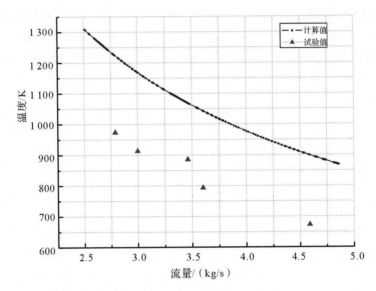

图 7.19   燃烧器内燃气温度计算值与实验值的对比图

如图 7.19 所示表明,实测温度要比理论计算温度低约 $200 \sim 250$ K。这主要是因为在数值计算过程中进行的假设与空气加热器实际工作过程不同所致。在空气加热器工作过程中,发生器外壁面直接暴露在空气中,燃烧过程并非绝热过程,从而造成大量的热损失。同时,燃烧过程的不充分燃烧、燃烧产物的分解以及燃烧产物的流动过程都会使燃烧产物的温度降低,这就使得实际测量的燃气温度要低于理论计算的燃气温度。

通过以上分析和实验可以确定空气加热器在不同余氧系数下生成的燃气温度。高温燃气进入换热器后与冷空气进行热交换,考虑到换热器的换热效率及管道热损失等因素的影响,换热器出口的热空气温度是模拟实验需求提出的,入口的冷空气温度依据实验时的环境温度确定。在选定了燃烧室器的室压和混合比后,换热器入口的燃气温度基本就确定了。进而据换热器的换热效率和两路气体的流动参数,就可以大致确定实验工况需求的燃气流量。也可以先选择燃气流量,再依据热空气温度计算高温燃气的温度,进而确定空气加热器内的余氧系数。

　　实验装置设有两个空气加热器,当需要加热的空气流量较小时由一个空气加热器单独工作就可以满足要求,当空气流量较大时由两个空气加热器并联工作。空气加热器设计工作压力一般限定在 5.0～6.0 MPa,单个空气加热器的燃气流量控制在 2.5～4.5 kg/s。另外,在换热器内为了保证热空气的纯净,高温燃气一侧的压力要比热空气一侧的压力低 0.2～0.3 MPa,以防止高温燃气渗入热空气内。换热器内高温燃气的压力要通过空气加热器出口的节流孔板进行控制。

　　空气加热器和换热器输出的燃气温度直接影响热空气的温度。在模拟实验过程中,热空气的温度是激发燃烧室产生不稳定燃烧的一个重要因素。因此,需要在实验过程中加以调节热,以确定喷注器和燃烧室的稳定性边界。而燃气的温度决定于进入空气加热器燃烧器内的空气和酒精的混合比,对混合比的调节将是控制热空气温度的关键因素。同酒精蒸发器的调节过程类似,酒精流量的变化决定于空气流量和工况参数确定的混合比。因此,对进入空气加热器的空气进行调节,保证加热器入口空气的流量调节满足要求。

　　如图 7.20 所示是空气加热器入口处空气压力随时间的变化关系图,调节过程选择四个工况进行切换,分别为 3.4 kg/s,3.6 kg/s,3.7 kg/s 和 3.8 kg/s。为了验证流量调节阀的调节性能,冷态调试过程对上述 4 种工况进行了多次切换。如图 7.21 所示是空气加热器入口空气的温度随时间的变化关系图。如图 7.22 所示是空气加热器入口空气流量随时间的变化关系图,图中所示的两条曲线分别是目标流量和由空气加热器入口空气压力、温度及节流孔板截面积计算出的实际流量。由图可知,调节过程满足实验要求,空气流量在各工况下均达到了调节要求和调节精度。

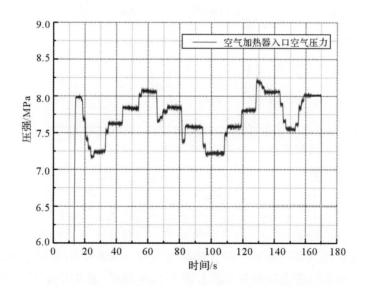

图 7.20　空气加热器入口空气压力随时间的变化关系图

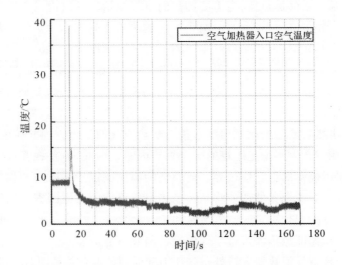

图 7.21　空气加热器入口空气温度随时间的变化关系图

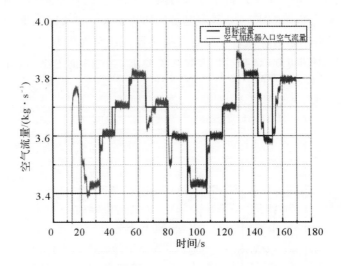

图 7.22　空气加热器入口空气流量随时间的变化关系图

　　模拟实验过程中,需要调节进入模拟燃烧室的热空气流量,改变燃烧室内的余氧系数,以此来激发燃烧室内的自激振荡,从而研究余氧系数对燃烧稳定性的影响。换热器的调试主要是针对进入换热器的空气流量来进行的。调节过程的目标是保证进入燃烧室内的热空气流量,满足实验工况要求,这主要通过调节进入换热器的冷空气流量实施。换热器属于间壁式换热器,考虑到材料和加工因素,设计时允许冷热流通道有一定间隙。为保证热空气的纯净度,空气一侧的压力要高于高温燃气一侧的压力,所以在冷空气经过换热器加热的过程中,必然有一部分空气会渗入高温燃气一侧,出现空气流量的损失。下面对换热器空气的调试过程进行分析。

如图 7.23 所示是换热器入口和出口进入燃烧室之前,相应的节流孔板前的空气压力随时间的变化关系图。此系统冷态调试时,设计的 4 个工况分别为 2.3 kg/s,2.5 kg/s,2.6 kg/s 和 2.7 kg/s。调节次序为 2.3 kg/s → 2.5 kg/s → 2.6 kg/s → 2.7 kg/s → 2.6 kg/s → 2.5 kg/s → 2.3 kg/s → 2.7 kg/s → 2.3 kg/s → 2.7 kg/s → 2.3 kg/s。10 次调节过程包括最小流量与最大流量的逐步调节与突跃调节,以保证不同工况调节都能满足实验要求。图 7.24 是对应于上述两处的空气温度随时间的变化关系图。冷态调试过程并未通入高温燃气,仅是调节流量,燃气一侧是大气压,所以空气经过换热器后的流量损失和压力减幅较大,空气流量的损失接近 0.35 kg/s。图 7.25 是燃烧室入口空气目标流量和由相应的节流孔板前的空气压力、温度和孔板截面积计算出的实际空气流量对比关系。由该图可知,换热器出口空气的实际流量与目标流量吻合,调节精度约为 2%。

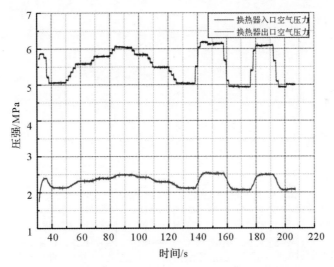

图 7.23　换热器入口和出口空气压力随时间的变化关系图

5. 点火器实验工况参数的选择和确定方法

在实验系统中有两种点火器,一种是用于空气加热器燃烧器点火的电火花点火器,这种点火器简单、方便;另一种是用于燃烧室和酒精蒸发器点火的化学点火器,它使用自燃推进剂,燃料为三乙胺,氧化剂为硝酸 AK—27。燃烧室和酒精蒸发器的点火器的工作原理相同,因此相关参数的计算方法一致。

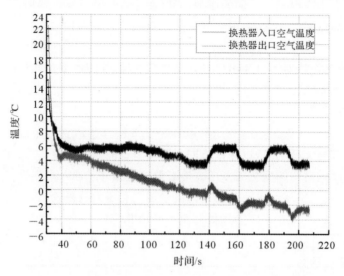

图 7.24　换热器入口和出口空气温度随时间的变化关系图

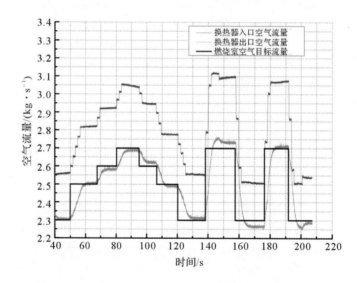

图 7.25　换热器入口和出口空气流量随时间的变化关系图

点火器氧化剂储箱压力(p_o)：

$$p_o = p_d + \Delta p_{go} + \Delta p_{po} \tag{7.33}$$

式中，p_d 为点火器压力；Δp_{go} 为氧化剂管路压降；Δp_{po} 为氧化剂喷嘴压降。

点火器燃料储箱压力(p_f)：

$$p_f = p_d + \Delta p_{gf} + \Delta p_{pf} \tag{7.34}$$

式中，p_d 为点火器压力；Δp_{gf} 为燃料管路压降；Δp_{pf} 为燃料喷嘴压降。

实验系统设计中，只设置一个氧化剂储箱和一个燃料储箱。而燃烧室和酒精蒸发器当中的点火器压力并不相同，因此需将储箱设计压力取为两者中的最大值，通过调节相关管路上的节流孔板，达到所需点火器压力。

经过点火器的推进剂总流量：

$$q_{m.d} = \frac{p_d A_d}{c_d^*} \tag{7.35}$$

式中，p_d 为点火器压力；A_d 为点火器的临界截面积；c_d^* 为推进剂组元的特征速度。

由式(7.35)算出推进剂组元的总流量，再根据给定的点火器内的组元混合比即可计算出燃料和氧化剂各自的流量。

7.4.3　实验结果处理步骤

全尺寸燃烧室低压燃烧模拟实验获得的实验参数非常丰富，包括实验系统中空气、燃料、燃料蒸发器所用的氧化剂和燃料、氮气、冷却水等实验介质的储箱压力，供应管路压力和流量等缓变参数；空气加热器、换热器、燃料蒸发器、模拟燃烧室等主要部件的室压、温度，氧化剂和燃料供应管路的流量、压力和温度等缓变参数；模拟燃烧室脉动压力和机械振动等速变参数。高频燃烧不稳定性研究主要关心的是模拟燃烧室的脉动压力的振幅和频率以及与此密切相关的燃烧室机械振动的振幅和频率，发生高频燃烧不稳定性时刻的燃烧室模拟空气和燃料蒸气的温度、流量和压力等参数。这里仅介绍相关的实验参数的处理步骤，其他不再赘述。实验结果的主要处理步骤如下：

(1) 将整个实验过程按时间(t)分为若干个时间段(如 $l = 1, 2, 3, \cdots, N$)，每个时间段的时长(Δt)可依据实验工况和分析仪器的状况确定。一般情况下，模拟实验时间均比较短，约在 $20 \sim 40\ \mathrm{s}$ 的时间，时长可取 $\Delta t = 0.1 \sim 0.3\ \mathrm{s}$。对于燃烧室启动段，$\Delta t$ 应小一些；稳定工作段，Δt 可适当长一些；仪器设备的时间分辨率高，Δt 应小一些。

(2) 确定出每个时间段的幅频图，并分析高频燃烧不稳定性研究主要关心的一阶切向(f_{1T})、一阶径向(f_{1R})、一阶纵向(f_{1L})、二阶切向(f_{2T})及一阶切向和纵向复合频率($f_{1T.1L}$)等频率。考虑到模拟实验参数及稳态工况下所研究的频率存在随机变化等因素，对上述重点分析的频率应给予一定的取值范围，如 $f_X = f_{x.j} \pm (0.1 \sim 0.15) f_{x.j}$，$f_{x.j}$ 就是计算的 f_{1T}，f_{1R}，$f_{1T.1L}$ 等。

(3) 在每个时间段的幅频图中，针对上述限定频率范围，选出最大的振幅值(A_{max})及与其对应的频率值(f)。根据得到的数据，绘制出每个最大振幅的变化曲线($A_{max} = \varphi(t)$)和相对应的频率的变化曲线($f = \varphi(t)$)。

(4) 依据得出的实验结果，确定频率 $f = \varphi(t)$ 及其数值的离散差；依据燃烧室脉动压力幅值确定发生高频燃烧不稳定性的时间点，一般情况，振幅大于平均室压的 10% 即认为是发生高频燃烧不稳定性。可能损坏燃烧室的脉动压力也被认为是发生了高频燃烧不稳定性。

(5) 绘制出实验过程中模拟燃烧室路空气和燃料蒸气供应压力、温度缓变参数随时间的变化关系 $p=\varphi(t)$，$T=\varphi(t)$，并进一步确定燃料蒸发器路中相应缓变参数与时间的变化关系。这里特别要注意的是，实验过程和参数处理时，必须确保缓变参数与速变参数的高度同步。

(6) 分析模拟燃烧室的机械振动情况，进一步确定发生高频燃烧不稳定性时的工况。一般情况，发生了高频燃烧不稳定性时模拟燃烧室的机械振动的振幅会大幅增大。

(7) 针对发生高频燃烧不稳定性的时间点，依据 $A_{max}=\varphi(t)$ 和 $f=\varphi(t)$ 和相应的缓变参数时间曲线确定出发生高频燃烧不稳定性时的缓变参数，如热空气的温度、压力、流量；燃料蒸气的温度、压力和流量；燃料蒸发器路空气的温度、压力和流量；燃料蒸发器路燃料的温度、压力和流量等。

(8) 按照下节所述的换算方法确定模拟燃烧室的稳定性工作边界，绘制稳定性工作图。

进行实验参数处理时，应该注意的是，频率值从随机(杂乱)变化状态转入确定的频率值时，所对应的时间点也就是实验系统中产生自激振荡的时间点。产生自激振荡的时间点和产生高频燃烧不稳定性的时间点有时可能会相差较大，但自激状态一般是较早出现的。发生自激振荡的那一特定频率值是燃烧室固有的声学频率之一。依据该频率，可以确定燃烧室内发生不稳定性燃烧时的振型(如 f_{1T}，f_{1R}，$f_{1T,1L}$ 等)。

7.4.4　实际燃烧室参数的确定方法

实际燃烧室参数的计算方法和单喷注器燃烧室高频燃烧不稳定性低压燃烧模拟实验相仿(参见 6.3.2 节)，这里补充两点：

(1) 混合比。如果模拟实验采用与实际发动机相同的燃料和氧化剂，则模拟实验时燃烧室的混合比也就是实际燃烧室的混合比。如果模拟实验使用的氧化剂和燃料与实际发动机使用的燃料和氧化剂不同，则需要进行换算。

(2) 实际燃烧室压力 p_c 发动机工作时燃烧室压力 p_c：

$$p_c = \frac{q_{m,\,act} c^*}{A_{cr.\,act}}\tag{7.36}$$

式中，$A_{cr.\,act}$ 为实际喷管的临界截面积；c^* 为燃烧室特征速度；$q_{m.\,c.\,act}$ 为实际的推进剂质量流量。

7.5　模拟实验结果的表述

模拟实验参数可以表述成多种形式：

用空气入口温度(T_1)和余氧系数(α_c)表示。在燃烧室压力 p_c 一定的条件下，模拟实验要保证 $q_m/p_c=\mathrm{const}$，则要保证 $q_m=\mathrm{const}$。于是，进入燃烧室的气体燃料和热空气的流量需要反向同尺度变化,才能达到燃烧室总流量不变的前提条件下,改变燃烧室的混合比。同时,还需要燃烧室中喷嘴入口的动量比(或燃料和氧化剂的喷嘴压降比)保持不变,即,$\Delta p_1 / \Delta p_2 = \mathrm{const}$。流量公式为

$$q_m = \mu A \sqrt{2\rho\Delta p} = \mu A \sqrt{2\frac{p_1}{RT}(p_1 - p_c)}$$

由上式可知,要让喷嘴入口的压力(或喷嘴的压降)和气体常数保持不变,则需要改变气体的入口温度,也即要调节加热器的混合比。

(2)用燃烧室压力(p_c)和余氧系数(α_c)表示。当燃烧室入口空气温度 $T_{\mathrm{air.in}}$ 一定的条件下,入口空气的流量为 $q_{m.\mathrm{air}} = \mathrm{const}$。要改变燃烧室的混合比(或余氧系数 α_c),则只能改变气体燃料的流量 $q_{m.\mathrm{al}}$,但需要保证 $q_m / p_c = \mathrm{const}$。故燃烧室压力是变化的。

(3)用燃烧室喉部面积(A_t)和余氧系数(α_c)表示。依据燃烧室的确定性准则,改变混合比 α_c,只能同时改变入口空气流量 $q_{m.\mathrm{air}}$ 和气体燃料的流量 $q_{m.\mathrm{al}}$,但保持 α_c 不变。这样,如果要使喷嘴动量比之类的参数保持不变,就需要改变燃烧室的喉部面积。

7.6　模拟实验的应用

全尺寸头部燃烧室高频燃烧不稳定性低压燃烧模拟实验系统主要用于:

(1)评估不同混合方案头部的相对稳定性;

(2)确定抗脉动装置(如隔板)的实用效果,并优化选择抗脉动装置的参数;

(3)确定燃烧室启动阶段的工作特性,并为工作过程的数学计算模型提供原始数据。

7.7　低压燃烧模拟实验技术评述

第5,6章和7章分别介绍了单喷注器燃烧室和全尺寸燃烧室低压燃烧模拟实验的原理和应用。下面对两者的相同和不同之处予以分析:

(1)从燃烧不稳定性的物理和化学过程相似角度分析,全尺寸头部燃烧室模拟实验在燃烧室几何特性、声学特性、热过程及振荡的衰减等方面无疑更接近实际。就激励机理而言,两者基本一致。

(2)就研究对象或应用而言,单喷注器燃烧室低压燃烧模拟实验的主要作用在于为燃烧室选择结构合理的喷注器;是后者的基础;向全尺寸头部低压燃烧模拟实验则是在单喷注器模拟实验的基础上,研究比较合理的头部排列方式,研究抗脉动装置的实际效果,两者的侧重不同。

(3)无疑,单喷注器燃烧室低压燃烧模拟实验在实验系统、方法和运行成本等方面均有优势,且应作为全尺寸头部燃烧室模拟实验的前提。

至此,已经介绍了声学特性模拟实验、单喷注器和全尺寸头部燃烧室低压燃烧等三种高频燃烧不稳定性模拟实验技术。上述的模拟实验均是建立在相应的比较系统的基础理论上的,单喷注器声学特性模拟实验与低压燃烧模拟实验在选择喷注器方面有共同之处,而后者又与全尺寸头部燃烧室低压模拟实验在获得不稳定性边界方面有共同点。这些模拟实验方法的提出和应用均是液体火箭发动机及其相关的基础理论研究成果的延伸和应用,也为液体火箭发动机的研制提供了手段。

但是,应该看到的是,模拟实验毕竟是模拟实验,任何模拟实验都不能模拟实际现象的全过程,只能近似地描述一两个主要过程,而忽略其他过程。这样,模拟实验就不能完全代替实际发动机实验。就上述所述的模拟实验而言,存在的问题在于:① 它们均是建立在混合过程在燃烧过程起主要作用的条件下的。具体而言,上述方法仅适用于高压补燃循环液氧/煤油发动机和全流量循环液体火箭发动机,对于燃烧室为液/液喷注的燃烧组织方式,模拟准则和方法则需要重新研究或者修正。② 模拟准则考虑了燃烧室流动相似等过程,但忽略了高压条件下对混合和燃烧影响。具体而言,没有考虑高压造成的燃烧室燃气成分和温度等参数的不同。

燃气发生器循环液体火箭发动机和挤压供应的小型液体火箭发动机高频燃烧不稳定性采用什么模拟准则,用何种模拟实验方法还需要进行深入研究。

第8章　高频燃烧不稳定性缩比实验

8.1　概　　述

　　液体火箭发动机燃烧室的研制是一项耗资较大的工程。尤其当遇到高频燃烧不稳定性时,燃烧室研制耗费的费用难以预估。美国阿波罗计划的F—1发动机研制过程中,总共有3 200次全尺寸燃烧室热试验,其中,将近2 000次是用来解决燃烧不稳定性问题[19]。当时,由于无法从理论上完全理解高频燃烧不稳定性,处理问题只能是在一定准则的指导下,进行一次次的工程尝试,既昂贵,又费时。为了尽量降低燃烧室的研制费用,客观和主观上均需要制订比较科学的研究计划,以尽可能低的代价和快的速度来处理高频燃烧不稳定性问题。于是,燃烧不稳定性的缩比实验技术就应运而生了。与俄罗斯采用的燃烧室低压燃烧模拟实验相同的是,高频燃烧不稳定性的缩比研究实验成果不可能完全用于全尺寸燃烧室设计,但可以降低全尺寸燃烧室研制的风险。缩比实验可以提供成本效益较高的全尺寸燃烧室稳定性和性能特性评定的方法。作为全尺寸燃烧室设计工作的一部分,较低推力的缩比燃烧室实验安排在全尺寸燃烧室研制工作之中,且处于发动机方案设计阶段之后。

　　第6章所述的单喷注器燃烧室低压燃烧模拟实验是最方便、成本最低的缩比实验形式,但是其应用范围有限,得到的稳定性信息也有限。其不足之处在于①模拟实验采用独立的喷注器,其流动和燃烧特性与实际发动机特征是有区别的。对于典型的同轴喷注器,这些特征包括实际燃烧室头部存在喷注器间的间隙,相邻喷注器火焰间的相互影响。同时,实际喷注器的一些设计特征也会影响燃烧室喷注单元内的流动特性。②单喷注器燃烧室的停留时间和推进剂在集流腔内的流动与全尺寸燃烧室也有很大差别,即使喷注器的水力响应与全尺寸燃烧室相同,也很少能提供有关低频稳定性的信息。增加缩比实验燃烧室长度固然可以增加模拟燃烧室的停留时间和传热,但燃烧室长度的增加趋于产生纵向振型不稳定性。③燃烧室切向声学振型通常不能反映全尺寸燃烧室的特性。单喷注器燃烧室的切向声学振型频率要高于典型的全尺寸隔板腔和主燃烧室频率。因此,最理想的是所有这些实验都在全尺寸水平下进行,以尽可能地与发动机最终构型的稳定性控制特性(包括燃烧室声学振型、频率及喷注器形式)相匹配。事实上,对于较小的发动机和推力室(如上面级),一般可在全尺寸燃烧室和全推力水平下进行实验。然而,对于大推力的主级发动机,从费用、进度及安全上的考虑,在全尺寸条件下进行所需的稳定性研制实验是很困难的。通常采用增压推进剂储箱(而不是实际发动机的泵)进行初步实验,以减小发动机研制计划早期的实验费用,并降低实验难度。此外,还必须考虑大型实验项目失败的可能性及与此相关的安全、成本和进度问题。最后,对于某些研制计划,对与燃烧有关的其他特性(如燃烧室性能)以及喷注器流场对燃烧室寿命和冷却性能(喷注器/燃烧室相容性)影响的关心程度可能甚于稳定性。第7章所述的全尺寸头部燃烧室高频燃烧不稳定性低压燃烧模拟实验无疑是模拟实验中最接近实际条件的,它与实际条件的最大区别在于燃烧室的热流密度不同,由此可能导致燃烧室中混合与化学反应的条件也不同。能否在接近实际燃烧室的流动条件下模拟燃烧室高频燃烧不稳定性过程,观察和研究其中的化学反应规律等就成为研究者关心的另一个问题。这当中,燃烧室缩比件模拟实验就成为选择方案之一。

8.2 二维缩比燃烧室

二维扁平燃烧室[62,63]实验也许是比较典型的用缩比试件评估全尺寸燃烧室燃烧稳定性的方法。其尺寸确定的主要原则是,燃烧室压力与实际燃烧室压力保持一致;喷注器选择实际尺寸的喷注器和工作条件,以保证流动状态的一致性;燃烧室的第一宽度或"晃动"振型与全尺寸构件的一次切向振型相匹配。其目的就在于使燃烧过程处于与全尺寸燃烧室相同频率的压力扰动下。缩比件与实际燃烧室的主要区别是两者燃烧室的几何构型和流量不同。也有一些研究者采用相对低的燃烧室压力,以更方便地研究燃烧室内的实际流动状况和燃烧不稳定性发生的机理传播过程。为此,许多低压二维燃烧室都采用了透明室壁,以便使用基于非干涉流场的光学测量技术(如纹影、阴影技术等)对燃烧室进行记录,实现流动和燃烧过程的可视化。用二维燃烧室进行燃烧稳定性实验,典型的测量仪器包括高频与低频压力传感器、热电偶、加速度计、流量计和高速摄像机。二维燃烧室一个特别的优点在于有两个表面积很大的区域,这易于根据需要安排多个测试仪器接口和观察窗。如图8.1[62]所示是带有透明室壁的J—2S二维燃烧室照片。

在F—1发动机的研制过程中,美国应用二维燃烧室来研究高频燃烧不稳定性问题。由二维燃烧室实验得到的大量信息直接支持了F—1发动机设计。采用二维燃烧室充分研究了不同隔板长度的影响,"涌动"性不稳定振型的发生以及喷注器改进方案的稳定性。另外,在研究各种燃料喷注器的动态稳定性时,实验结果表明,二维燃烧室和全尺寸燃烧室之间有良好的一致性。

另一个二维缩比装置的实例是二维稳定性研究燃烧室。项目设计是为了帮助了解与不稳定燃烧相联系的主要物理机理。该燃烧室安装同轴式或撞击式喷注器,采用了高度模块化的结构,持续实验时间达1 s。燃烧室带有用于各种测量的仪器接口,壁面装有观察窗,以便应用光学测量技术。

图 8.1　Rocketdyne State Steana 实验室的 J—2S 二维透明燃烧室

二维缩比实验的主要优点在于：①在流量较全尺寸燃烧室低很多的情况下（与较小的实验室尺寸相适应），可以具有与全尺寸构件相同的声学频率；②喷注器单元与全尺寸构件相同，保证了喷注器及其出口的流动特性；③可用于评定声腔参数和研究隔板长度对燃烧不稳定性的影响；④可用于评定不同隔板长度下的燃烧室阻尼率和频率，但较长的隔板需要更多的冷却剂，这会降低性能。

二维燃烧室模拟燃烧不稳定性存在的不足表现在于：①燃烧不稳定性与燃烧室的几何构型有关，二维燃烧室和全尺寸燃烧室几何结构上的差别势必会引起燃烧室之间空间压力波形的不同，如全尺寸构件中的旋转型不稳定性在二维试件中不可能发生，自然也无法考察。②试件的表面积与体积之比远远大于相应的全尺寸燃烧室。较大的表面积导致二维试件的声学阻尼大于全尺寸构件，尽管与燃烧室喉部的对流阻尼相比，壁面的阻尼很小。

8.3　三维圆柱形缩比燃烧室[62,63]

三维燃烧室是另一种用缩比试件评定全尺寸燃烧室声学稳定性的方法，其尺寸确定的主要原则是：①燃烧室压力与实际燃烧室压力保持一致。②喷注器选择实际尺寸的喷注器和工作条件（质量流量、室压和混合比），以保证流动状态的一致性，只是单元数目较少，以便与较小的燃烧室头部喷注面积和较低的总流量相匹配，并能得到性能和热流信息（利用水冷燃烧室）。③缩比试件的横向波长尽量接近全尺寸燃烧室波长。

其中，缩比三维圆形试件的优点在于：①实验件流量和推力相对全尺寸较低，但从中可得到设计大构件的经验基础和比较接近实际的实验数据,这些因素可以增加制订和执行研制计划的成功率。②与单喷注器燃烧室模拟实验相比,三维圆形缩比燃烧室可以提供单元间相互作用的信息,这也是全尺寸设计的特征。③与单喷注器燃烧室类似,实验得到燃烧特性可以用于全尺寸燃烧室特性分析。④与全尺寸燃烧室高频燃烧不稳定性鉴定实验类似,缩比燃烧室也可以采用爆炸弹的实验方法,来评定燃烧室对燃烧不稳定性的反应能力。同时,也可用三维圆形燃烧室研究燃烧过程对高幅值陡峭前沿波的响应特性。

当然,三维圆形燃烧室缩比实验也有一些局限,最明显的是试件的几何尺寸比全尺寸构件要小,观测到的频率与全尺寸燃烧室横向振型的较低频率不同;此外,为了保持与全尺寸燃烧室有相同的燃烧停留时间,使液滴完全蒸发,须使缩比件的长度与全尺寸发动机相同,这样,缩比燃烧室的长径比大于全尺寸燃烧室,具有较大长径比的燃烧室是易于产生纵向不稳定的。

实验时,一般用文氏管或涡轮流量计测量推进剂流量;用压电式压力传感器测量集流腔和燃烧室中的高频压力。高频压力传感器应安装在接近喷注面的各个周边位置处,以提供这些振荡的振型和峰值振幅的精确信息。

图 8.2   82 个喷注单元的 LOX/CH₄ 缩比实验件

三维圆柱形燃烧室缩比试件有许多实例,如图 8.2[62]所示是装有 82 个喷注单元的 LOX/CH₄ 燃烧室试件。燃烧室直径为 143.76 mm,主级工作压力约为 13.79 MPa,混合比为 1.9~3.7,额定推进剂流量约为 40.83 kg/s。为了评定这种由 82 个喷注器的燃烧室的燃烧稳定性裕度,进行了两种不同类型的稳定性评定实验:一是逐渐降低燃料温度;二是用人为激励激发高频燃烧不稳定性,研究特定燃烧室对不稳定性的响应。在降低温度实验时,发现甲烷温度在 −16~−23℃ 的范围内,燃烧室是不稳定的。其实,在 J—2 发动机研制期间,就发现对于给定的喷注器,当标称燃料温度降低到某一特定值时,发动机燃烧室会出现不稳定。因此,这种技术被确定为气/液同轴喷注器的稳定性评定方法。美国 NASA 刘易斯研究中心(LeRC)在20 世纪 60 年代进行了许多这种降低温度实验。实际上,燃料温度对燃烧室燃烧稳定性有双重影响,具体表现在:①气态燃料密度随温度升高而明显降低,导致喷注器的流阻减小,从而增加了燃烧室对燃料侧供应系统振荡的敏感性。此外,燃料喷射速度随温度升高而线性减小,导致雾化变差,增大了燃烧耦合声学不稳定性的可能性。②温度降低导致燃烧室声学特性改变,也许正好在某一个温度时,燃烧室声学特性与燃烧过程发生耦合。通常,后一种影响更为明显。

如图 8.3[62] 所示是这些实验中典型的 LOX 腔内的频谱变化。每条谱线相应于实验期间的一个时间"片"(短的取样周期)。要说明的是,特征燃烧频率随实验进程而漂移,而燃料温度持续降低。图中所注的不稳定的开始时间相应于高幅值室压振荡的开始。缩比条件下的燃料温度渐降实验能为全尺寸发动机启动程序的制定提供直接信息。

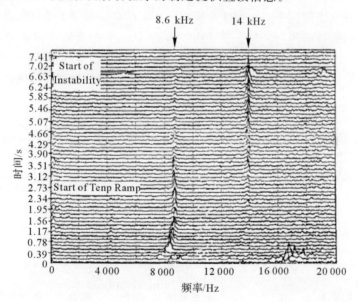

图 8.3　LOX/甲烷缩比实验,燃料温度渐降试验时,LOX 集液腔高频压力传感器的测量结果

由三维圆柱形缩比燃烧实验所得到的主要结果包括一些基本稳定性数据,如波动压力和加速度值、声腔温度测量值、高频时滞数据(根据压力扰动周期计算)以及与特定喷注器形式有关的动态响应(脉冲诱发的压力波幅值增长)。此外,实验还可以得到室压、温度、热流、推进剂流量以及高速运动的外部羽流图像。如果摄影机拍摄的帧速足够快,还可能由羽流图像辅以得到一些低频信息(例如低频稳定性)。有时,三维圆柱形试件实验还测量羽流光谱,以检验是否有燃烧室烧蚀或相容性问题。

采用三维圆柱形缩比试件进行燃烧不稳定性研究的实例还有美国航天飞机主发动机SSME的实验项目(重烃主喷注器技术计划),马歇尔空间飞行中心的RP—1和甲烷实验项目及刘易斯研究中心的三维圆柱形缩比试件。这种评定技术也已成功地用于包括J—2在内的许多全尺寸火箭发动机计划。而且,在缩比燃烧室上已经证明了爆炸引起的压力脉冲响应是一种可再现的稳定性评定技术,且所诱发的压力波的幅值可由炸弹的装药量控制。

8.4　其他缩比试件

为使研制的全尺寸燃烧室具有最大的燃烧稳定性裕度。除了上述的二维、三维缩比燃烧室外,研究者还提出了其他不同型式的缩比燃烧室技术,如环形(铲形)、桶形和楔形缩比燃烧室。图8.4展示了这三种燃烧室的外形[62]。

如图所示,环形燃烧室包括外室壁、中心体和位于环形缝隙端头的环形喷注器。这种设计便于在低推力燃烧室上研究全尺寸构件的频率。环形燃烧室可用于模拟燃烧室边区的旋转型不稳定。假设环形燃烧室的直径与全尺寸构件相同,那么它的旋转或跑道型频率一般比全尺寸燃烧室低,而径向振型的频率要高得多。环形燃烧室的中心体热负荷管理比较困难,其成本和设计复杂性均较高。此外,类似于二维燃烧室,它的壁面损失比圆柱形燃烧室大。

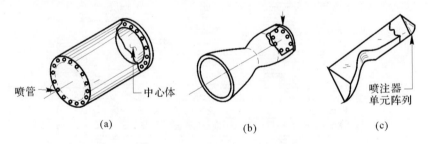

图 8.4　环形、桶形和楔形燃烧室
(a)环形燃烧室；　(b)桶形燃烧室；　(c)楔形燃烧室

桶形(或脉冲型)燃烧室是另一种在低流量下提供全尺寸燃烧室声学特性的缩比方案,其外形类似于环形燃烧室,但没有中心体。喷注器位于室壁附近,以研究室壁附近单元对稳定性的影响。因为燃烧室直径基本上与全尺寸的相同,故燃烧不稳定频率近似等于全尺寸燃烧室不稳定性频率。桶形燃烧室的缺点是燃烧室的质量流量显著低于全尺寸燃烧室,这导致收缩比(或室压)的不一致,从而影响对流热负荷和推进剂喷雾的扩散特性。高的收缩比可能降低喷管的对流阻尼,并导致稳定性裕度显著不同于相应的全尺寸燃烧室。

楔形燃烧室主要用于研究隔板腔的声学特性。已揭示了隔板腔的振型以及与预计的隔板腔声学相匹配的振荡频率。楔形燃烧室能准确表示全尺寸隔板腔,但不能给出隔板腔和燃烧室之间相互作用的信息。

8.5　间歇式调节室压的燃烧室

燃烧不稳定性是燃烧室压力发生的激烈振荡,研究压力振荡产生的根源,压力振荡会引起哪些参数发生变化及它们之间的相互关系等一直是不稳定性研究的一个主要问题。其中,能否利用某种方式在燃烧室中激励起准确和可控的压力振荡则是一项关键技术。燃烧室的压力是因推进剂燃烧,体积迅速膨胀而致。燃烧室压力保持稳定的基础是燃烧室中单位时间内推进剂燃烧产生的气体与喷管排出气体的质量平衡。于是,有效干扰燃烧室排气就成为研究者可选的激起燃烧室压力振荡的方法之一。

间歇式调节燃烧室压力技术的原理是,用高速旋转的叶轮在燃烧室某个位置干扰燃烧室的正常排气,进而间歇地调节燃烧室压力,在燃烧室内激励出燃烧不稳定性,进而观察喷注器流动过程与燃烧室流动过程,研究声学特性变化对燃烧过程的影响。通常,是在燃烧室出口或者身部某个排气口设置一个带齿的旋转盘,它类似于一个齿轮。齿轮的齿数和盘子的旋转频率就是对燃烧室的干扰频率:$f = nN$,式中,n 为齿数,N 为盘子每秒的转数。在盘子直径一定情况下,齿轮的齿数与单个齿的面积成反变关系,齿轮数目增加,单个齿轮面积将减小,对燃烧室的干扰频率将增加,但干扰的力度将会减小,有可能会造成对流场的干扰不足。设计实验装置时,需要考虑齿轮的防热问题。

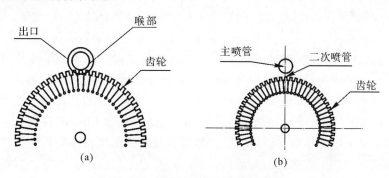

图 8.5　干扰喷管排气方案示意图

如上所述,间歇式干扰燃烧室排气的位置有轴向和径向两种。轴向干扰激励的是轴向振型(即纵向振型),它通常是在发动机喷管出口处干扰流场。为此,燃烧室的喷管应设计成可调的,可考虑两种方案:①直接干扰主喷管中的燃气,即用齿轮的几个齿间歇式的堵塞主喷管的部分面积,从而形成对流场的干扰。采用这种方案对纵向振型进行激励时,不需要在主喷管上增加辅助喷管,不干扰燃烧室中的流动和反应过程,实验成本低。但齿轮仅能覆盖主喷管扩张段部分(如图 8.5(a)所示),喉部下游的扰动无法影响上游的流场。②采用辅助喷管方案,即在主喷管一侧增加一个辅助喷管,辅助喷管的喉部在喷管出口截面,因此扰动可以通过辅助喷管进入燃烧室。其缺点是辅助喷管空间有限,而且通过辅助喷管向燃烧室施加的扰动是不对称的,实验成本也高。

激励燃烧室横向声学振型时,间歇式调节装置应尽量安装在燃烧室的底部,通过其上高速旋转的齿轮间歇式堵住和打开设置在燃烧室底部的辅助喷管出口,将扰动从燃烧室横向,即燃烧室的上、下或左、右两个方向引入,产生与发动机轴向垂直的声学扰动。此时,扰动波的压力节点发生在底部喷管处。

法国在进行液氧/甲烷燃烧室实验时采用了这种研究方法,其使用的齿状旋转圆盘的外径为125 mm,转轮设置 60 个高 4 mm、宽 3.2 mm 的齿。旋转盘用电机直接驱动,电机的最大转速为 7 000 r/min。通过一个三角支架将室压调节装置与试验台支架连在一起,三角支架上装有两个过渡块,然后再通过一个连接臂将间歇式压力调节装置与过渡块连接。两个过渡块分别对应于间歇式压力调节装置的两个工位。上述的连接方式可实现间歇式压力调节装置在多个方向的位置可调,使齿与辅助喷管喉部间隙小于 0.5 mm,也确保其他位置的安装要求。在燃烧室收敛段,主喷管的一侧设置了一个辅助喷管,旋转齿直接堵塞在辅助喷管出口(见图8.5)。

该方法也曾成功用于液氧/液氢发动机的稳定性特性研究,并被证明[5]是一种简单有效、用途很广的实验技术。燃烧室压力间歇式调节方法优点在于:①可以用于估算各种声学损失,特别是喷管的声学损失;②单次试验可以获得大量数据,使得用统计方法分析数据成为可能;③与前述的气体激励方式相比,此方法的激励参数(如振荡频率和幅值等)准确、可控且经济。

综上所述,缩比实验在降低全尺寸燃烧室研制费用、缩短研制周期和提高安全性方面有着一定作用。发动机设计师和工程部门关注的主要问题是如何将实验结果外推到全尺寸发动机,对发动机设计提供何种帮助。迄今,已有多种分析方法用于模拟液体火箭发动机燃烧不稳定,包括相关的敏感时滞分析和多维力学时域数值模型。大部分的分析方法经适当验证后均能以一定的可靠度用于全尺寸发动机设计。1956 年,Cmcco 和 Chengl 首先引入了敏感时滞方法,这种方法包括了燃烧室内气体声场的力学模型及推进剂增益和特征频率(燃烧响应)的相关模型,已经成功地用于许多火箭发动机研制。时滞理论假设所有燃烧过程都可以用燃烧室内非稳态压力相关联。时滞理论的不足在于任何新火箭发动机的设计分析都必须基于外推数据。与前述的低压燃烧模拟实验相比,缩比实验得到的燃烧响应增长或衰减的数据可以扩展时滞数据库,使外推工作量减少到最小。燃烧响应可从热试时人为或自然出现的扰动压力的振荡衰减率计算出来。另外,通过改变发动机参数,如声腔开口面积可以改变不稳定阻尼特性,也可把燃烧响应与稳定性裕度的变化联系起来。利用线性稳定性模型,从压力扰动振荡测得的衰减率可用于计算增益和总的燃烧响应。目前,非线性燃烧响应稳定性模型也得到很大进展,该模型需要陡峭前沿压力扰动,激励给定的燃烧过程使之发生不稳定燃烧,进而求出所需的扰动幅值。时滞理论和非线形模型模拟技术都需要从缩比实验和(或)燃烧性能模拟(如燃烧分布和液滴尺寸)得到的其需要的输入条件。在高压 LOX/RP—1 缩比实验计划和全尺寸(上面级)XLR—132 可贮存推进剂发动机中都采用时滞理论预测不同声腔调的谐频率和不同开口面积下的燃烧稳定性裕度。线性理论的结果已经用于大推力的可贮存上面级(SME)发动机。根据缩比外推可得到定量的结果,SSME 燃烧室在实验中为自发及动态稳定的,预期为稳定的声腔结构也无须改变。

　　用于模拟液体火箭发动机不稳定燃烧的另一种方法是力学数值分析法,包括燃烧瞬变过程的 CFD 分析,有关的燃烧过程涉及喷射水力学、雾化(一次和二次)、混合、蒸发和化学反应。为此,基于基本原理提出了描述这些过程的子模型,在 CFD 分析中,详细的空间分布数据(时均和瞬变)可用于验证预测值。

　　总之,缩比实验有助于改善发动机性能和开展稳定性分析,该技术能在全尺寸构件制造和试验前进行稳定性评估。特别是如能了解喷注器水力学与燃烧过程耦合的具体机理,可得到主要的燃烧不稳定性机理模型。目前,先在缩比水平下进行一部分研究工作,获得尽可能多的信息,然后再进行全尺寸设计,已成为惯例。过去那种从全尺寸燃烧室研究开始,中途被迫回到缩比稳定性实验来研究所出现的特定机理的研究方法已被证明是非常昂贵的。为了在有限的经费和时间内研制出稳定性裕度好的高性能燃烧室,需要深入细致地规划研制计划,尽可能采用包括缩比实验在内的各种模拟实验研究方法。

第9章 实际发动机燃烧室 燃烧不稳定性实验

9.1 概　述

模拟实验是研究液体火箭发动机燃烧室高频燃烧不稳定性的重要方法之一。喷注器雾化实验可以提供喷注器在给定工况下的雾化特性信息,有助于了解燃烧室燃烧预备过程中的一些信息,分析与不稳定燃烧相关的现象;燃烧室声学特性模拟实验和单喷注器低压燃烧模拟实验可以在给定燃烧室条件下,研究喷注器几何尺寸对燃烧室不稳定性的影响,目的是可以选择比较合适的喷注器结构尺寸;全尺寸头部燃烧室低压燃烧模拟实验的主要目的是研究喷注器在燃烧室的排列方式对给定燃烧室高频燃烧不稳定性的影响,目的是可以选择比较合适的喷注器排列方式,评估不同方案的相对优劣;缩尺实验有助于了解燃烧稳定性的激励机理,为发动机设计提供帮助。但是,模拟实验毕竟是模拟实验,任何模拟实验都不能模拟实际过程的全部,只能模拟其中一两个主要过程;加之,模拟实验无法模拟实际发动机的启动过程,而实际发动机的高频燃烧不稳定性常常是发生在发动机启动过程中的;再者,模拟实验也难以验证实际发动机抗干扰的能力。发生燃烧不稳定性时,燃烧室脉动压力的振型、振幅、振幅增长率和振荡频率是由整个燃烧室的动力学特性决定的。燃烧过程中诸如推进剂的瞬态雾化、蒸发和混合这些子过程均可能导致燃烧速率的局部增强和压力波的放大,这些机理可能导致燃烧不稳定可以在几毫秒内增长到最大幅值,燃气振荡运动造成很高的局部传热率,它通常造成燃烧室和喷注器的损坏。通常,发动机系统工作参数的变化,如供应系统脉动造成的推进剂雾化、蒸发和混合的瞬态变化,某些因素造成的燃烧室压力的偶然振荡,发动机构型,如喷注器中 LOX 管长度、燃气通道长度或工作条件的微小变化均可使原先稳定的喷注器出现不稳定。分析发动机工作过程的稳定性,必须确定许多可能显著影响燃烧稳定性的细节。目前,尚无法用模拟实验的方法获得实际燃烧室这些细节对高频燃烧不稳定性的影响,只有实际燃烧室热试车,才有可能确定上述参数与实际燃烧室燃烧不稳定性的关系。例如,燃烧室声腔的设计要根据必须抑制的不稳定性燃烧时燃烧室压力振荡的频率来进行,此频率是根据燃烧室声速确定的,而声速计算的条件却是燃烧室推进剂混合比下的化学平衡燃烧产物这个基本假设。实验经常发现,出现的不稳定性频率明显高于或低于预计的频率,测得的频率也与气体产物的平衡声速对应不起来。发动机实验数据表明,大多数的声能和破坏均集中在喷注器面附近。因此,认为横向振型振荡频率取决于喷注器面处声速是合理的。实际上,发动机喷注器面附近位置的声速并不等同于燃烧室推进剂燃烧后平衡产物的声速,原因就在于喷注器面处存在气液两相组分,未完全反应的气态推进剂不同于完全燃烧产物,也不等同于燃烧室中间或者后段的燃气。发动机设计时,为了保护燃烧室头部不被烧蚀,燃烧室头部需要进行必要的热防护设计;推进剂完成化学反应有一个过程,在燃烧室头部附近不可能达到完全反应状态;对燃烧室头部和及室壁进行冷却也会引起燃烧室实际温度低于理论计算值。目前,尚不能从数据中立即找到频率偏移的确切原因,对于确定声腔的设计频率,热试车无疑是很重要的。因此,为了考核实际发动机的燃烧不稳定性以及抗击燃烧不稳定性的能力,必须进行实际发动机的燃烧不稳定性实验,实验包括实际发动机的稳定性实验和在偶然脉动条件下反应能力。

通常,实际发动机燃烧室燃烧不稳定性实验采用实际发动机,要在包括设计工况和可能的变工况条件下进行实验,采用人为扰动的方法,在燃烧室激励出燃烧不稳定性,检验发动机抗击燃烧不稳定性的能力,即通常所述的燃烧不稳定性鉴定实验。本章主要介绍液体火箭发动机实际燃烧室高频燃烧不稳定性人为扰动或激励的装置、方法和燃烧室燃烧室燃烧不稳定性评估的主要原则。最后介绍实际高频燃烧不稳定性鉴定实验。

9.2　燃烧室压力脉动的激励技术

进行燃烧不稳定性鉴定实验,通常需要在燃烧室中人为地激励起不稳定燃烧,然后根据燃烧室压力扰动的衰减情况,对燃烧室工作过程的稳定性进行评估。产生人为扰动的方法有供应系统扰动、燃烧室内扰动和外部施加扰动等。

9.2.1　液路供应系统的扰动技术

在推进剂供应系统中激励出扰动,使进入燃烧室的推进剂流量发生脉动,导致燃烧室的雾化、混合、蒸发和燃烧等过程呈不稳定状态,进而使热量释放呈现脉动状态,这是最简单也是基本的激励燃烧室不稳定性燃烧的方法。实际上,绝大多数的大推力液体火箭发动机均是采用涡轮泵对推进剂进行增压,并将之输送到燃气发生器和燃烧室中。发动机工作过程中,高速旋转的涡轮泵叶片对推进剂就是一种自然存在的扰动源,其扰动的频率为 $f = nR/60$,其中 n 和 R 分别为涡轮泵的叶片数和转速。通常,发动机均是工作在较强的振动环境下,发动机自身或者管路的振动也会使推进剂产生脉动。

推剂供应系统中激励脉动的方法与第 2 章介绍的喷注器脉动实验方法相似。也可以在推进剂供应系统供应管路中引入额外流量产生脉动。这里不再赘述。

9.2.2　燃烧室内部压力扰动技术

燃烧室的压力源自推进剂燃烧产生气体体积的迅速膨胀。在燃烧室中人为地激励起室压振荡的基本原则就是设法干扰燃烧室正常、平稳的产生气体与排出气体的动态平衡。在燃烧室内部激励室压脉动的方法有多种,这里主要介绍利用爆炸引起扰动的方法。

该方法的基本思路是在燃烧室中设置装设爆炸物的装置,在适当的时候(比如燃烧室的温度或者压力达到一定值时)通过某种方式(如温度、压力、电信号)引燃这些爆破物。爆炸产生的冲击波将会在燃烧室中激励出脉动。这是在燃烧室中激励脉动常用的方法。如图9.1所示是一典型的燃烧室内部热力引爆装置原理图。扰动装置的壳体中含有炸药、特氟陵气体和热力引爆器。扰动装置安装在燃烧室头部。为了更准确地保证脉动产生的时间,可以采用如图9.2(a)所示的电子点火方式。将火药引爆丝与导线相连,可在预定的时间,给导线通电,点燃引爆丝,并由此起爆易爆物。如图9.2(b)和图9.2(a)所示装置的原理相似,两者的主要区别在于中间的起爆物不同,但同用电子点火,也安装在燃烧室内部,当燃烧室内温度高到预定之时,就通电引爆炸药。此装置在燃烧室压力为20 MPa时可产生6 MPa的压力扰动。

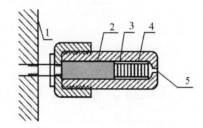

图 9.1　热力引爆扰动装置原理图

1— 燃烧室头部;2— 炸药;3— 特氟陵气体;4— 热力引爆器;5— 出气孔

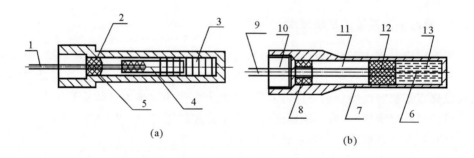

(a)　　　　　　　　　　　　　(b)

图 9.2　爆炸引爆装置原理图

(a)电点火引爆器的扰动装置;　(b)带引爆线的扰动装置

1— 导线;2— 填料;3— 炸药;4— 电引爆器;5— 壳体;6— 引爆线;

7— 壳体;8— 止动螺母;9— 导线;10— 紧固螺母;11— 衬套;12— 导线卡;13— 炸药

液体火箭发动机燃烧室的室压和温度均很高,在燃烧室中安装易燃易爆物本身就带有很大的危险性,而且也改变了燃烧室的容积,引燃的条件(如温度、压力等)也很难控制。如果用电点火的方式,还存在导线的热防护等一些列问题。因此,这种实验方法在实际应用中受到很大限制。

9.2.3　燃烧室外部压力扰动技术

如前所述,在燃烧室内部安置引爆装置存在诸多问题,比较好的解决措施就是将扰动装置安装在燃烧室外部,然后通过某种方式将脉动引入燃烧室。常用的外部扰动装置有吹气方式、冲击波和脉冲枪等。就具体的扰动方式而言,其在实际燃烧室能产生的效果(主要是燃烧室脉动压力的振幅)受到多种因素的影响,它与相关因素的关系可用图 9.3 描述。

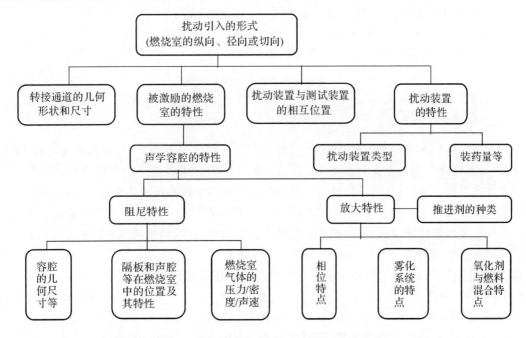

图 9.3　燃烧室中扰动振幅与相关因素的关系

(1) 吹气方式(外界吹入气流方法)。从外界向燃烧室引入气流,人为地干扰使燃烧室气体的质量发生变化,从而使室压发生变化,同时,也使燃烧室的流场产生变化,这就是外界引入气体产生扰动的原理。一般情况下,引入的气体压力要高于燃烧室压力,气体应为惰性气体,如氮气,它不能与燃烧室中推进剂发生化学反应,以免使问题复杂化。如图 9.4 所示是外界引入气流,在燃烧室中利用吹气而激励起扰动的实验系统示意图[64]。一般而言,用外界吹入气体的方法进行不稳定性实验的时间均较短,可采用落压式的供应系统。实验系统包括连接气源的管路、手动阀、减压器、气瓶组、流量孔板、流量调节器和燃烧室入口管等。手动阀控制系统气瓶组供应的扰动气体,减压器将气源来的高压气体减压到气瓶组需要的压力,孔板流量计用于测量进入燃烧室的气体流量,快速阀用于控制燃烧室引入气体的脉冲时间,温度和压力传感器用于测量气体的温度和压力等。

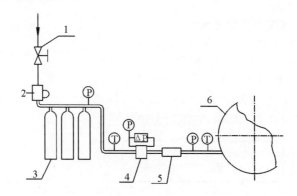

图 9.4　燃烧室引气产生扰动系统原理图

1— 手动阀；2— 减压器；3— 气瓶组；4— 流量孔板；5— 快速阀

6— 燃烧室；P— 测压嘴；T— 测温点

　　燃烧室引入气体激励室压脉动的方法，其优点在于相对较为安全，可多次使用，能产生连续脉冲，重复性好。但也存在一些不足：① 引入的气体增加了燃烧室的气体流量，同时，又降低了燃烧室气体的温度，这将导致燃烧室的燃气特性和声学特性均发生变化，进而使燃烧室稳定性分析工作复杂化。② 出于安全等因素，该方法通常在燃烧室中激励的扰动幅度较小。③ 由于气体的可压缩性等因素，很难准确地保证产生扰动的特性，且扰动脉冲的宽度较大。

　　(2) 冲击波(将冲击波引入燃烧室内的外部扰动装置[64])。冲击管方法也是基于可燃气体爆炸引起压力波的原理。一般是先在一容腔内预先装好氧化剂和燃料的混合物，比如氧气和甲烷的混合物，在适当时候，通过电火花点燃这些预混气体，产生冲击波，气体冲破膜片，进入燃烧室，从而引其燃烧室压力脉动。这种方法能在燃烧室压力为 10 MPa 时产生高达 0.5 ～ 2 MPa 的扰动。但需要复杂的装置，所以使用范围有限。

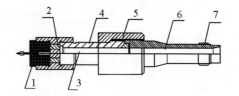

图 9.5　扰动装置的示意图

1— 点火药；2— 点火销；3— 弹药筒；4— 弹药筒外壳；

5— 膜片；6— 发射管；7— 安装螺纹

　　如图 9.5 所示是一种在燃烧室外部产生扰动装置的示意图。扰动装置的前部装有点火药和点火销，用膜片将装满火药的弹药筒与装置后部的腔体隔开。采用点火销控制点火的目的在于提高点火的稳定性。扰动装置腔体中的火药及弹药筒可按需要选择。如图 9.6 所示是可以产生 3 个扰动的扰动装置原理图。

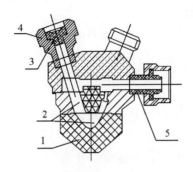

图 9.6　燃烧室外部产生扰动的装置原理图
1— 壳体；2— 收集器；3— 膜片；4— 固定药量的管嘴；5— 出口管接头

　　（3）脉冲枪。在所研究和使用的激励燃烧室压力扰动装置中，脉冲枪是最常用的。其原理和前述的多种燃烧室外部激励装置一样，借助于火药爆炸引起的冲压波。脉冲枪通常用电点火方式。脉冲枪的特性参数是药量和产生的脉冲的个数，药量影响激励脉动压力振幅的大小，个数决定了激励脉冲的个数。常用的脉冲个数为 1～5 个。

　　燃烧室压力脉动的幅值和燃烧室特性有关，而燃烧室特性取决于燃烧室中氧化剂和燃料的掺混方式、混合比及相位。同时，又取决于燃烧室的几何尺寸、燃气密度、压力、声速及隔板等阻尼器及其安装位置等因素。与其他外界引入扰动方式一样，脉冲枪产生的扰动对燃烧室燃烧过程也会产生影响，可能使燃烧过程增强或者减弱，其在燃烧室产生压力脉动的特性取决下述因素：① 脉冲枪使用的炸药特性和药量。一般而言，药量越大，激励的脉动振幅越大。② 具体燃烧室的特性，如燃烧室直径和长度，隔板长度及数目，燃烧室的压力（相对于燃气密度）等。同一脉动装置在不同的燃烧室中可能会引起不同的扰动效果。③ 扰动在燃烧室中的引入方式和位置，如纵向、径向及切向引入。一般而言，在燃烧室的初始燃烧区进行激励能得到较好的效果。④ 扰动引入管路的特点，如管路转接通道的尺寸（直径和长度）。除此之外，还有如脉冲激发时间等其他因素对幅值也有影响。扰动装置工作时，在燃烧室中产生冲击波，它沿着燃烧室长度方向大致以恒定的速度运动。

　　如图 9.7 所示是用于在燃烧室中产生 5 个脉冲的装置，它有 5 个装药腔，用电点火，炸药爆炸后产生的燃气通过转接通道进入燃烧室，中间的通道用于氮气吹除，以防止燃烧室中的燃气返流，且可对其他几个未爆的分支进行冷却。氮气的压力一般比燃烧室中的压力大约高 0.5 MPa，以便不影响燃烧室的稳定性。通常，扰动装置的各分支装药量是不同的，药量逐渐增大，以便在一次发动机实验中能获得更多的影响稳定性因素的信息。在这种装置中，为了使一个分支爆炸后不会对另一个分支的脉冲产生影响，需要准确设定各个分支的点火顺序。脉冲枪采用爆炸性的引燃物,当燃烧室压力为 20 MPa 时,它可产生 6 MPa 的压力脉动;当燃烧室压力为40 MPa 时,可产生 10 MPa 的脉动。有时,为了减小冲击波的强度,在脉冲枪中间增加格栅,以便将它用于较小推力的发动机。

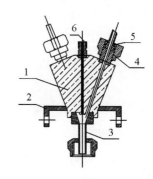

如图 9.8 所示是同一实验发动机,在相同的激励位置,用不同尺寸的脉冲枪(主要是出口直径)和装药量下进行实验,测得的燃烧室脉动压力振幅与脉冲枪及装药量的关系曲线[64]。实验燃烧室的压力为 5 MPa。图中,虚线是正常爆燃速度下的实验结果。实线为不同分支的扰动装置实验的结果。从图上可以看出,脉冲枪的结构不同,在相同的燃烧室和接近的药量情况下,燃烧室中激起的振幅是不同;但随着装药量的增加,所激起的振幅均是增大的。

图 9.9 是一装有不同高度隔板的实验燃烧室,用脉冲枪激励,在不同测量位置(图中的 1,2,3)获得的燃烧室脉动压力振幅的实验结果[65]。实验燃烧室的

图 9.7 燃烧室用 5 脉冲的脉冲枪示意图
1— 扰动装置支架;2— 固定支架;3— 管接头;
4— 隔离膜片;5— 装药腔;6— 吹除管嘴

室压为 5 MPa,隔板肋数为 6。由图可见,增加隔板高度,则脉冲振幅下降;不同的激励位置,会产生不同幅值的压力振幅。

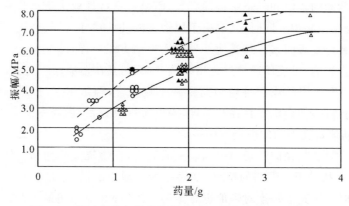

图 9.8 脉动幅值与装药量的关系(5 支扰动装置,5 MPa)

如图 9.10 是俄罗斯化工机械研究所用不同装药量(G)的脉冲枪,针对不同直径燃烧室进行激励,分别在冷试和热试状态,进行激励,获得的热试时燃烧室脉动压力振幅(A')和冷试时燃烧室脉动压力振幅(A)的比值(A'/A)与燃烧室直径(D_c)的关系图。从图可见:① 同一脉冲枪,装药量(G)越大,振幅比值(A'/A)越大。这是因为在燃烧室中引入了强度更大的脉冲,它对燃烧起了强化作用。② 热试时产生的脉冲振幅比冷试时产生的振幅大。这是因为冲击波进入燃烧室时,对热试有强化作用,使得掺混速度加快,产生的脉冲振幅要大一些;同时,热

试的燃烧室气体密度较大,同样的冲击波引起的脉动振幅要大一些大。③ 燃烧室直径越大,脉动压相对振幅略有增加,详细原因待分析。

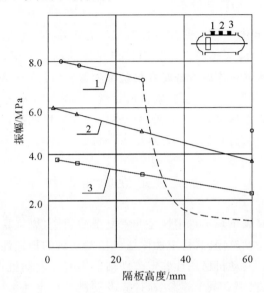

图 9.9　隔板高度和脉冲振幅的关系图

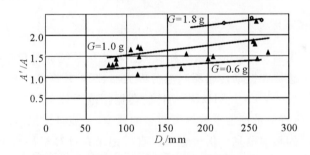

图 9.10　脉冲压力的相对振幅与装药量和燃烧室直径变化的关系图

　　目前,在液体火箭发动机燃烧室高频燃烧不稳定性实验中应用最多,也最成功的是脉冲枪激励方法。俄罗斯使用的不同扰动方式产生的扰动的效果如表 9.1 所示。

表 9.1　不同扰动方式产生的扰动的效果

扰动装置	冲击管	室内爆炸	2～3 脉冲枪	4 脉冲枪	5 脉冲枪
使用的工作压力 /MPa	≤ 10.0	≤ 20.0	≤ 20.0	≤ 70.0	≤ 40.0
产生的扰动值 /MPa	0.5～1.0	1.0～6.0	0.2～2.0	10.0	10.0
实验时间 /a	1966—1977	1974—1979	1974—1979	1980	1980

9.2.4 燃烧室出口截面扰动技术

除了前述的燃烧室外引入气体，采用爆炸激起压力波外，通过周期性的堵塞燃烧室临界截面，造成燃烧室排气受阻，破坏燃烧室产生与排出气体的动态平衡，也能在燃烧室内产生扰动。周期性的堵塞临界截面常用的方法是在燃烧室喷管出口设置一旋转的齿状转盘。或者在室壁开一排气管，再在排气管的出口设置旋转齿状盘。用旋转齿盘的齿周期性的堵塞喷管，从而造成喷管排气出现周期性振荡，进而造成燃烧室压力周期性的振荡。它与第 7 章所述的用塞锥堵塞燃烧室出口的方法有相似之处。这里不再赘述。

9.3   燃烧稳定性的测量和评估

液体火箭发动机的高频燃烧不稳定性是非常复杂的问题，燃烧稳定性的评估目前尚无准确清晰的结论。就具体发动机而言，稳定性评估包括发动机的稳定性技术指标和与同类发动机的相对比较两个层面。发动机稳定性鉴定或评估是用实际发动机进行热试车，依据试车获得燃烧室脉动压力振幅、振幅衰减率等参数，计算发动机的稳定性指标，再将它与同类型稳定工作的发动机指标进行对比，进而对参试发动机燃烧室的稳定性给出评估。

9.3.1 参数测试系统

燃烧室(或燃气发生器)喷前压力脉动和机械振动测量系统通常包括传感器安装装置、传感器(包括脉动压力传感器和振动传感器)、电荷放大器、匹配校准部分及磁带记录仪。一般要求测量的频率范围 $f = 10 \sim 20.0\ \mathrm{kHz}$，振动传感器振幅范围 $A = 1 \sim 5\ 000\ g$，脉动压力范围 $P = 0.1 \sim 30\ \mathrm{MPa}$。磁带记录仪要求有尽可能多的通道，并能将模拟信号转化为数字信号，便于储存和信号处理，得到频谱信息。信号也可以直接记录在计算机硬盘上。对发动机工作过程而言，有启动工况、额定工况和过渡工况。数据处理的时间段取决于对发动机工作过程不同工况的关注程度，即研究者主要研究的问题。采样频率应是所分析最大频率的两倍以上，即 $f \leqslant 0.5 f_r$。这里，f_r 为采样频率。

9.3.2 主要技术步骤和指标

其主要技术步骤包括：

(1) 按照预定程序，发动机启动并达到稳定工况。

(2) 用振动脉动参数记录系统，记录发动机启动到稳定工作整个过程中燃烧室(或/和头部积液腔)的脉动压力、振幅、机械振动的频率和振幅等参数，并将这些信号实时传输到磁带记录仪，记录下燃烧室固有振荡过程(脉动压力)。

（3）在启动或者稳定试车工况下，采用人为激励装置，将人为扰动引入燃烧室容腔，并记录激发的振荡过程。

（4）对记录的脉动压力和机械振动频谱进行分析。分析内容包括引入人为扰动前的燃烧室固有噪声，压力脉动的频率、振幅、机械振动的频率和振幅等，引入人为扰动时和引入扰动后的燃烧室上述参数。

（5）判读记录的压力振荡窄频分量。

（6）评定燃烧室谐振频率的衰减率和振荡量级。

（7）分析燃烧过程对人为脉冲扰动的振荡响应。

（8）评定人为脉冲扰动的振荡响应参数。

（9）从燃烧过程稳定性角度分析燃烧室工作情况。

在实际情况下，燃烧室的振荡衰减率越大，对引入的人为扰动响应的驰豫时间越小，则燃烧室的稳定性越好，稳定性裕度越大，发动机对偶然因素引起的不稳定燃烧的越迟钝，抑制能力越强。

目前，液体火箭发动机燃烧室温度和压力都已很高，温度大于 3 000 K，室压已高达 25 MPa。而且，燃烧室结构也较复杂，一般均带有冷却夹套。在实际燃烧室上安装高频压力传感器，进行燃烧室压力脉动测量，无论对燃烧室或者传感器本身都存在很大的困难和风险。实际燃烧室实验时，最简便的方法是测量燃烧室喷注器前的压力脉动或燃烧室机械振动，通过测量这些参数分析或者评估发动机的稳定性，不仅可以避开直接在燃烧室测量存在的困难，提高实验件或交付产品的可靠性（测孔少），且在飞行状态时能实现发动机状态的检测。但发生高频燃烧不稳定性的时间非常短，在短时间内，进行信号分析存在比较大的困难。如某型发动机推进剂为四氧化二氮和偏二甲肼，燃烧室压力为 20 MPa，高频振动时间持续仅 0.15 s，但在这 0.15 s 内，燃烧室已经发生严重破坏。问题的关键就在于找到燃烧室压力脉动、喷前压力脉动及燃烧室机械振动之间的关系，且能在非常短的时间内获得需要的信息。

燃烧稳定性的主要技术指标如下：

（1）发动机所试车的工况下，燃烧室容腔谐振频率的振荡衰减率；

（2）燃烧室工作过程对引入人为脉冲扰动响应的驰豫时间。

9.3.3　脉动压力频谱的识别

发动机稳定性实验时，需要测量的燃烧室脉动压力和振动参数测点较多，采集的频率也较高，数据量非常大，记录的信号是非常丰富的，对燃烧稳定性分析而言，主要关心的是积液腔的脉动压力的频率和振幅，与燃烧室固有声学频率及其复合频率一致或者接近的脉动压力和机械振动的频率和振幅。燃烧过程的稳定性指标评估，首先关心的是快速准确的将燃烧室脉动压力的窄频带分量从丰富的试车信号中分离出来。一般而言，依据脉动压力窄频带分量形成过程的特征，可将其分为三类：

(1)稳定过程的线性窄频带分量,它对应于燃烧室容腔正则化振荡对湍流燃烧宽频带噪声作用的谐振响应(可称为燃烧室线性窄频带噪声类)。

(2)频率与发动机涡轮泵和叶片数转动频率成倍数关系的准谐振脉动信号(可称为涡轮泵类)。

(3)线性和非线性的普通窄频带噪声。这类噪声非常宽泛,它包括各种振动诱发的噪声,非声学振荡,传感器与燃烧室连接通道内的自激振荡,仪器噪声等(可称为普通窄频噪声类)。

上述分频中,只有第一类分频是需要的燃烧过程稳定性方面的信息。此分频的实际频谱宽度与振荡衰减率(δT)成正比,可用振荡能量平衡式来表述:

$$\delta T = \frac{E_2 - E_1}{2E_3} \tag{9.1}$$

式中,E_1 为燃烧区生成的能量;E_2 为燃烧室耗散的能量;E_3 为推进剂蕴含的能量。

后两类分频(即涡轮泵类和普通窄频噪声)属于窄频带干扰,它不反映燃烧过程的稳定性信息。但从诊断学的观点分析,它们属于窄频带干扰。当这两类分频接近于燃烧室某一正则化振型频幅上升区时,这些干扰会产生一些负面影响。因此,评定该频率的振荡衰减率时,可能产生很大的系统误差。

燃烧室线性窄频带类的主要特征如下:

(1)分频的中心谐振频率接近于燃烧室容腔的正则化声学振荡的固有频率;

(2)随机窄频过程($X_V(t)$)的自相关函数($R_{xx}(\tau)$)在幅频(f_V)增高时是衰减的;

(3)$X_V(t)$过程瞬时值概率密度分布($P(x)$)接近于高斯分布,即为钟形形状。

涡轮泵类的主要特征如下:

(1)此分频的频率与氧化剂泵和燃料泵的转速及叶片数成倍数关系(此为主要特征),其关系为

$$f = \frac{N}{60}n \tag{9.2}$$

式中,N 为涡轮泵转速;n 为叶片数。

(2)随机窄频过程($X_V(t)$)的自相关函数($R_{xx}(\tau)$)一般在 f_i 频率下不衰减(标志是存在周期性信号);

(3)随机窄频过程($X_V(t)$)信号瞬时值概率分布密度($P(x)$)接近于下面两个相互独立过程的理论值分布:谐振和正则化稳定噪声(如果谐振分频的幅值比噪声过程均方根值大两倍以上,则 $P(x)$ 分布呈鞍形)。

燃烧室线性窄频噪声类与涡轮泵类信号的统计特征有明显差别,差异就在于涡轮泵类信号存在周期性分频,而前者信号中不存在这种周期性分频。对涡轮泵类信号来说,在普通比例关系随机信号中存在谐振分频的更重要的特征是自相关函数的不衰减。

识别燃烧室脉动频谱图中的窄频带分量的主要步骤如下:

（1）首先，通过理论计算，确定燃烧室容腔正则化声学的振荡频率，同时按照记录的涡轮泵转子转速和叶片数确定涡轮泵的扰动频率。

（2）选出处于燃烧室容腔正则化声学振荡期待频率范围内的窄频带分量，以便进一步分析。

（3）在研究的频率范围内分辨出涡轮泵类信号：① 根据所分布的幅频上升中心频率和泵叶片谐振扰动频率是否吻合；② 根据信号的自相关函数是否衰减。

（4）识别燃烧室线性窄频噪声类，它包括：①V 阶分频的窄频带滤波；② 评定自相关函数 $R_{xx}(\tau)$ 和信号瞬时值概率分布密度 $P(x)$。

如果 $R_{xx}(\tau)$ 和 $P(x)$ 曲线明显是正弦曲线型，则说明它不属于燃烧室线性窄频噪声类，则此分频将不作为进一步的研究对象。

如果自相关函数 $R_{xx}(\tau)$ 是衰减的，但 $P(x)$ 分布密度近似于正则化谐振振型，则先假设其可能属于要分析的燃烧室线性窄频噪声类窄频分量。

然后按已知的，燃烧室脉动压力固有谐振振型分频具有的一系列特征检验上述假设的正确性，确定其是否属于燃烧室线性窄频分量。

对等同于燃烧室容腔正则化谐振振型的燃烧室线性窄频噪声类分频要进一步评定振荡衰减率，它是燃烧过程稳定性评定的主要指标。

9.3.4　启动阶段的稳定性

发动机研制经验表明，燃烧不稳定性通常主要发生在发动机启动和转级阶段。这就要求对发动机启动段和转级段的稳定性给予特别的关注，能制定出相应的燃烧不稳定性评估方法。

在发动机启动阶段，一般存在两种类型的激励：一种称为柔性激励（见图 9.11(a)）；另一种为刚性激励（见图 9.11(b)）。对于柔性激励，可用噪声方法予以评估；对于刚性激励，评估时用则要用振荡衰减时间。启动段的特点是时间非常短，如果用频谱分析获得衰减率等参数，则可能因时间段非常小，分析误差较大。如在启动段，确定频谱的时间段 $t=0.05$ s 时，误差可达 $35\% \sim 40\%$。如果时间段再小时，获得的参数可能就不能使用，一般时间段 t 最小应取 0.07 s。图 9.12 是某试验燃烧室启动过程振幅和衰减率与时间的关系图。

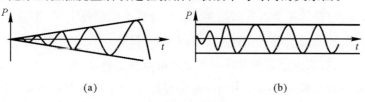

(a)　　　　　　　　　　　　　(b)

图 9.11　启动阶段的激励方式

(a) 柔性激励；　(b) 刚性激励

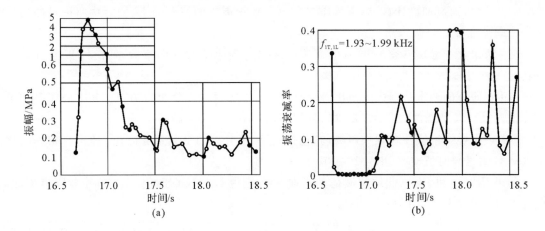

图 9.12 某试验燃烧室启动过程振幅和衰减率与时间的关系图($f_{1T,1L} = 19.3 \sim 19.9$ kHz)

(a)脉动压力振幅; (b)脉动压力衰减率

9.3.5 工作过程中的稳定性

发动机稳定工况下,有时也可能产生燃烧不稳定性。实际上,可以将燃烧室视为一个自激振荡系统,并用随机信号下的自激振荡的振荡方程来描述,即

$$\frac{\mathrm{d}^2 p'}{\mathrm{d}t^2} + 2\delta(t)\frac{\mathrm{d}p'}{\mathrm{d}t} + \omega_0^2 p' = \omega_0 \xi(t) \tag{9.3}$$

式中,$\mathrm{d}p/\mathrm{d}t$ 为压力振荡项;$\delta(t)$ 为阻尼系数;ω_0 为固有频率。此方程可以转化为下述形式:

$$\frac{\mathrm{d}\lambda}{\mathrm{d}t} = -\delta(\lambda)\lambda + \omega_0^2 N_0/\delta\lambda + \xi(t) \tag{9.4}$$

此方程反应出动态特性是一个势函数,它有三个动态平衡状态(如图 9.13)。在图 9.13 中,① 处势能最低,燃烧室处于稳定状态;③ 点势能最高,燃烧室处于不稳定状态,所对应的点为不稳定点。① 点势能最低,对应最大概率密度点,对应的振荡为小振幅噪音振荡;② 点的概率密度也达到极值,对应的振荡为自激振荡。在发动机工作过程中,在 ① 点工作时,质点在 ① 点来回振荡,如果某种原因使得它克服障碍,振荡越过最高点且达到 ② 点,产生自激,并在 ② 点势能凹区振荡。也可能由于某种原因有又越过最高点会到 ① 点。

另外,燃烧室中的自激振荡也可用燃烧室中容腔中的生成能与耗散能之间的关系描述。在单位时间内,燃烧区因推进剂燃烧而产生的振荡能(E_a)和燃烧室容腔耗散的耗散能(E_r)是一个动态关系,同时,它们两者与振荡衰减率(δT)也存在对应关系,如图 9.14 所示。

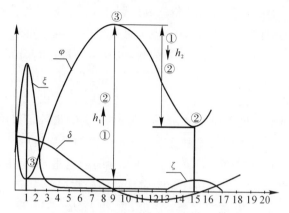

图 9.13　燃烧区动态过程示意图

δ— 衰减系数；ξ— 概率密度；φ— 潜能(相对幅值)；

h_1— 从 ① 点转化到 ② 点的潜在障碍；h_2— 从 ② 点转化到 ① 点的潜在障碍

发动机从噪声量级到自激振荡的过程的转换是随机的。在发动机燃烧不稳定性评估过程中,通常会引入一个人为扰动。实际工作中,有三个办法可以确定 $\delta T - \lambda$ 的关系。

(1)引入脉动扰动。可以依据振幅衰减来确定 $\delta T - \lambda$ 的关系。实际上,这种方法很难获得结果。

(2)燃烧室本身噪声。燃烧室中具有的一定噪音,可以先测出其概率密度,然后再求出 $\delta(\lambda)$。这种方法虽不是非常严密和科学,但实际工作中还是简单有效的,并且能获得较为满意的结果。

(3)衰减率。用衰减率来评估稳定性是很困难的,实际工作中常用概率密度方法来评估。这种方法对应于不变的工况。在实际工作中,参数是变化的,因此概率密度也是变化的,这就降低了评估的可信度。

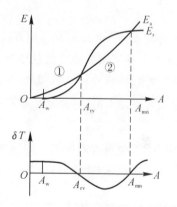

图 9.14　单位时间内,燃烧区产生的振荡能和燃烧室容腔耗散的耗散能与振荡衰减率和振幅之间的关系

9.3.6　相对评估方法

相对处理系统的采样频率而言,发动机试车的时间是相当长的。每次试车得到的脉动和机械振动参数数据量非常大。试车数据分析时,通常是把发动机工作过程按照频率范围分成几段,逐段分析出各个频率对应的工作过程的时间段,得到同一时间段内的脉动压力和振动信号的频谱,再比较这两个频谱,分析相关的信息。磁带记录仪记录的信号量比较大,要从记录

的信号中分析相关信息，必须进行二次分析。其原因在于第一次是作为初始分析，启动过程时间比较短，而稳定过程的时间比较长，在这一段上可获得多个频谱分析图。以稳定段工作过程分析为例，假如在稳定工作段有 N 个频谱分析图，取其中一段进行分析，确定燃烧室、燃气发生器的固有频率及振幅峰值。确定峰值后，再进行细化分析，精确确定出振幅峰值是在什么位置，这个频段里出现了几次这样的峰值。假定这个频段里出现了 3 次这样的峰值，则 $R = 3/N = 0 \sim 1$。0 表示随机出现，1 表示一直出现，N 为频谱数目。用 R_n 和 R_B 分别表示脉动压力和机械振动峰值出现的规律，即重复率。确定峰值的平均值后，再分别确定脉动压力和机械振动对应的振幅平均值和频率，即 $A_{n.cp}$，f_n，$A_{B.cp}$ 和 f_B，这里，下标 n 表示脉动压力，B 表示振动，cp 表示平均。这些参数是发动机评定稳定性的初始数据。

如果对 N 个频谱分析后，发现在某个频率处，A_n 很大，R_n 趋近于 1；A_B 也很大，R_B 也趋近于 1，且 $\Delta f = |f_n - f_B| \to 0$，则说明这两个振荡是耦合的，发动机（或燃气发生器）在此出现了不稳定燃烧。对参试发动机的试车数据分析后，可根据这些数据，按照下列条件，来评估发动机工作过程稳定性的倾向性，即倾向稳定或不稳定，这些条件是：

$$A_n > [A_n]; \quad A_B > [A_B]; \quad R_n > [R_n]; \quad R_B > [R_B]; \quad \Delta f > [\Delta f_n] \quad (9.5)$$

这里，$[A_n]$，$[A_B]$，$[R_n]$，$[R_B]$ 和 $[\Delta f_n]$ 分别是这种发动机脉动压力振幅、机械振动振幅、脉动压力和机械振动峰值的重复率以及两种频率差值的判据，它是这种发动机大量热试数据统计分析后得到的。对不同的发动机，上述稳定性判据是不同的；同一台发动机，其稳定段、启动段也可能是不同的，极限值也可能不一样。

评估发动机稳定性时。通常采用综合量化打分的方法来评估发动机稳定性。这里，以燃烧室脉动压力振幅为例说明。假设给出的脉动压力极限值为 $[A_n] = 0.1$ MPa，可把 $[A_n]$ 极限值分成 5 段，对应的评估分数（K_{A_n}）也给出 5 个，如表 9.2 所示。

表 9.2　$[A_n]$ 打分表

$[A_n]$ 分段	$0 \sim 0.2$	$0.21 \sim 0.4$	$0.41 \sim 0.6$	$0.61 \sim 0.8$	$0.8 \sim 1$
分数 K_{A_n}	5	4	3	2	1

如果脉动压力超过最大值 0.1 MPa，则为 0 分。同样，也可以将 $[A_B]$，$[R_n]$ 和 $[\Delta f]$ 的极限值分成 5 段，也按 5，4，3，2 和 1 分别给出分数，并得到相应的 K_{A_B}，K_{R_n}，K_{R_B} 和 $K_{\Delta f}$。如果超过相应的最大值，同样也取 0 分。

然后，针对发动机的稳定工作段、启动段和结束段按 5 项指标分别打分，三种工作阶段将对应于不同的极限值，每个工作阶段均可得到 5 项指标的综合分数 K，这里，$K = K_{A_n} + K_{A_B} + K_{R_n} + K_{R_B} + K_{\Delta f}$，其值范围为 $0 \sim 25$ 分。

再根据 K_{min} 来确定发动机在那个阶段最为稳定；依据 K_{max} 判断发动机在那个阶段最危

险。如综合打分值 $K=0$，则发动机趋于不稳定。K 值越高，则发动机越趋于稳定。

　　K 值只能在发动机实验中获得，依据发动机的实验工况，一次实验可能一个、两个或者三个工作阶段的 K 值。在多次实验后，可用高斯分布计算出发动机稳定工作的概率。

　　高斯概率分布：

$$P_T = \varphi \left\{ \frac{\overline{K}}{A\sigma} \right\} \tag{9.6}$$

式中，$\overline{K}$ 为平均值；σ 为均方差；A 考虑导统计数据有限时的系数，用来修正实验次数，即 K_n 中的 n（n 不太大时）。当 $n \to \infty$，$A=1$；当 n 为有限值时，$A>1$。A 值修正相当于 t 分布、γ 分布和 X^2 分布。

$$A = \sqrt{\frac{1}{n} \left[1 + (t_{\gamma.cm}^2 - t_{\gamma.n}^2) \right] \frac{n-1}{\psi_1^2}} \tag{9.7}$$

$$\sigma_n = \sqrt{\frac{\sum_{i=1}^n (K_i - \overline{K})^2}{n-1}} \tag{9.8}$$

$$\overline{K} = \frac{\sum_{i=1}^n K_i}{n} \tag{9.9}$$

　　这里，n 是统计数据量；$t_{\gamma.cm}$ 对应于可信度 γ 和自由度 $n-1$ 的 Gbogcht 传播分位点；$t_{\gamma.n}$ 为对应于可信度 γ 的正常传播分位点；ψ_1 位对应于可信度 γ 和自由度 $n-1$ 的 γ 的分位点；K_i 为第 i 次实验得到的稳定参数值。

$$P_T = \int_0^\infty e^{-\frac{\dot{r}}{A\sigma}} d\overline{K} \tag{9.10}$$

　　这样，就可根据多次实验获得发动机的稳定性概率，评估发动机是否满足预先提出的可靠性的要求。

　　对于同一种发动机，可按照上述的不等式判据，对生产交付或者抽检发动机进行试车评估，将参试发动机实验结果与极限值极限比较，即将峰值、频率等与极限值比较，确定参试发动机是否满足稳定性指标。如果参试发动机试车参试符合式（9.5）时，则参试的发动机是不稳定的，此发动机将不能使用。

　　实际上，在发动机初始设计阶段，运载系统都会对发动机提出可靠性要求，发动机设计师也会对发动机可靠性有所考虑，两者也都希望能预估出发动机稳定工作的概率。但这样的希望或者要求只能是在以往相似发动机的研制实验或实验结果基础上，依据相关经验来预估发动机是否满足可靠性要求，它不能对具体的发动机作出综合评估。

9.4 实际发动机燃烧稳定性鉴定实验

这里以某实验发动机为例,介绍发动机稳定性鉴定实验的概况。

9.4.1 发动机概况

所试发动机为开式循环液体火箭发动机,自燃推进剂,泵压式供应方式,氧化剂泵和燃料泵的叶片数均为6片。燃烧室使用直流撞击式喷注器,头部装有抗振隔板,高度为100 mm,形式为中心环加6个径向板片。

无隔板条件下,燃烧室容腔正则化声学振型的固有频率:

$$\omega_{m,n,l} = 2\pi f = c\sqrt{(1-Ma^2)\left[(\alpha_{m,n}^*/r_c)^2 + (\pi l/L)^2(1-Ma^2)\right]} \tag{9.11}$$

式中,Ma 为燃烧室流场马赫数;其他参数定义与式(4.16)相同。

设置隔板后,隔板会改变燃烧室原有的声学特性,导致横向声学振荡固有频率 ω_n 和临界值 $\omega_{m,n}$(即无隔板时燃烧室容腔横向振型的固有频率)相比有所减小,两者的关系如下:

$$\tan\left(\bar{\omega} 2\pi\alpha_{m,n}\bar{l}_n\frac{c_c}{c_n}\right) = \frac{\sqrt{1/\bar{\omega}^2-1}}{\varepsilon} \tag{9.12}$$

式中,$\bar{\omega}$ 为设置隔板后燃烧室横向声学振荡固有频率与临界圆周频率之比:$\bar{\omega}=\omega_n/\omega_{m,n}$;$\bar{l}_n$ 为隔板的相对长度,是隔板长度(l_n)与燃烧室直径(D_c)之比:$\bar{l}_n=l_n/D_c$;c_n,c_c 分别对应于隔板内容腔和隔板外容腔的声速;ε 为隔板区占有的燃烧室流通面积($A_{c,n}$)与燃烧室面积(A_c)之比:$\varepsilon=A_{c,n}/A_c$。该式(9.12)成立的前提条件为 $\rho_n c_n=\rho_c c_c$,这里,ρ_n,ρ_c 分别为隔板内容腔和隔板外容腔的介质密度。实际燃烧室中,气流马赫数 $Ma \leqslant 1.0$。假定 $c_n=c_c$,带隔板燃烧室横向振荡相对频率 $\bar{\omega}=\omega_n/\omega_{m,n}$ 和隔板相对长度 $\bar{l}_n=l/D_n$ 的关系曲线如图9.15所示。

有隔板条件下,隔板区形成的是纵向振荡,隔板区以外形成的声波不是单一波,且沿着隔板向喷管一侧方向,振幅逐渐以指数级减小。

$$A \sim \exp\left(-\frac{1}{c}\sqrt{\omega_{m,n}^2 - \omega_n^2}X\right) \tag{9.13}$$

式中,A 为振幅;c 为燃烧生成物声速;X 是燃烧室的纵向坐标。

对于这里研究的发动机,燃烧室马赫数:$Ma=0.3$;燃烧室有效长度:$L=508.6$ mm;$\bar{l}_n=0.249$;$\varepsilon=A_{c,n}/A_c=0.958$。对液体火箭发动机危害最大的是一阶切向振型。鉴此,暂不考虑高阶振型,将实验评估的频率范围选择在二阶纵向振型频率($f=2\,068$ Hz)以内,燃烧室声学振荡固有频率值见表9.3。

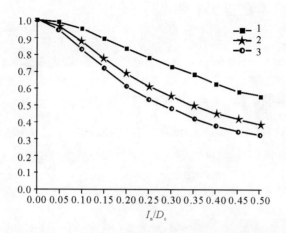

图 9.15　带隔板燃烧室横向振荡相对频率和隔板相对长度的关系曲线

1—$\alpha_{m.n} = 0.586$；2—$\alpha_{m.n} = 0.972$；3—$\alpha_{m.n} = 1.219$

表 9.3　带隔板实验燃烧室的频率

振　型	$f_{1.T}$	$f_{1.L}$	$f_{1.R}$	$f_{2.T}$	$f_{2.L}$
频率值 /Hz	1 257	1 034	1 810	1 657	2 068

应注意的是,这里计算各阶频率时,考虑了燃烧室气流马赫数对振荡频率的影响;因横向振荡沿燃烧室长度是剧烈衰减的,故不考虑纵 — 横复合振型。

9.4.2　人为激励方式

采用遥控引爆方式的单发五脉冲枪作为燃烧室人为扰动激励装置。5 个脉冲依次从 5 个分叉进入直径为 8 mm 的同一径向孔,再通过此孔进入燃烧室。脉冲枪的火药均为黑索金(又称旋风炸药,$(CH_2NNO_2)_3$,环三亚甲基三硝胺),5 个脉冲的药量分别为 0.6 g,1.0 g,1.0 g,1.4 g 和 1.4 g,脉冲枪照片如图 9.16 所示。

脉冲枪安装在燃烧室的径向,距喷注器面 112 mm,隔板端头 12 mm 处。实验过程中,用氮气吹除脉冲枪内腔,以确保燃烧室内的高温燃气不进入脉冲枪内腔,避免高温燃气引爆脉冲枪火药。氮气吹除压力比燃烧室压力高 0.5 MPa。

脉冲枪的点火时序如图 9.17 所示。

图 9.16　燃烧室上的单发五脉冲枪

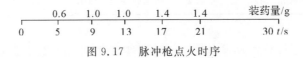

图 9.17　脉冲枪点火时序

9.4.3　脉动压力和振动参数的测量

发动机实验时，振动与脉动参数测量系统包括测量传感器、电荷放大器、磁带记录机和高速数据采集系统等。

实验过程中，用 4 个高频压力传感器测量脉动压力。其中，燃烧室设置两个高压水冷式的脉动压力传感器（见图 9.18(a)），两者相互间夹角为 135°，并与引入脉冲扰动的脉冲枪位于同一截面。在燃烧室氧化剂和燃料的积液腔前各设置一个非冷却式的压力脉动传感器。实验过程中，每个传感器的脉动压力信号均用双通道平行记录，可称为"敏感通道"和"粗略通道"（见图 9.19），两者信号放大器的放大倍数分别为 12 和 1.2。无论积液腔和燃烧室，"敏感通道"的脉动压力测量的频率范围均为 30～8 000 Hz。对积液腔来说，"粗略通道"脉动压力测量范围为 30～8 000 Hz；对燃烧室来而言，"粗略通道"脉动压力测量范围为 30～16 000 Hz。在燃烧室喷注器位置设置 3 个 ABC 型振动传感器，安装在燃烧室喷注器外壁的支座上，在同一位置分 3 个方向测量振动加速度：轴向（B1 参数），切向（B2 参数）和径向（B3 参数）（见图 9.18(b)）。在燃烧室轴、径、切向，发生器轴、径、切向等位置同时布置振动测点，在燃烧室、发生器和涡轮泵的轴向分别设置低频振动测点，振动频率的测量范围为 20 ～ 20 000 Hz。用磁带机 TEAC—XR5000 记录传感器信号，其频率范围为 0 ～ 20 000 Hz。实验过程中，记录系统采用与试车程序统一的时间起点，同时记录脉动压力传感器和振动加速度传感器信号。实验时，采用磁带机和高速数据采集系统同时记录振动和脉动信号。其中，用于测量燃烧室、积液腔脉动压力和喷注器位置处燃烧室 3 个方向结构振动等主要参数相关情况见表 9.4。

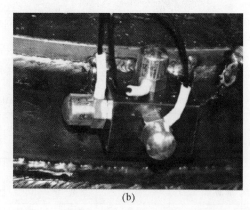

(a)　　　　　　　　　　　　　　　　　(b)

图 9.18　实验典型测点布局示意图

(a) 燃烧室水冷式脉动压力传感器；　(b) 喷注器位置处振动传感器

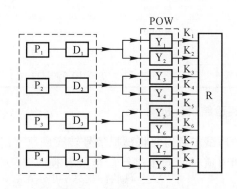

图 9.19　脉动压力测量图

$P_1 \sim P_4$— 传感器安装座；$D_1 \sim D_4$— 脉动压力传感器；

$Y_1 \sim Y_8$— 放大器；POW— 电源；R— 记录仪（磁带机 TEAC—XR5000）；$K_1 \sim K_8$— 电缆线

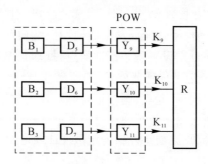

图 9.20　结构振动测量图

$B_1 \sim B_3$—振动加速度传感器安装座；$D_5 \sim D_7$—振动加速度传感器；

$Y_9 \sim Y_{11}$—放大器(电荷放大器)；POW—电源；

R—记录仪(磁带机 TEAC—XR5000)；$K_9 \sim K_{11}$—电缆线

表 9.4　脉动压力和结构振动测量大纲

序号	测量参数	参数代号	测量的频率范围 Hz	测量的振幅范围 MPa, m/s²	记录仪	备注
1	氧化剂喷前脉动压力	P_1, P_1'	30 ~ 8 000 30 ~ 8 000	0.05 ~ 0.25 1.0 ~ 5.0	磁带记录仪 TEAC—XR5000	1 ~ 4 参数信号记录用双通道平行记录：粗略通道和敏感通道
2	燃料喷前脉动压力	P_2, P_2'	30 ~ 8 000 30 ~ 8 000	0.05 ~ 0.25 1.0 ~ 5.0		
3	燃烧室容腔脉动压力	P_3, P_3'	30 ~ 8 000 30 ~ 16 000	0.05 ~ 0.25 1.0 ~ 5.0		
4	燃烧室容腔脉动压力	P_3, P_3'	30 ~ 8 000 30 ~ 16 000	0.05 ~ 0.25 1.0 ~ 5.0		
5	结构振动	B1, B2, B3	20 ~ 2 000	0 ~ 10 000		

9.4.4　燃烧不稳定性实验结果分析

　　磁带机记录的是模拟信号,试车后需要将模拟信号转换成数字信号,并记录在计算机硬盘上,信号转录需按机器时间和通道时间同步进行。信号转换时,需对脉动压力传感器"压缩"波形图和对应的光谱图(参数 P_1, P_2, P_3, P_4—"敏感"通道)及引爆扰动装置装药指令信号和"粗略通道"记录的信号的波形图和光谱图分析,确定信号记录和转录是否正常。也可以对发动机启动时脉动压力传感器(参数 P_1, P_2, P_3, P_4)原始信号记录图和 0 ~ 50 Hz 滤波后得到的图形判断分析,启动时记录的低频"尖峰"信号出现是否同相,相应传感器的通电极性是否相同的,发动机关机时传感器记录的信号片断分析等判断记录和转录信号是否正常。

（1）脉动压力窄频带分量的识别。以实验发动机稳定工作段，稳定工况 $t=7\sim 8$ s时段为例，举例说明脉动压力频率的分析方法。此时段，涡轮泵转子转速为 10 201 r/min，涡轮泵的扰动频率为 $f_p=nR/60=1\,020$。选择与积液腔和燃烧室脉动压力相关的谱密度进行分析，取频率范围 $f=30\sim 2\,500$ Hz。试车结果发现，在氧化剂、燃料积液腔各参数频谱图中，均存在涡轮泵扰动频率和其倍频，且频率1 020 Hz和2 040 Hz下的自相关信号图明显存在非衰减周期性过程，启动过程中，此分频与涡轮泵转子转速同步变化。这也说明它们确实属于涡轮泵类分频。如图 9.21 所示是氧化剂腔脉动压力功率谱密度的评定结果。

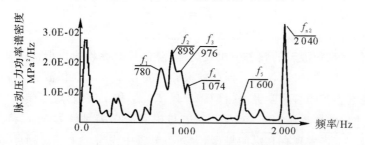

图 9.21　氧化剂积液腔脉动压力相关谱密度

如图 9.22 所示是氧化剂和燃料腔脉动压力振幅频谱测量结果。

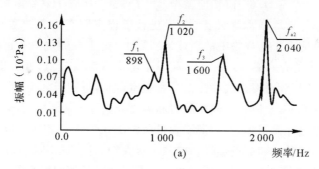

(a)

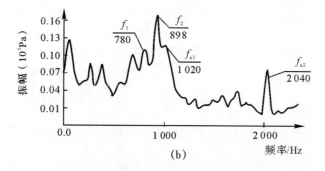

(b)

图 9.22　氧化剂和燃料腔脉动压力振幅

（a）氧化剂积液腔　（b）燃料积液腔

识别燃烧室脉动压力窄频带分频的主要任务就是确定观察到的(测出的)频谱峰值是否属于燃烧室对湍流燃烧宽频带噪声的谐振响应。在所研究的工况下,就脉动压力传感器在燃烧室上测量布局来讲,要研究的5阶固有振型幅频增量的必要标志(特征)就是f_5频率下相关谱的相位近似于$0°$或$180°$。因此,对纵向固有振型来说,其相关谱的相位近似于$0°$;对一阶切向振型近似于$180°$。但对二阶切向振型来说,根据波节和传感器的相互位置,相关谱的相位或者接近于$0°$,或者接近于$180°$。如果相关谱相位与$0°$和$180°$相差很大,那么该振幅频率就不属于燃烧室声学振荡固有振型。在所选频率范围内,按频率来说,大致有下列窄频带分频。

$$f_5 \approx 1600\ \text{Hz}, \quad f_4 \approx 1074\ \text{Hz}, \quad f_3 \approx 976\ \text{Hz}, \quad f_2 \approx 898\ \text{Hz}, \quad f_1 \approx 780\ \text{Hz}$$

精确到幅频分析,上述频率的步长$\Delta f = 19.5\ \text{Hz}$。

分频f_5在氧化剂积液腔的频谱中比较突出,但在其他参数的自振谱中却不再出现(包括燃烧室脉动压力)。因此,可以认为其形成的根源主要在于氧化剂积液腔或氧化剂的管路中,它应不属于燃烧室容腔固有声学振荡振型。分频f_4,f_2和f_1与燃烧室横向(切向)振型比较符合(测点间的相位差接近于$180°$)。f_3相位差与$0°$和$180°$差别较大,难以将其归入燃烧室固有声学振荡振型。也未发现存在纵向振型,上列各分频中没有一个满足测点间的相差为$0°$的条件。

由上术已知,对本章研究的带隔板的燃烧室可能存在的固有频率有:$f_{1,L} \approx 1\ 034\ \text{Hz}$(一阶纵向振型),$f_{1,T} \approx 1\ 257\ \text{Hz}$(一阶切向振型)和$f_{2,T} \approx 1\ 657\ \text{Hz}$(二阶切向振型),发动机试车监测到的分频频率与计算频率值明显不符。进行燃烧室固有声学振型的理论计算时,通常是假定隔板区内的声速等于燃烧物中的声速。实际上,由于在燃烧室头部附近的燃气和液体推进剂之间,或多或少的存在着"冷区"(即,相对于燃烧区温度较低)。也即,假设与实际条件是不相符的。研究表明,针对撞击式喷注器的燃烧室(如推进剂组元为"液氧—酒精"),"冷区"温度要比燃烧物温度低60%以上。同样压力和温度条件下,与单相气体介质中的声速相比,两相介质中的声速也会降低很多,且与液滴含量及液滴尺寸大小相关。隔板腔内声速变小将导致燃烧室固有频率降低。如假设燃烧物中的声速大约是隔板腔内声速的1.9倍,即$c_c/c_n = 1.9$。这样计算可得出:一阶切向固有振型的$\bar{\omega} = 0.565$,二阶切向振型的$\bar{\omega} = 0.404$。于是,相应的固有频率计算值分别为:一阶切向振型$f_{1,T}$:

$$f_{1,T} = \frac{0.586 \times c \times \bar{\omega} \times \sqrt{1 - Ma^2}}{D_c} = 910\ \text{Hz}$$

二阶切向振型$f_{2,T}$:

$$f_{2,T} = \frac{0.972 \times c \times \bar{\omega} \times \sqrt{1 - Ma^2}}{D_c} = 1\ 079\ \text{Hz}$$

因此,分频频率$f_2 \approx 898\ \text{Hz}$和$f_4 \approx 1074\ \text{Hz}$可能对应于燃烧室容腔的一阶和二阶切向频率。

研究表明,燃烧室初始段存在"冷区"时,燃烧室横向振荡的频率通常会比用燃烧物声速

计算所得到的频率值低 20% 左右。对于此型发动机,一阶切向振型频率的降低率为

$$\Delta f = \frac{1\,257 - 910}{1\,257} \approx 27\%$$

　　燃烧室中,燃气存在轴向密度和温度的不均匀性(存在"冷区"),这将使燃烧物中的实际声速变小,从而降低固有振荡的频率;而各隔板分区间介质有存在横向不均匀性(组成、温度和声速的不均质性),这又可能使某种横向振型"分化"为两个(或更多)不同频率、不同方位的分频。第 3 章的声学实验也证明,一阶切向频率会出现"分化"现象。从所试燃烧室噪声频谱中出现分频 $f_2 \approx 780$ Hz 大致看来,它应属于"分化"效应。如上文所述 $f_2 \approx 898$ Hz 的振荡为横向振型,该分频和 $f_2 \approx 898$ Hz 分频很可能属于燃烧室脉动压力一阶切向振荡。对于分频 $f_4 \approx 1\,074$ Hz,它等同于燃烧室容腔二阶切向振荡,该分频主要出现在燃烧室容腔自振谱的相关谱中。与分频 f_2 和 f_1 相比,分频 f_4 是相关谱中有效宽度 d 最小的。分频 f_4、f_2 和 f_1 的 d 值分别为 $d_4 \approx 0.08$,$d_2 \approx 0.17$,$d_1 \approx 0.26$。上述三个分频的均方根值近似相等。假如 f_4 分频与 f_2 分频一样,属于燃烧室容腔固有声学噪声对宽频带噪声作用谐振响应,则应满足下列关系式:

$$\overline{A} \sim \sqrt{\frac{f_V N_0}{\delta T}}, \quad \delta T = d_V \tag{9.14}$$

式中,$\overline{A}$ 为 f_V 频率的谐振响应信号均方根值;f_V 为 V 阶固有声学振荡振型的谐振频率;δT 为 V 阶固有声学振荡振型的衰减率;$N_0 \approx \text{const}$ 为湍流燃烧噪声在 V 阶振型幅频特性的作用强度(频谱密度)。因此,$N_0 \approx \text{const}$ 时,V 阶固有声学振荡振型谐振响应的振幅均方根值与振荡衰减率 δT 成反比。目前所获知的关于湍流燃烧噪声特性(分频的宽频带性和均匀性)尚不足以认为,在足够的窄频带范围内,噪声作用强度 N_0 可能得到实质变化。这一概论证实了频谱背景变化的特征,某种程度上也反映着噪声作用强度 N_0 的变化特征。在 $\Delta f \approx 700 \sim 1\,200$ Hz 频带范围内,可以认为燃烧室脉动压力频谱的背景部分实际是稳定的(不变的)。在 $N_0 \approx \text{const}$ 条件下,根据上式,f_4 频率的谐振响应均方根值 $\overline{A}$ 应该大致是 f_2 谐振响应值的 1.6 倍($n = \sqrt{\dfrac{f_4 d_2}{f_2 d_4}} = \sqrt{\dfrac{1\,074 \times 0.17}{898 \times 0.08}} = 1.6$)。但在实验中未观察到这种情况,$f_4$ 和 f_2 频谱的均方根值近似相等。对比分析 f_2 和 f_4 频率的相关谱有效值,可得出类似结论。

　　即,如果 $f_2 \approx 898$ Hz 分频表征燃烧室容腔一阶切向振型,其衰减率 $\delta T \approx 0.17$,那么分频 $f_4 \approx 1\,074$ Hz 的无量纲频带宽度 d_4 不对应于(等同于)固有声学振型衰减率,即二阶切向振型($d_4 \neq \delta T$),也就是说它个代表燃烧室容腔的衰减特性。

　　分频 f_4 未满足式(9.14)说明,它极可能是受某种窄频带源作用而形成的,窄频带源的频率接近于燃烧室二阶切向固有振荡频率。这样 f_4 分频的无量纲有效宽度 d 在很大程度上反映着该窄频带源频谱的宽度,而不是燃烧室容腔响应频谱。在评定燃烧过程稳定性时,将不再进行研究此分频。

（2）人为脉冲扰动响应的分析。脉冲枪的装药量分别为 $m_1 = 0.6$ g，$m_2 = 1.0$ g，$m_4 = 1.4$ g，$m_1 = 1.0$ g 和 $m_5 = 1.4$ g。从获得的试车时脉动压力传感器记录的波形图来看，在装药引爆指令下达时，固有噪声背景中存在不很突出的"尖峰"（见图 9.23），这些"尖峰"就是燃烧过程对引入脉冲扰动的响应。

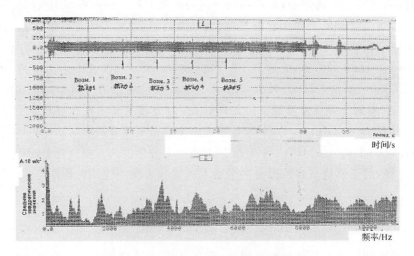

图 9.23　燃烧过程对引入脉冲扰动的响应

　　燃烧室对脉冲扰动的响应超出燃烧过程固有噪声的幅度也不是很大。图 9.24 是燃烧室脉动压力传感器获得的频谱图。

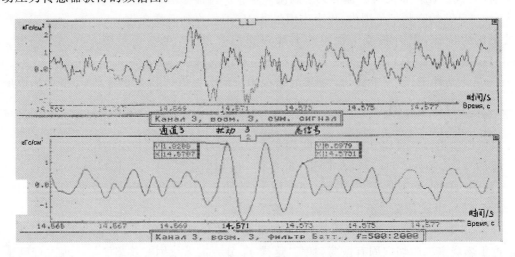

图 9.24　脉动压力传感器激励的波形

　　研究表明,燃烧室的燃烧准备过程(或初始燃烧过程)对燃烧稳定性的影响最大。反映在此发动机中,就是在燃烧室喷注器面附近的"冷区"对脉冲枪激发形成的压力和速度扰动最为敏感,因为正是此区中尚存在燃料蒸发形成的悬浮液滴,它在初始压缩波的作用下可能生成类似爆燃的大振幅波。在此后区域,燃烧过程已经基本完成,燃烧室是基本均匀的气体,其对扰动就不是十分敏感。分析表明,实验研究的燃烧室的隔板高度较高,燃烧室中,燃料转化过程的初始阶段(雾化、破碎、蒸发和混合)实际上在抗振隔板区域内已完成。实验时,脉冲枪是装在燃烧室隔板下游位置的,脉冲打入的位置不是雾化、混合区域等燃烧不稳定性的敏感区域,是燃烧已基本完成的均匀燃烧产物区。引入的脉冲扰动是在惰性介质中传播的,因此未产生放大。

　　而另一台类似的发动机,如图 9.25 所示,其室压为 5.0 MPa。实验时,同样在燃烧室内底附近引入扰动,装药量为 1.4 g(黑索金),脉冲枪激起的压力扰动值约 0.1 MPa。这些现象正好也说明了燃烧不稳定性的复杂性。

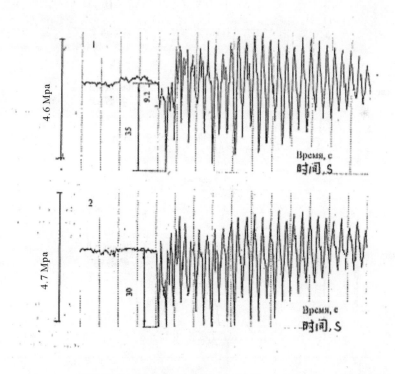

图 9.25　脉冲枪激起的燃烧室压力脉动(室压 5.0 MPa,1.4 g 黑索金药)

　　(3)燃烧室机械振动。振动传感器安装在燃烧室喷注器侧壁上,并在同一处沿轴向(参数

B1),径向(参数 B2)和切向(参数 B3)三个方向测量。振动加速度信号是从磁带机转录到计算机硬盘的,随后的处理工作是在缺少其和脉动压力信号同步对应条件下完成的。因此,振动加速度频谱图和脉动压力频谱图的时间零位是不一致的。但在 $t=7\sim30$ s 时段内,根据振动加速度确定的平均振动模量为 418 m/s²(参数 B1),255 m/s²(参数 B2),289 m/s²(参数 B3)。可以看出,B1 记录的振动加速度最大(轴向振动)。在 $t=7\sim30$ s 时段内,随机振动峰值未超过 2 400 m/s²,记录的振动加速度频率范围很宽。在 $f=0\sim2$ 000 Hz 频率范围振动加速度的频谱图如图 9.26 所示。这种情况下振动速度和振动位移峰值所处的分频为 $f\approx19\sim38$ Hz。

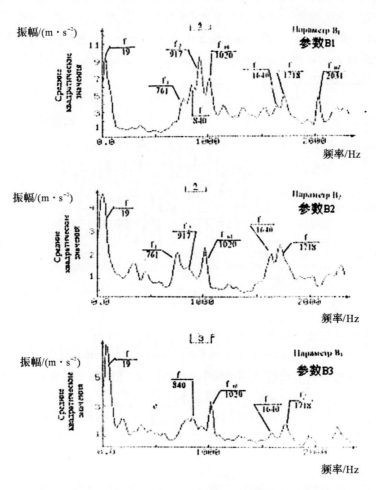

图 9.26　燃烧室振动加速度量级

从上述频率范围内选出下列振动加速度窄频分量：$f \approx 2\,031$ Hz(参数 B1)，$f \approx 1\,718$ Hz(参数 B1，B2，B3)，$f \approx 1\,640$ Hz(参数 B1，B3)，$f \approx 1\,020$ Hz(参数 B1，B2，B3)，$f \approx 917$ Hz(参数 B1)，$f \approx 840$ Hz(参数 B1，B3)，$f \approx 761$ Hz(参数 B1，B2) 和 $f \approx 19$ Hz(参数 B1，B2，B3)。

燃烧室研制经验表明，燃烧室燃烧噪声激发的固有声学振型一般对应于燃烧室壳体的窄频振动分量。这样，$f \approx 917$ Hz 和 $f \approx 761$ Hz 属于此类窄频振动分量。如精确到频谱分析的步长，对应于燃烧室脉动压力分频 — 燃烧室一阶切向振型。由此可信，f_1 和 f_2 分频识别是正确的，即上述频率下的纵向振动最大，而且与该振型脉动压力场的空间分布是一致的。振动加速度频谱中缺少 $f_4 \approx 1\,074$ Hz 和 $f_3 \approx 976$ Hz 分频，也与上述分析的结论相对应：这两种分频与燃烧室固有振型对湍流燃烧室频噪声作用无关。

(4) 工作过程稳定性评估。

1) 固有扰动稳定性。固有扰动法的原理是：按照测量的线性窄频噪声(r 处)的脉动压力，用某种统计法确定振荡衰减率[66]：

$$P'_V(\vec{r},t) = \varphi_V(\vec{r}) X_V(t) \tag{9.15}$$

式中，P'_V 为脉动压力；$\vec{r}$ 为测量点的空间坐标；$\varphi_V(\vec{r})$ 为坐标点的实函数，表征 V 阶正则化振型幅值(A_V)在燃烧室内的分布特征；$X_V(t) = A_V \cos[\omega_V t + \varphi_V]$，表征振荡压力和时间关系的函数，决定着振荡频率($\omega_V$)和振荡衰减率($\delta T_V$)，并满足二次线性系统动态方程。

$$\frac{\mathrm{d}^2 X}{\mathrm{d}^2 t} + 2\delta T_V \frac{\mathrm{d}X}{\mathrm{d}t} + \omega_V^2 X = \xi(t)\omega_V^2 \tag{9.16}$$

式中，δT_V 为 V 阶正则化振型的衰减系数，是发动机工况函数；ω_V 为 V 阶固有振型的圆周频率；$\xi(t)$ 为稳态正则化 δ 相关(白)噪声。在高的系统质量因子($\omega_V/\delta T_V \gg 1$)条件下，式(9.16)表述的是具有集中参数的一次线性振型对输入宽频噪声的响应情况。

方程式(9.16)是用测量到的线性窄频噪声(测量点 $\vec{r}_0$ 的压力脉动)来量化评估燃烧室振荡衰减率 δT_V 的基本方程。

这里运用频谱法评估振荡衰减率。

在谐振频率 $\omega_V = 2\pi f_V$(可精确到某一常数因子)附近的窄频振荡过程(式(9.16))，其功率密度谱的峰值形状与选出的二阶线性相移网节幅频综合特性的均方根值是一致的[64]。

$$G(\omega) = \mathrm{const} \left| \frac{\omega_V^2}{(\omega^2 - \omega_V^2) + 2\mathrm{i}\delta T_V \omega} \right|^2 = \mathrm{const} \frac{\omega_V^4}{(\omega^2 - \omega_V^2)^2 + 4\delta T_V^2 \omega^2} \omega_V^2 \tag{9.17}$$

这样，振荡衰减率 δT_V 就可以用靠近谐振频率 f_V 的频幅上升宽度 $G(f_V)^{0.5}$ 来评估：

$$\delta T_V = \frac{\pi \Delta f}{f_V} \tag{9.18}$$

式中，f_V 为 $0.707 G(f_V)_{\max}^{0.5}$ 处的宽度，如图 9.27 所示。

应注意的是，在线性动态模型(9.15)范围内，根据实际随机过程试验得出的参数 δT_V 和 f 相对于观察点(脉动压力传感器在燃烧室上的安装位置)是不变的。但当燃烧室 V 阶正则化节点逐渐靠近与测点时，由于受宽频噪声的负面影响，评定的精度会不断弱化。所以，在选择选定点时，选定的脉动压力测点越靠近压力波腹，衰减率评定的可信度越高。评定 δT_V 可信度的必要条件是在燃烧室幅频特性的有效宽度 Δf_V 范围内，输入噪声在 V 阶正则化谐振频率 f_V 附近的谱密度为常数。这在燃烧室高的质量因子（$\omega_V/\delta T_V \gg 1$）下的条件是可以满足的。

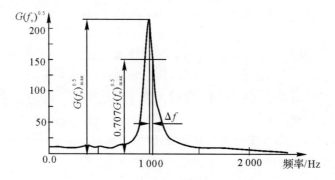

图 9.27　频谱法评估振荡衰减率的基本方法

从实验获得的燃烧室脉动压力分频 $f_2 \approx 898$ Hz 和 $f_1 \approx 780$ Hz 的振幅概率 $P(A_V)$ 分布图（见图 9.28）及得出的相应 $\delta_V = \delta_V(A_V)$ 关系曲线（图 9.29）可以看出，就所研究的燃烧室两个脉动压力分频来说，随着振幅的增大，衰减系数 δ_V 出现弱化趋势，这就说明可能存在非稳定的极限自激振荡。在所观察的整个振幅变化范围内，衰减系数实际是恒定的（常数）。因此，实际上振荡衰减率与振幅无关：$f_1 \approx 780$ Hz 分频的 $\delta T_1 \approx 0.26$，$f_2 \approx 898$ Hz 分频的 $\delta T_2 \approx 0.17$。该值约是该类燃烧室最小允许值 $[\delta T] = 0.1$ 的 2 倍。f_2 和 f_1 频率的实际振荡量级不超过 $0.002P_c$。

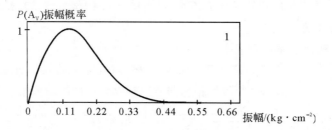

图 9.28　振幅概率与振幅的关系（$f_2 \approx 898$ Hz）

对此实验发动机的研究表明，所试工况下，燃烧室在实验观察到的压力振幅变化范围内是线性耗散振荡系统：燃烧过程对"柔性"自激振荡（相对于人为扰动干扰振幅、能量都要小，称为"柔性扰动"）是稳定的。

2）人为扰动法稳定性。人为扰动法的原理是根据燃烧室对人为扰动的响应来确定稳定性指标。此时，主要的稳定性指标是脉冲扰动激发的振荡过程的驰豫时间（为 e 倍的衰减时间）。

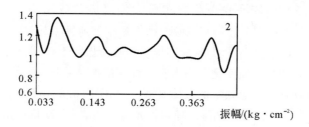

图 9.29　衰减系数与振幅的关系($\delta_V = \delta_V(\lambda_V)$)

脉冲枪装药量为 $m = 0.6 \sim 1.4$ g。对此脉冲扰动下燃烧室的响应情况分析表明,脉冲扰动激发的所有振荡均衰减。这里给出脉冲扰动在固有噪声背景中"分离"明显的响应信号的量化处理结果,脉冲扰动激发的振荡处理过程包括:

(1)$\Delta f = 500 \sim 2\,000$ Hz 频率范围对信号滤波;

(2)评定响应的最大幅值 A_{max};

(3)评定脉冲扰动引入前,$\Delta t = 0.16$ s 时段内,噪声的平均幅值 A_{av};

(4)评定响应的最大相对幅值:$m = A_{max}/A_{av}$;

(5)评定分频;

(6)反方向(自响应"尾部"开始)用最大频率 f_{max} 对信号滤波;

(7)评定响应驰豫时间 τ_p;

(8)评定衰减率:$\delta T = f_{max}/\tau_p$。

衰减过程参数的量化评定结果如表 9.5 所示。

表 9.5　脉冲扰动参数

编　号	装药量 g	参　数	$\dfrac{A_{max}}{(\text{kgf} \cdot \text{cm}^{-2})}$	$\dfrac{A_{av}}{(10^{-1}\text{MPa})}$	m	τ_p	$\dfrac{f}{\text{Hz}}$	δT
2	1.0	P2	0.85	0.24	3.48	0.004 9	868	0.24
3	1.0	P2	1.43	0.25	5.68	0.005 8	858	0.20
		P3	1.68	0.29	5.65	0.005 2	841	0.23
4	1.4	P2	1.17	0.24	4.88	0.003 3	858	0.35

表 9.5 表明,脉冲扰动激发的振荡频谱的基本频率为 $f \approx 841 \sim 868$ Hz,接近于燃烧室一阶切向振型分频 f_2 频率。燃烧过程脉冲扰动振荡响应的驰豫时间 τ_p 为 $\tau_p \approx 0.003\,3 \sim 0.005\,8$ s,对此发动机来说,该值比允许的最大 $[\tau_p] = 0.015$ s 低;对应的衰减率 $\delta T \approx 0.35 \sim 0.20$ 处于频谱法评定燃烧室噪声的统计偏差范围内,所试燃烧室的燃烧过程对刚性自激脉冲扰动是稳定的。

实验工况下,燃烧室内固有噪声均方根最大值对应的频率为 $f_1 \approx 780$ Hz 和 $f_2 \approx 898$ Hz,未超过 0.15 kg/cm^2,上述频率对应的结构振动加速度未超过 91 m/s^2;燃烧室脉动压力分频频率 $f_1 \approx 780$ Hz,$f_2 \approx 898$ Hz,与燃烧室声腔谐振频率(一阶切向振型)一致;所试工况下燃烧室在观察测量到的振幅变化范围内是线性耗散振荡系统,振荡衰减率和振幅无关;根据燃烧室固有声学噪声确定相应频率的振荡衰减率为 $\delta T = 0.26$,$\delta T = 0.17$,所得数值大约为稳定性裕度规定值 $[\delta T] = 0.1$ 的两倍;从稳定性角度来看,在发动机所试工况下,燃烧过程不存在放大人为扰动的负面效应,脉冲扰动激发的振荡超出燃烧室固有噪声的量级不很明显;燃烧过程对人为脉冲扰动的响应是衰减的,燃烧过程人为脉冲扰动振动响应的驰豫时间为 $\tau_p \approx$ 0.003 3 $\sim$ 0.005 8 s,该值比此类发动机允许值 $[\tau] = 0.015$ s 低。发动机在试车工况下,燃烧室燃烧过程对"柔性"和"刚性"自激振荡均是稳定的。

参 考 文 献

[1] 庄逢辰. 液体火箭发动机喷雾燃烧的原理、模型及应用[M]. 长沙:国防科技大学出版
社,1995.

[2] Kim Y M, Chen C P, Ziebarth J P. Prediction of High Frequency Combustion Instability in Liquid Propellant Rocket Engines. AIAA:92—3763.

[3] 哈杰 D T,里尔登 F H. 液体推进剂火箭发动机不稳定燃烧[M]. 朱宁昌,张宝炯,译.
北京:国防工业出版社,1980.

[4] 聂万胜,庄逢辰. 推进剂初始温度影响液体火箭发动机燃烧稳定性的数值模型[J]. 导弹
与航天运载技术,2000.(4):32-37.

[5] Habiballah M. Analysis and Modeling of Croygenic Spray Combustion. Sino-French Workshop on Space Propulsion. Beijing 2001(9):17-19,2001.

[6] Natanzon M S. НЕУСТОЙЧИВОСТЬ ГОРЕНИЯ[M],莫斯科:机械工业出版
社,1986.

[7] Luigi Crocco,程心一. 液体火箭发动机燃烧不稳定性理论[M]. 张逸民,译. 北京:国防
工业出版社,1965.

[8] 黄育辉. 液体火箭发动机燃烧稳定性理论、数值模拟和实验研究[D]. 北京:国防科技大
学,2001.

[9] Yang V, Wicker J M, Yoon M W. Acoustic Waves in Combustion Chambers, Vigor Yang, William E. Anderson, Liquid Rocket Engine Combustion Instability, Volume 169, Progress in Aeronautics and Astronautics. Washington:The American Institute of Aeronautics and Astronautics, Inc. 2001, 357-376.

[10] 周进,胡小平. 液体火箭发动机气液同轴式喷嘴声学特性的实验研究. 推进技术[J],
1996,17(4):37-41.

[11] Lebedinsky E V. Research on Acoustic Mechanism of Anti—pulse Baffles effect, Sino—Russian—Ukrainian Workshop on Space Propulsion。Xian, 2002(9):17—19.

[12] Mitchell C E. Analytical Model for Combustion Instability, Vigor Yang, William E. Anderson, Liquid Rocket Engine Combustion Instability, Volume 169, Progress in Aeronautics and Astronautics. Washington:The American Institute of Aeronautics and Astronautics, Inc. 2001,403-430.

[13] Murray Ian F. Modeling Acoustically Induced Oscillations of Droplets. AIAA:

97 −0014.

[14]　Gutmark E，Parr T P. Use of Chemiluminescence and Neural Networks I Active Combustion Control. 23nd Symposium (International) on Combustuin，1990.

[15]　Gutmark E，Parr T P，Hanson D M. Wavelet Analysis of a Controlled Pulsating Flame，Proceedings of the International Symposium on Pulsating Combustion Volume Ⅱ Monterey Calif，Aug，1991

[16]　Padmanabhan K T，Bowman and Powell J D，An Adaptive Optimal Combustion Control Strategy，Combust. Flame，1995，Vol. 100，101 − 110

[17]　Yang V，Sinha A，Fung Y. T，Linear Theory of Active Control of Pressure Oscillations in Combustion Chambers. AIAA：88 − 2944

[18]　Kappei F，Lee J. Y，Johnson C. E，et al. Investigation of Oscillatory Combustion Progresss in Actively Controlled. AIAA：2000 − 3348

[19]　Oefelein J C，Vigor Yang. Comprehensive Review of Liquid−Propellant Combustion Instabilities in F−1 Engines. Propulsion and Power 1993，9(5)：657 − 677.

[20]　Rubinsky V. R. Combustion Instability in the RD−0110 Engine，Vigor Yang，William E. Anderson，Liquid Rocket Engine Combustion Instability，Volume 169，Progress in Aeronautics and Astronautics，Washington：The American Institute of Aeronautics and Astronautics，Inc. 2001，89 − 112.

[21]　Eric A. Hurlbert，et al，Instability Phenomena in Earth Storable Bipropellant，Vigor Yang，William E. Anderson，Liquid Rocket Engine Combustion Instability，Volume 169，Progress in Aeronautics and Astronautics，Washington：The American Institute of Aeronautics and Astronautics，Inc. 2001，113∼142

[22]　张蒙正，张泽平，李鳌，等，两股互击式喷嘴雾化特性实验研究[J]. 推进技术，2000(1)：57 − 59.

[23]　张蒙正，李鳌，等，气/液同轴离心式喷嘴流量及雾化特性实验[J]. 推进技术，2004(25)：19 − 23.

[24]　聂万胜，庄逢辰. 喷雾特性对液体火箭发动机燃烧稳定性的影响[J]. 推进技术，2000，21(3)：56 − 59.

[25]　张蒙正，谭永华. 液体火箭发动机喷注器雾化的进展、应用和面临的挑战[C]//中国航天科技集团公司科技委 2005 年年会暨学术报告会论文集. 中国航天科技集团公司，北京，174 − 184.

[26]　张蒙正，张泽平，李鳌. 激光全息术在喷嘴研制中的应用[J]. 激光与光电子学进展，1996(7)：242 − 245.

[27]　张蒙正，张泽平. 现代光学技术在喷雾燃烧研究中的应用原理及实现[J]. 光子学报，

1999,28(ZI):155 - 161.

[28] Grish F. Advanced Optical Diagnostics Applied to Dynamic Flames and Turbulent Jets[C]// 中法航天推进技术研讨会论文集. 中国航天科技集团公司第六研究院,北京,2001(10):185 - 209.

[29] 安德列耶夫 A B. 气液喷嘴动力学[M],任汉芬,等,译. 北京:宇航出版社,1996.

[30] 王向东. 离心喷嘴脉动流量电导式测量方法研究[M]. 北京:北京航空航天大学,2007.

[31] 阮芳,马述升,等. 超声波流量计的测流原理及其应用[EB/OL]. http://www. mw. 35. com/atricle/apply. 10698,[2007 - 3 - 19].

[32] 佚名. 超声波多普勒流量计测量原理[EB/OL]. http://17. newmaker. com/arr - 3668. html,[2007 - 03 - 20].

[33] 杨立军,富庆飞,王永涛. 液体火箭发动机喷嘴动力学研究进展[J]. 火箭推进,2006(12):35 - 42.

[34] 赵彤,彭光正,许耀铭. 高频脉动流量间接测量方法的研究[J]. 计量学报,1992,13(2).

[35] 杨立军,王向东,富庆飞. 液体离心式喷嘴脉动流量测量方法[J]. 推进技术,2008(6):722 - 725.

[36] Coney M W E. The theory and application of conductance probes for the measurement of liquid film thickness in two—phase flow. J. Phys. E: Sci. Instrum, 1973(6):903 - 910.

[37] 汪亮. 燃烧实验诊断学[M]. 北京:国防科技工业出版社,2005.

[38] Ledoux M. 同轴射流喷注器的雾化,液体火箭燃烧装置模拟、设计和分析[ ]//第二届国际液体火箭推进会议论文集. 法国. ONSRA Châtiuow. France,1995,14 - 32.

[39] Vladimir G Bazarov, Vigor Yang. Liquid Propellant Rocket Engine Injector Dynamics. Journal of Propulsion and Power,1998,14(5).

[40] Vladimir. G. . Bazarov, Self—Pulastions in Coaxial Injectors With Central Swirl Liquid Stage. AIAA:95 - 2358.

[41] 张蒙正,张泽平,李鳌,等. 互击式喷嘴雾化研究及应用[J]. 推进技术,1999,20(2):73 - 76.

[42] Zhang Meng zheng, Wang Liang, Yang Guohua. Principle and Design of a Measuring System of Mixture Ratio and Combustion Species Concentration. Acta Photonica Sinica, 2007:149 - 153.

[43] 张蒙正,张志涛,杨国华. 同轴喷注器燃烧特性实验研究[J]. 燃烧科学与技术. 2008,14(1):1 - 5.

[44] Bouchardy P, Grish F. CARS Thermometry in High Pressure LOX/GH2 Rocket Combustion[C]//中法航天推进技术研讨会论文集 ONERA Châtiuon. France, 2001

(10):211 - 231.

[45]　Natanzon M S. НЕУСТОЙЧИВОСТЬ ГОРЕНИЯ[M]. 莫斯科:机械工业出版社,1986.

[46]　拉乌申巴赫. 振荡燃烧[M]. 北京:科学出版社,1965.

[47]　俄罗斯航空航天局化工机械研究所. 气液喷嘴燃烧稳定性特性信息报告[R]//合同 99PM405-0671 第三阶段技术总结报告 NO512-2000-09,2000.

[48]　张蒙正,张志涛,汪亮. 液体火箭发动机单喷嘴燃烧室声学特性模拟实验的原理和实现 [J]. 声学技术,2007,26(2):268 - 272.

[49]　张蒙正,张志涛,杨国华. 燃烧室声学特性模拟实验及应用[J]. 实验技术与管理,2007, 24(8):268 - 272.

[50]　杜功焕,朱哲民,龚秀芬. 声学基础[M]. 南京:南京大学出版社,2001.

[51]　张贵田. 高压补燃液氧煤油发动机[M]. 北京:国防工业出版社,2005.

[52]　列兹尼亚科夫. 相似方法[M]. 北京:科学出版社,1964.

[53]　Vigor. Yang Modeling of Supercritical Vaporization, Mixing and Combustion Processes in Liquid Fueled Propulsion System. Proceeding of the combustion Institute,2000 (28): 925 - 942.

[54]　赵承庆,姜毅. 气体射流动力学[M]. 北京:北京理工大学出版社,1998.

[55]　Warda H A, Kassab S Z, Elshorbagy K A, et al. Influence of the Magnitude of the Two Initial Velocities on the Flow Field of a Coaxial Turbulent Jet. Flow Measurement and Instrumentation, 2001(12):29 - 35.

[56]　Buresti G, Petagna P, Talamelli A. Experimental Investigation on the Turbulent Near — field of Coaxial Jets. Experimental Thermal and Fluid Science, 1998 (17):18 - 36.

[57]　Marinet M Favre, E B Camano Schettini. The Density Field of Coaxial Jets with Large Velocity Ratio and Large Density Differences, International Journal of Heat and Mass Transfer , 2001,Vol44, 1913-1924.

[58]　Brown G L, Roshko A. On Density Effects and Large Structure in Turbulent Mixing Layers. J. Fluid Mech, 1974, 64(4):775 - 816

[59]　张蒙正. 高频燃烧不稳定性单喷注器燃烧室模拟实验的研究[J]. 实验技术与管理, 2008,25(3):28 - 32.

[60]　张蒙正. 全尺寸燃烧室高频燃烧不稳定性模拟原理及实现[J]. 实验技术与管理,2008, 25(10):38 - 41.

[61]　Fisher S C, Dodd F E, Jensen R J. Scaling Techniques for Liquid Rocket Combustion Stability Testing, Liquid Rocket Engine Combustion Instability, Volume 169, Pro-

gress in Aeronautics and Astronautics, Washington: The American Institute of Aeronautics and Astronautics, Inc. 2001:545 – 564.

[62] Carole Dexter, Mark F Fisher. 液体火箭发动机燃烧装置中的缩比技术. 液体火箭燃烧装置模拟、设计和分析[C]// 第二届国际液体火箭推进会议论文集,1995:335 – 374.

[63] 卡尔玛利塔 Ａ Ｂ Ａ. 自回归法确定燃烧室中固有燃气振荡率和频率[J]. 燃烧爆炸物理学. 1987,23(6).